無論是要仔細地繡出喜愛的圖案，

或製作彩繪生活的小物，

一定都能在本期刺繡誌找到自己想製作的物品喲！

photograph 渡辺淑克　styling 鈴木亜希子　作品 Nitka（P.15）

contents

Stitch刺繡誌
STiTCH iDÉES
EMBROIDERY vol. 17 NEEDLEWORK

封面設計　塙 美奈（ME & MIRACO）
封面攝影　渡辺淑克
封面陳設　鈴木亜希子
封面作品製作　yula
攝影協力　まるふく農園

Botanical 植物刺繡

花朵與葉子——存在於自然界的植物，即使直接以原貌呈現，也能成為漂亮的刺繡圖案。
本期收錄刺繡作家們各自描繪的Botanical（植物）刺繡作品。

photograph 白井由香里　styling 西森 萌

01
××××

花與葉的刺繡

如同線描般的筆觸，於中心處以輪廓繡描繪出悠然自得的花朵與葉子。藉由外側與內側的線條改變繡線的股數，以增添圖案的變化。

使用線材 >>>Olympus 25 號繡線
圖案 >>> 附錄刺繡圖案集 P.82

マカベアリス

刺繡作家。活動範圍遍及手藝雜誌的作品提供、個展及研習體驗會的舉辦、企劃展的參加等。隨著季節變化感受到的小小感動或喜悅具體化成實體形狀……以此思索並每天運針創作。擔任日本VOGUE社的函授課程『テナライ（tenarai）』（Alice Makabe的草花刺繡課程）」。著有<<植物刺繡手帖>>（日本VOGUE社出版／NV70544）等書。
https://makabealice.jimdo.com/

02

××××

含羞草花圈

以自然的概念，將含羞草與小花及花莖作成了花圈。在藍色亞麻繡布的襯托之下顯得更加美麗。

使用線材 >>>FUJIX MOCO・Soie et 繡線
圖案 >>> 附錄刺繡圖案集 P.83

yula

「I like embroidery」以喜愛刺繡作為主題，將原創作品發佈於IG上。
Instagram @yula_handmade_2008

なかむらあつこ

刺繡作家。不光是十字繡，更運用各種不同的技法，製作原創性作品。獨特的作品曾被刊載於法國的手藝雜誌「marie claire idées」。
Instagram @al.chemic117

03

××××

室內觀葉植物

以十字繡描繪龜背芋、長春藤、秋海棠等植物蓬勃茂盛的模樣。僅有葉子的刺繡也很適合作為居家擺飾。

素材提供／DMC（株） DMC DC47S0 亞麻繡布 28ct

使用線材 ›››DMC25 號繡線　圖案 ›››B 面

04

××××

愛蜜莉 ‧ 狄金森的植物標本

以美國女性詩人愛蜜莉‧狄金森（Emily Dickinson）收集家中花園的植物製作的「植物標本集」作為參考，並以十字繡描繪而成。

使用線材 >>>DMC25 號繡線　　圖案 >>>A 面

丸岡京子（Gera！）

畢業於Setsu Mode Seminar藝術學校。自2007年起以Gera！的身分開始活動。於2014年GALLERY HOUSE MAYA裝幀畫（書籍設計）大賽中獲得鶴丈二賞。於個展等場合發表作品，並在國內外販售原創圖案。目前擔任日本VOGUE社函授課程『テナライ（tenarai）』的設計、監修。

http://www008.upp.so-net.ne.jp/gera/

艾米莉‧狄金森 Emily Dickinson（1830-86）。為美國女詩人，可算是近代最傑出的詩人之一。除了古怪又獨特的表現之外，臻於美麗而清高境界的語句更是其魅力所在。其生平事蹟也於傳記電影「寧靜的熱情艾米莉‧狄金森」片中有所描述。

05

××××

對稱的花朵

呈對稱性設計的花朵，以如同春天般柔美的色調作統一收束。由中心往外側逐一進行刺繡。

使用線材 ›››COSMO 25 號繡線
圖案 ››› 附錄刺繡圖案集 P.84

近藤実可子

活用依線條粗細及縫法不同所產生的質感差異來創作圖形。以線材描繪圖案，或是抽象的藝術表現等，創作風格多樣。目前活躍於刺繡小物、展示、專欄連載的插畫（刺繡插圖）、刺繡研習會（workshop）等活動。
http://mikakokondo.tumblr.com/

素材提供／（株）LECIEN COSMO CLASSY　No.300 亞麻刺繡布

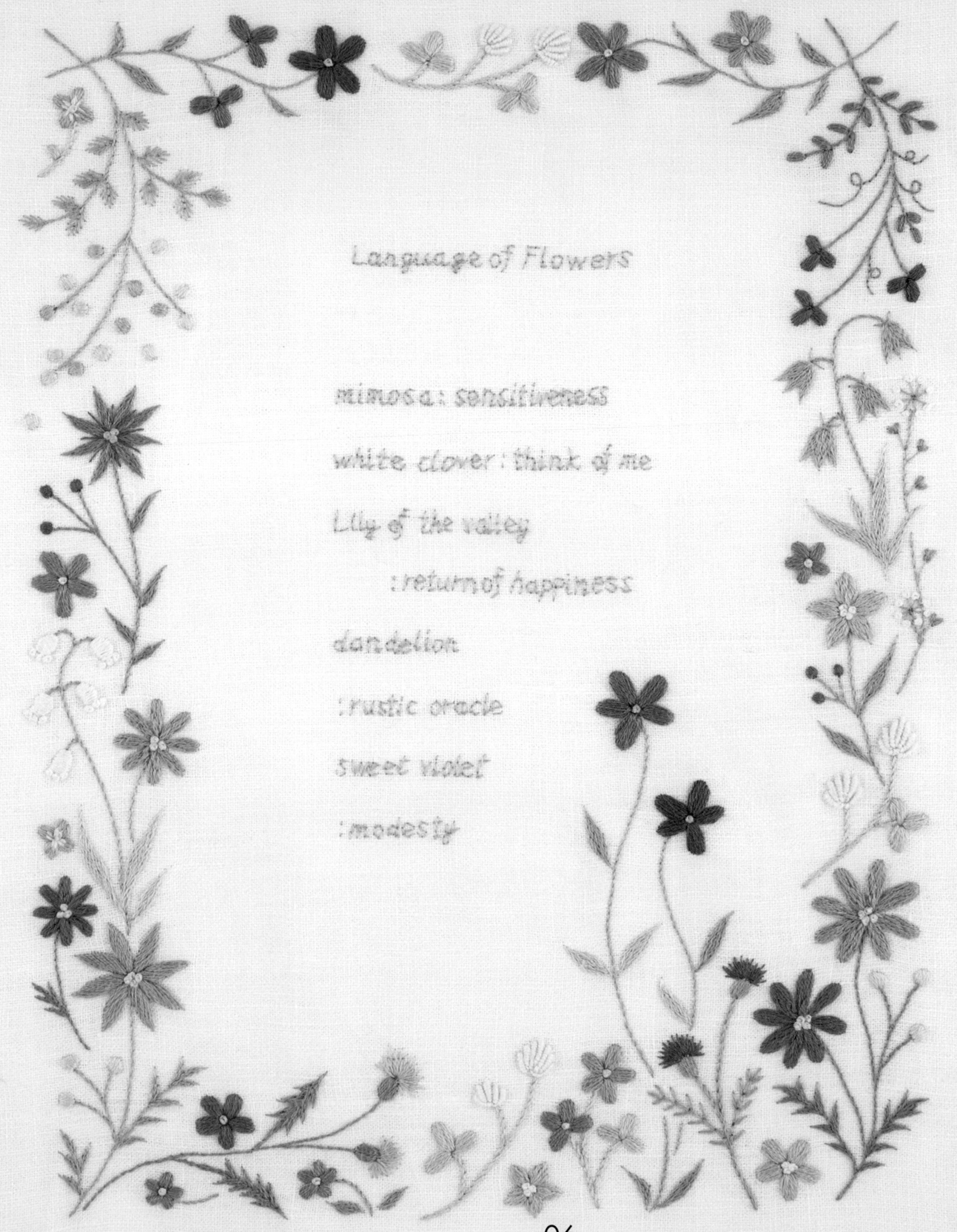

ながたにあいこ（atelier de nora）

將以身邊花草作為主題圖案的刺繡作品於活動或企劃展中進行發表與販售。舉辦刺繡教室、刺繡研習會。預定發售著作<<春夏秋冬。以植物刺繡彩繪的服裝與小物>>（KADOKAWA出版）。Instagram @atelier_de_nora

06

××××

花語

聚集了蒲公英、白花三葉草、鈴蘭、含羞草……宣告春天來臨的花朵。中央處則添加了花語……。

使用線材 ›››COSMO25 號繡線　　圖案 ›››A 面

07

××××

地刺し®樣本繡

使用地刺し®的手法，製作了花朵的樣本。
由於是能重複使用的連續花樣設計，因此
亦可作為各種多變的應用。

使用線材 ›››COSMO25 號繡線
圖案 ›››B 面

戶塚刺繡研究所・戶塚 薰
（製作協力／門屋和子）

以刺繡作品的製作為首，範圍遍及刺繡與材料等的研究，及刺繡相關書籍的企劃製作。並舉辦戶塚刺繡協會會員的技術認證審查、刺繡技術升級的專門講習會企劃。

08

××××

小碎花圖案

將3種花的圖案分散繡於布面上，進行了圖案化。花朵部分是先將花瓣進行緞面繡之後，再繡上花蕊完成。

使用線材 ›››DMC25 號繡線
圖案 ›››A 面

高橋亜紀

刺繡教室「Atelier Jeu de Fils」負責人。介紹及販售有關刺繡的情報、原創設計的刺繡成組材料包或布料、要點等。
http://www.jeudefils.com/

小小的刺繡禮物

只需花費少少的時間就能製作，可以隨意當作禮物送人的刺繡小物。挑選適合對方的顏色與圖案製作吧！

photograph 白井由香里　styling 西森 萌

09
××××

10
××××

夏日小貓胸針

小心翼翼地環抱著西瓜與花朵的貓咪胸針。為了呈現出漂亮的外形，確實地將棉花塞進邊端製作而成。

使用線材 >>>DMC25 號繡線
How to make >>> P.103
圖案・紙型 >>>A 面

nekogao

貓咪刺繡作家。專門製作以貓咪為主題的刺繡胸針等的布作小物。
Instagram @nekogao__

貝殼胸針

於灰色的亞麻繡布上，以漸層繡線描繪而成的貝殼，給人沁涼清爽的氛圍。包釦胸針簡單易作的特性，亦為其魅力之一。

使用線材 >>>DMC25號繡線
圖案 >>>B 面

13
××××

11
××××

12
××××

澤村えり子

受到喜愛蕾絲編織與洋裁的母親影響，因而喜歡上手工藝。製作大人專屬的纖細與柔和色調的作品。自2003年起，開設使用原創材料組合包的自家教室「Atelier blanc et ecru」。
Instagram @eriemeau

作品 No.11 ～ No.13 素材提供／ DMC（株）……DMC DC47SO 亞麻繡布 28ct
Clover（株）……胸針用包釦組（橢圓形 55・圓形 40）

花與鳥手袋吊飾

簡單的形狀，僅於前側進行十字繡。後側只要使用印花布，即可輕鬆製作出流行元素。

使用線材 >>>OOE 花線
How to make >>> P.103
圖案 >>> 附錄刺繡圖案集 P.86

井出祐理子

刺繡作家。主要以原創圖案、花線與亞麻繡布為中心進行製作。2004年移居德國・慕尼黑，並於2018年回到日本。特別珍惜身邊能讓人展現笑容之物，即使歷經歲月仍不改初衷，深受喜愛的手藝創作。舉辦傳遞以「尋找出路的快樂十字繡」為出發點的研習會與課程。
http://www.comfortabledailylife.com
Instagram @comfortable_dailylife

傳聲筒手帕

只要將2片手帕排列在一起，無尾熊與貓咪就開始聊起天來。將2片手帕進行刺繡後，1人1片也很不錯。

使用線材 >>>DMC25號繡線
圖案 >>>A 面

高嶺尚子

畢業於武藏野美術大學。自學生時代起便開始製作結合刺繡與壓克力顏料的作品。與丈夫高嶺玄共同製作刺繡繪本，並於2010年獲得「第1回AERA with Baby繪本競賽」優秀獎。
http://www.pomponet.net/

特集2

以刺繡製作的縫紉小物

針插墊、捲尺、針線盒……
以刺繡表現手作時不可欠缺的工具為主題，
運針的悠閒時光，肯定變得更有樂趣。

photograph 渡辺淑克（P.14～P.17） styling 鈴木亞希子（P.14～P.17）

20
××××

18
××××

19
××××

尋找青鳥收納盒

將鍍錫罐以十字繡裝飾的收納盒，
以及對於休針時，相當便利的磁性置針盒。
於迷你繡框的內側放入小型強力磁鐵後製成。

使用線材 >>>DMC25號繡線
How to make >>> P.104・P.105
圖案 >>> 附錄刺繡圖案集 P.87

宗 のりこ

曾任廣告代理商的設計師一職，並於2011年取得日本手藝普及協會刺繡指導員的資格，以「有故事的刺繡」為主題進行圖案設計與製作。使用色彩豐富且富有玩心的原創圖案作品配置而深受大眾喜愛，於書籍與雜誌的刊載也數量繁多。不定期舉辦專題研討會與經營網路商店。
http://noriginal.net/

素材提供／DMC（株）DMC DC67SO 亞麻繡布 32ct

刺蝟捲尺&吊飾

將捲尺以十字繡包捲，作成可愛的刺蝟造型。
在愛用的剪刀上，作為自己的辨識標記，
繫上剪刀套吧！

使用線材 ›››DMC25號繡線
How to make & 圖案 ››› P.106・P.107

Nitka

Nitka意指線的意思。從渺小的一條線誕生出既樸素又柔和的世界……。最喜歡這樣的刺繡，每天與線嬉戲玩耍，持續地製作中。
https://www.nitka.work/

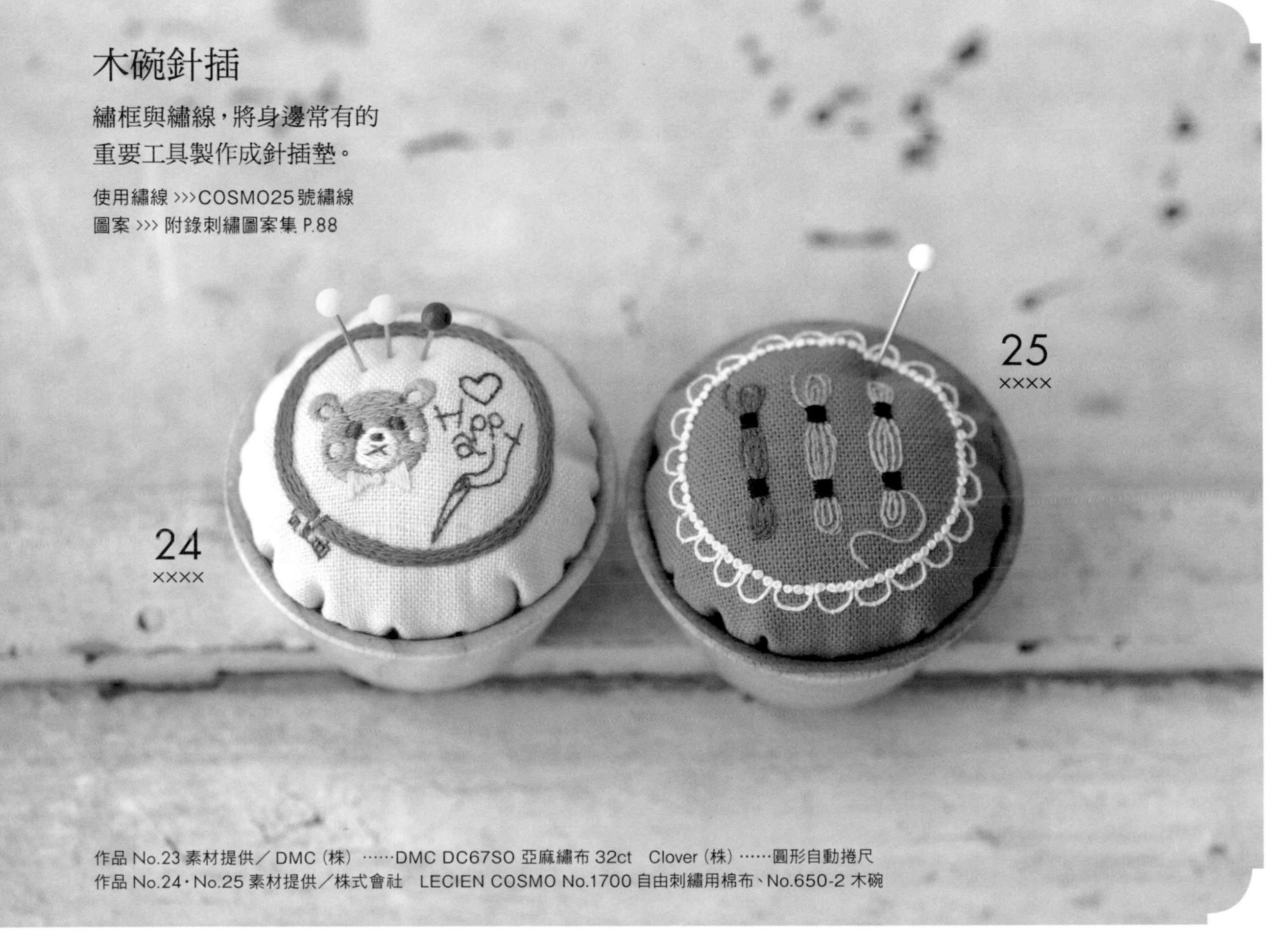

木碗針插

繡框與繡線，將身邊常有的
重要工具製作成針插墊。

使用繡線 ›››COSMO25號繡線
圖案 ››› 附錄刺繡圖案集 P.88

作品 No.23 素材提供／DMC（株）……DMC DC67SO 亞麻繡布 32ct　Clover（株）……圓形自動捲尺
作品 No.24・No.25 素材提供／株式會社　LECIEN COSMO No.1700 自由刺繡用棉布、No.650-2 木碗

宮田二美世（NOEL）

以「Lovely・Happy・每天都想隨身攜帶的刺繡」為主題製作作品。經營刺繡教室「SALON DE NOEL」。
部落格
http://www.ameblo.jp/salon-de-noel/
Instagram @salondenoel

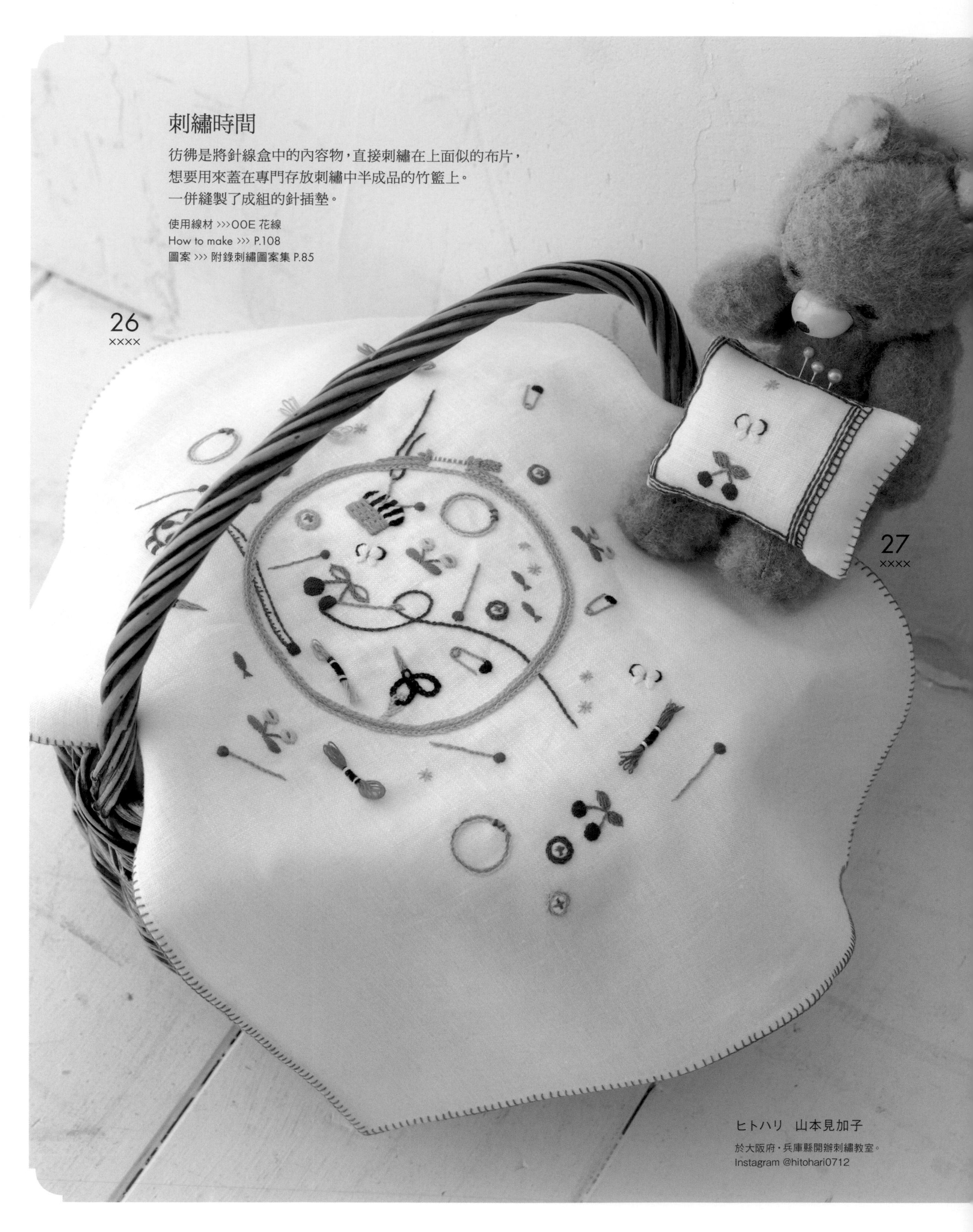

刺繡時間

彷彿是將針線盒中的內容物，直接刺繡在上面似的布片，
想要用來蓋在專門存放刺繡中半成品的竹籃上。
一併縫製了成組的針插墊。

使用線材 >>>OOE 花線
How to make >>> P.108
圖案 >>> 附錄刺繡圖案集 P.85

26
××××

27
××××

ヒトハリ　山本見加子
於大阪府・兵庫縣開辦刺繡教室。
Instagram @hitohari0712

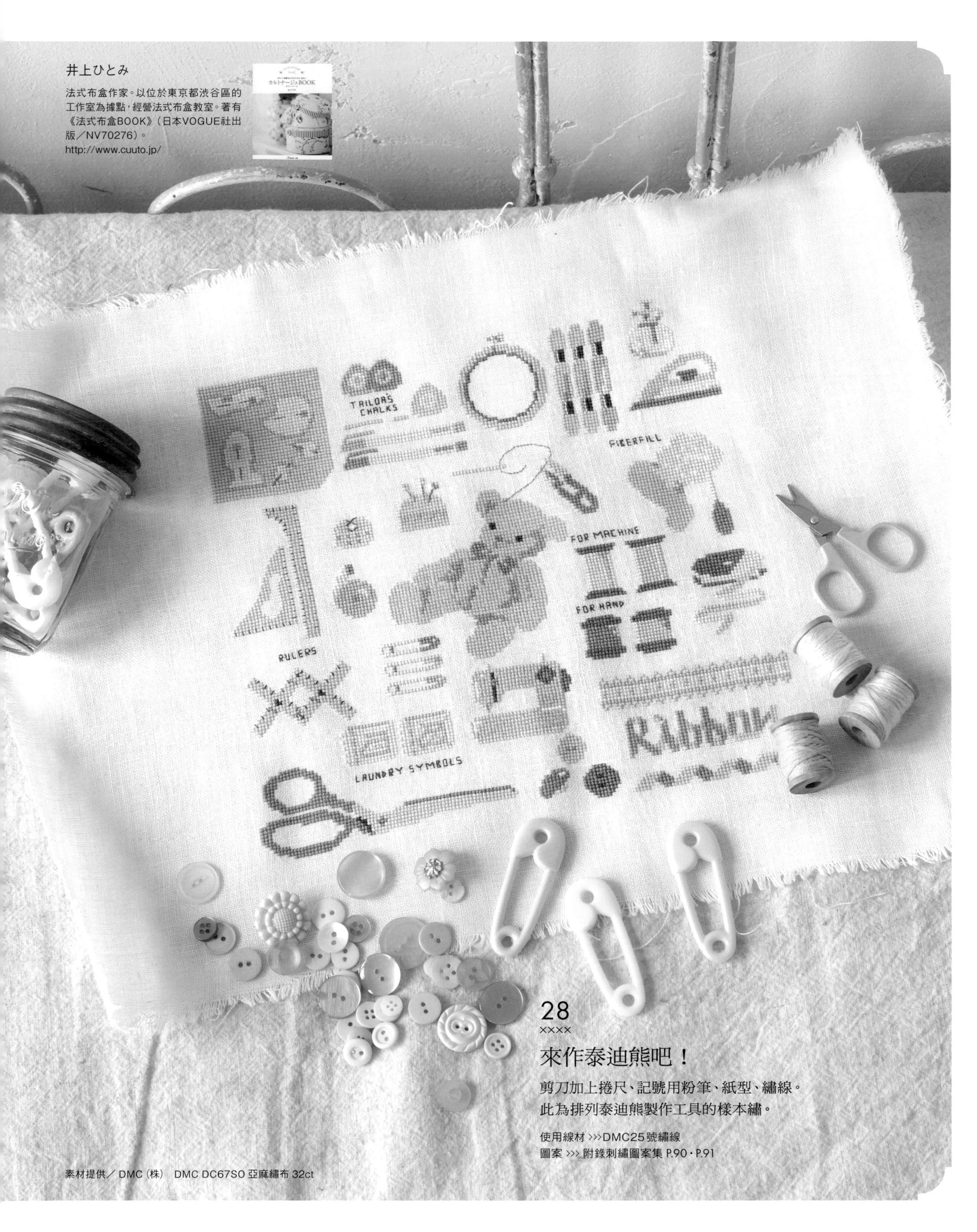

井上ひとみ

法式布盒作家。以位於東京都涉谷區的工作室為據點，經營法式布盒教室。著有《法式布盒BOOK》（日本VOGUE社出版／NV70276）。

http://www.cuuto.jp/

28

××××

來作泰迪熊吧！

剪刀加上捲尺、記號用粉筆、紙型、繡線。
此為排列泰迪熊製作工具的樣本繡。

使用線材 >>>DMC25號繡線
圖案 >>> 附錄刺繡圖案集 P.90・P.91

素材提供／DMC（株） DMC DC67SO 亞麻繡布 32ct

超詳細解說！全書採步驟圖解教學，
豐富收錄100款刺繡技法＋小訣竅＋繡名由來，

新手必備的最強刺繡指南！
就是這一本！

★台灣刺繡職人──**王棉老師**專業審訂推荐！
★內附封面作品圖案、主題刺繡樣本圖，初學者上手OK！

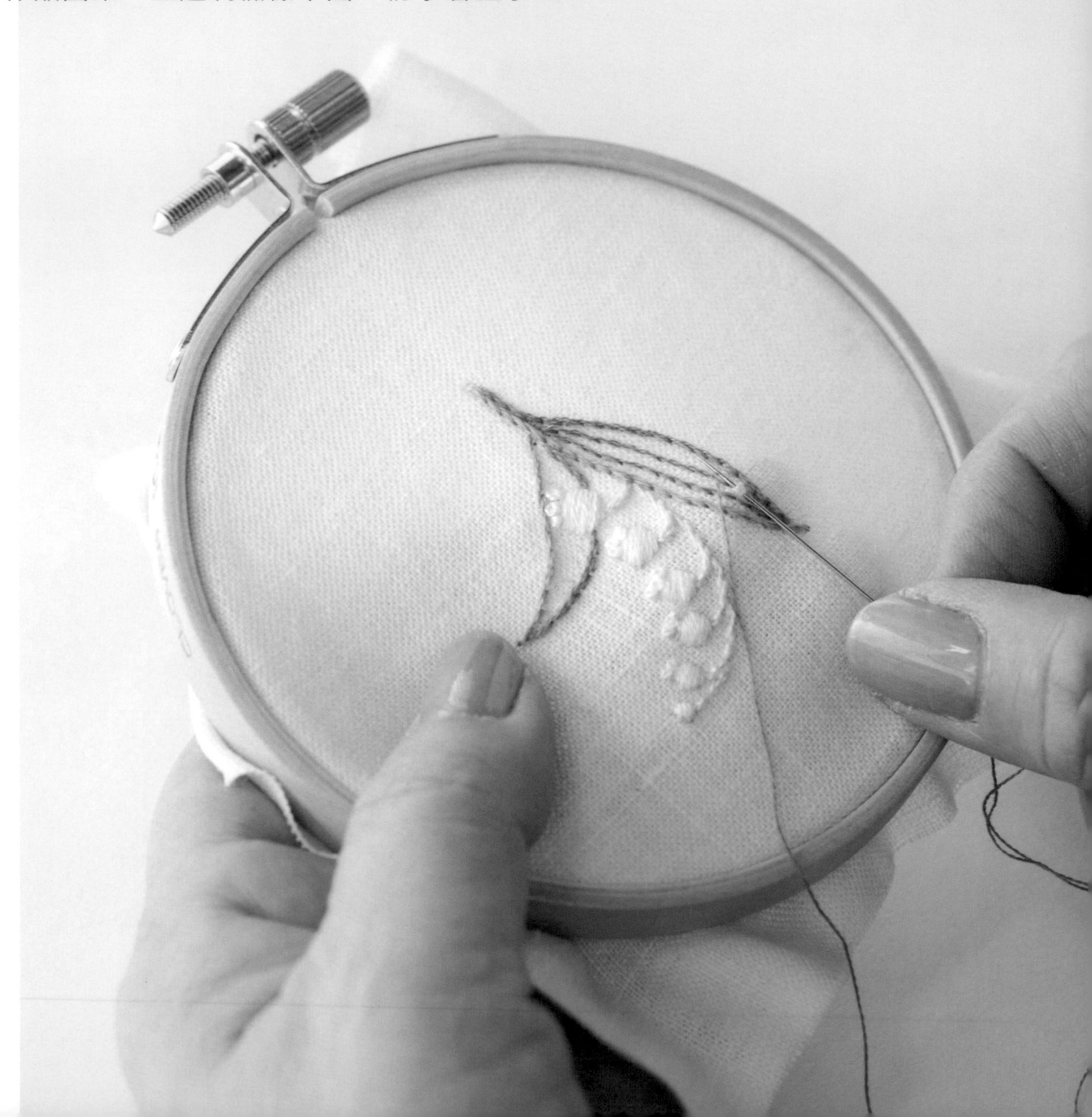

紫花地丁

圓三色堇

鈴蘭

藍盆花

蒲公英

橡實

葡萄

刺繡的歷史距今超過兩千年，原本只是補強衣物的技術，後來成為裝飾衣物的技法，
透過人類之手傳承。如今所使用的刺繡技法大多都是在古早之前就發明出來，完備已久。
歷經各個國家和時代，經手的刺繡看似相同，但繡法卻有些許不同或其名稱不盡相同。
有時不知道哪個才是正確的，本書豐富集結一般的繡法，並將其他名稱也網羅入內，
讓您能夠一目了然的理解，書中收錄了超過100款的實用繡法，精彩可期。
除了詳盡的說明刺繡基礎，也介紹了繡布、繡線、工具等，刺繡必備的工具＆材料，
並加入許多漂亮刺繡的小訣竅，讓初學者在入門時，也能輕鬆使用本書學會各式技法。
書中亦收錄封面作品圖案及主題刺繡的樣本圖，運用內頁詳細的教學，
即可作出喜愛的花樣及英文繡字，初學者也能輕鬆上手！
刺繡就跟其他手作相同，是須要花費時間完成的技藝，
希望在運用本書製作作品之外，還能讓您享受每一次入針的刺繡時光。

馬渡智恵美（カエデ）
將組合了十字繡與法式布盒的作品上傳到自己的部落格「はりとイト」。喜歡悠然愉快地進行刺繡的風格。
http://blog.goo.ne.jp/kaede_cm
Instagram @kaede_crossstitch

季節的十字繡

以十字繡描繪滿心期待著新季節到來的動物圖案。
只要繡在14ct的繡布上，就能剛好收納於25cm正方形的飾框內。

29 ××××　春日歡樂會

小動物們圍成一圈，有如花圈一樣的設計。
將圖案一個一個的重點式繡上，可愛無比。

使用線材 ›››DMC25號繡線
圖案 ››› 附錄刺繡圖案集 P.92

素材提供／ DMC（株） DMC DC27 Aida 十字繡布 14ct

photograph 白井由香里

平泉千絵 (happy-go-lucky)

以「成人女性專屬的可愛十字繡」為概念，設計並製作出讓人心動般的圖案。特別是具有律動感的原創動物圖案更深獲人氣，也多數刊登於書籍與雜誌上。活動範圍亦涉及網路商店。
https://chiehiraizumi.com

30 夏日海邊

××××

在炎熱的海邊，最想要吃的東西就是草莓口味的刨冰。以能讓人感受到夏日強烈陽光的鮮豔色彩繡線進行刺繡。

使用線材 ›››COSMO 25號繡線
圖案 ››› 附錄刺繡圖案集 P.93

素材提供／(株) LECIEN　COSMO No.3900 Java 十字繡布 55

以北歐為題材的青木作品。出自於<<青木和子的刺繡生活手帖>>（日本VOGUE社出版）。宛如原本就存在於那裡一樣，完全融入了rhubarb的陳列擺設之中。

青木和子の petit voyage 小小刺繡之旅

Vol.15 rhubarb 川合陽子

以瑞典的懷舊古物作為經營大宗的
北歐生活雜貨品牌 rhubarb。
身為店長的川合獨具慧眼的審美觀，即便在眾多設計師之間，
也一直深受信賴。據說瑞典為其事業開端的青木和子，
目前再度趁著挑戰各式北歐設計的日子裡，
為了解開北歐小物之所以吸引眾人的祕密，因而前往拜訪以尋求靈感。

青木和子（以下簡稱：青） 初次見面，您好。今天帶著興奮的心情拜訪如此精緻的商店真榮幸。

川合陽子（以下簡：川） 我們目前並非實體店面，而是以『快閃店』不定期的臨時概念快閃店型態來開店。

青 我可以一邊到處看，一邊跟您聊聊嗎？這裡擺滿了各式各樣令人讚嘆的商品。記得我當年前往瑞典時，這類懷舊古物並不怎麼常見，您們是去哪裡發掘這些寶物的呢？

川 像是市集或是古董店等，大量地到處逛了各式各樣的商店。不過，真正令自己滿意的東西，還是鳳毛麟角……。我們並不特別侷限於品牌迷思，純粹以自己喜歡的標準及眼光來挑選。

青 難怪店裡挑選的商品調性都很一致。感覺這裡所有陳列的商品，彷彿都流動著同一氛圍的空氣。即使在北歐，像是杯子等，大多都是花紋的款式，但在川合店長的選物之中，卻很少見。

川 可能因為我先生是英國人的緣故，也可能是受到英國文化的影響。因為英國都是素面且樸質的款式居多。

深受瑞典生活雜貨的吸引

川 目前因為身負育兒責任，所以一年大概只能出國一次進行採購，但瑞典現在船運僅限貨櫃為單位，因此要帶回日本時，就得利用空運，或是隨班機行李攜帶回來。其中部分物品可能在運送過程中就發生損壞了！

青 所以現在能陳列在這間店裡的商品，都是您們小心翼翼、萬般呵護下帶回國內的囉！那在採購當中，也有發現諸如布料或是刺繡等的商品嗎？

川 若是布料，有很多織品類的商品。

青 當年我在瑞典留學時，就是學織品，所以感到特別懷念。您覺得能代表瑞典風格的織品，是什麼樣的物品呢？

川 瑞典人經常使用於日常生活上的物品，大部分為幾何學花樣居多。我的店內就有很多屬於1950年代的東西。但若以布料來說，在使用性能上也較為設限，因此較常縫製成袋物進行販售。

photograph 滝沢育絵

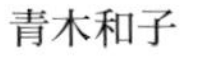

青木和子

刺繡設計師。以獨特的感性所繡出的植物及旅行等刺繡作品相當受到歡迎。長年親手照顧自家庭園，反而對園藝也瞭解甚深。於雜誌、單行本之外，也在廣告及材料包設計等廣泛領域中均相當活躍。著有《青木和子的刺繡生活手帖》、《青木和子的花朵刺繡》（日本VOGUE社出版／NV70342・NV70529）、《青木和子的刺繡 散步手帖》（文化出版局出版）之外，著書繁多。最新出版《青木和子的刺繡 北歐手札》（文化出版局出版）。部分繁體中文版由雅書堂文化出版。

1 壓軸之作的美麗擺設。精心挑選過後的各種物品，依照絕妙的配置各自訴說著自己的故事。 2 以「騎鵝歷險記（Nils Holgersson's wonderful journey across Sweden）」為主題的彩繪餐盤。抓住了青木老師的玩心。 3 欣賞每一個陳列於架上的食器與雜貨，細心品味的青木老師。 4 憑著過往在瑞典學習織品的經驗，青木老師聚精會神地欣賞著珍貴的古董織品。仍舊保有非常完美的狀態，令人讚嘆店長川合鑑賞的眼光果然出眾。

藉由學習織品前往瑞典留學的因緣際會之下，
我發現自己的喜好、出發點一直都是從那裡開始的。
當我一踏進這個空間時，
便看見了川合對選物堅定不移的信念。（青木）

因收購而見識過相當大量物品的川合店長，唯有受到她高標準的認可，才有機會被帶回日本國內。明明並沒有侷限於品牌設定，但選物卻相當齊全且深受大眾好評。這是通過川合店長篩選過的獨特世界觀。

31 「騎鵝歷險記」瑞典 GEFLE 彩繪餐盤

描繪瑞典兒童文學的彩繪餐盤，為瑞典陶器大廠GEFLE的陶器窯燒製品。鑲嵌於木製繡框內，將rhubarb店內感受到的空氣封印在其中。

使用線材>>>ART FIBER ENDO 麻製繡線、DMC25號繡線
圖案 >>> 附錄刺繡圖案集 P.89

**這裡讓人感受到「想要的東西全部都在！」
精準的眼光與柔軟的心，比重上的平衡非常重要。
彷彿具有可以連結到我的刺繡作品裡的
搭配組合與共通點。**

青　這裡有KILTA（北歐雜貨品牌）耶！我也超喜歡這家的器皿。現在我家裡使用的餐具是以白色的Teema（芬蘭的磁器）與青瓷砥部燒作一統性的搭配使用。

川　我平常所使用的餐具，也多以白色素面較多。其中最喜歡橢圓形的白色食器，家中也以這樣的風格居多。我個人則是偏好簡單的器皿……偶爾使用有花紋的器皿，心情也會變好。

青　只要事先在心中畫出界線，即便在日常生活中所作的選擇也都會連結在一起。在這一點，似乎與川合店長有著共通點。

環顧店內，白色器皿與木頭、玻璃等元素，都令人印象深刻。提起素材的顏色，則是非常有質感，選物皆具有一貫性。

川　您過獎了，我們只是收集自己喜歡的東西，再行販售而已。只是若僅如此，顧客也有各自的喜好，所以我們會先以自己的喜好為中心，再稍微擴展範圍進行收集。

青　精準的眼光與柔軟的心，比重上的平衡拿捏真的很重要。今天真是令我大飽眼福，其中最吸引我的就是描繪「騎鵝歷險記」的彩繪餐盤。自己所喜愛的器皿，究竟該如何將以前的設計重新進行彩繪，一邊思考，一邊進行刺繡的時光，真的非常有趣。我想就以這個餐盤為主題進行刺繡！每當我拜訪一個新的地方，就能獲得新的刺激，真是一舉數得，刺繡就是這樣令人期待的手作。

1 rhubarb店內也有很多相片繪本的收藏。亦可活用於陳列擺飾上。 2 芬蘭家喻戶曉的餐具，同時也被視為Teema原型的KILTA。確認著餐盤底部刻印的青木。相對於Teema設計餐瓷，KILTA則為陶器，且帶有微妙的手作溫度。 3 使用了瑞典織物製的稀奇罕見的圓柱體收納盒。看來是被當作針線盒使用的樣子。 4 幾乎不覺是初次見面的兩人，透過瑞典這個關鍵字，打開了話匣子。正因是一路走來見識了大量物品的川合，才能夠讓彼此的對話更加深入。 5 以風信子圍繞一圈作為設計的杯子。與右頁的餐盤同為「GEFLE」的系列餐具。 6 不定期舉辦的臨時概念快閃店內。幾近完美的陳設，全部皆出自於川合的傑作。讓人得以從中想像生活模樣的風格魅力，每次都能吸引大量粉絲前往朝聖。

想要以真正喜歡的物品為中心，
順著傳遞出其周圍恰到好處的
「小小熱情」。（川合）

rhubarb（ルバーブ）／川合陽子

2005年於表參道開設店舖。其後於2011年移居至三浦半島，目前將生活據點移回東京都內，一邊從事育兒，一邊則於一年開設店舖。在參宮橋的Havane開設快閃店。相關資訊來自IG。

http://rhubarb.jp
Instagram @rhubarb_table

英國王室的徽章。©RSN

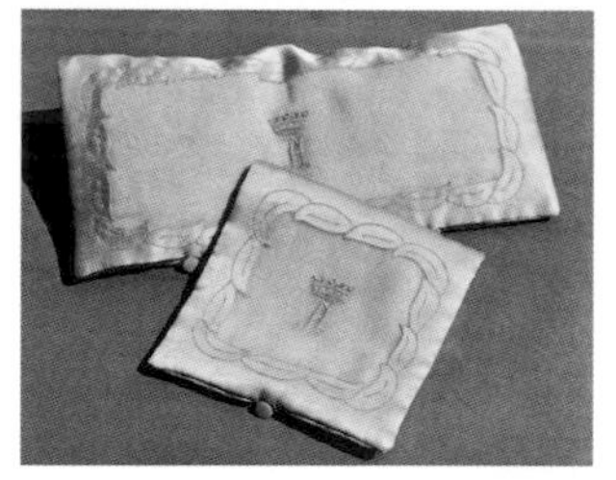
為了用來收納格洛斯特Gloucester公爵夫人（愛麗斯王妃）貼身衣物而製作的文織字母刺繡雙摺式收納袋。 ©RSN

英國皇家刺繡學院・校長訪日紀念演講會

「英國王室與刺繡的皇家物語」

「於是王子與公主，永遠過著幸福快樂的日子。」少女時期內心憧憬的童話故事裡的公主，總是身穿一襲迷人美麗的刺繡禮服。有如公主那身華麗禮服與長禮袍等宮廷服飾的刺繡，實際上一直都是由英國皇家刺繡學院負責經手。那裡究竟有著什麼樣的刺繡故事呢……？

取材協力・撰文／二村エミ　照片提供／英國皇家刺繡學院　Royal School of Needlework

先前於2020年1月14日，標題為「英國王室與刺繡的皇家物語」，以紀念英國皇家刺繡學院的校長Susan Kay Williams博士訪日的演講會，於VOGUE學園東京校舉行。英國皇家刺繡學院地址座落於，因迎娶了6位妻子而聲名大噪的中世紀國王亨利8世曾經居住過而為眾人所知的漢普敦宮（Hampton Court Palace）。距離倫敦大約電車40分鐘的車程，於溫布頓（Wimbledon）再稍微往前的終點站下車後，即可在泰晤士河（River Thames）的對岸看見這座紅磚打造的城堡。

幾乎沒有刺繡經驗就直接前往英國皇家刺繡學院留學，為了成為專業的刺繡職人，因此整整上了3年的課程，一晃眼已經是20年前的事了。穿過獅子、龍等古老石像所守護的鐵製門拱，從正前方第一次見到這座城堡時，彷彿置身於神話故事的意境般而讚嘆不已的回憶，如今回想起來仍舊歷歷在目。

英國王室與刺繡

英國皇家刺繡學院創立於西元1872年。當時正值夏洛克・福爾摩斯（Sherlock Holmes）活躍的維多利亞時代後期。那時的英國，正處於工業革命的大洪流下，推動各種產業機械化的進行，而橫跨世代承襲下來的手工藝業卻快速地消逝墜落。刺繡亦是如此。就在縫紉機被發明問世，以機械製作的蕾絲因價格便宜大量攻佔了市場，且以化學染料染整出色彩鮮艷的洋裝，於大眾掀起一陣流行風潮之際，另一邊則出現了一群對於手工刺繡及天然染料的傳統技術逐漸流失而感到強烈危機意識的有識之士。

威廉・莫里斯（William Morris）等藝術家們倡導的美術工藝運動（Arts & Crafts Movement），

雖然是將中世紀擁有手工藝的生活賦予理想化，但在他們的推波助瀾之下，為了將手工刺繡以藝術之姿傳承給下一個世代，因而設立了學校。

第一任院長是維多利亞女王的第三個女兒・海倫娜公主（Princess Helena）。學校為了當時出身世家貴族的千金們能獲得職業、獨立自主，因而扮演著有如職業訓練學校般的功能；學校專為王室製作的刺繡，就是當時這樣的女性們一針一線縫製而成的作品。

回溯至中世紀英國「BLACK WORK」黑線刺繡等，各式各樣傳統刺繡的技法之中，與王室有關而聞名遐邇的刺繡，就屬「Goldwork」金線刺繡與「WHITEWORK」白線刺繡。在演講會上，除了圍繞於英國王室的話題之外，同時以幻燈片的方式讓現場來賓欣賞到實際刺繡作品的畫面。其中之一就是專為收納格洛斯特公爵夫人（愛麗斯王妃）貼身衣物而製作，繡有王冠與文織字母刺繡的雙摺式收納袋。

事實上，據說學校曾經設置有訂製女性內衣的專用部門。主要是用來作為結婚時出嫁用的嫁妝而被製作的，然而絲緞或亞麻布料上飾有手工刺繡的女性內衣成套禮盒，光憑想像就讓人感到夢幻而心神嚮往。

另外，學校專為王室製作的物品當中最富盛名的應該就是2011年凱薩琳王妃婚紗上的刺繡吧！這套婚紗是以貼布縫手法將被稱為卡里克馬克羅斯裝飾邊（CarrickmacrossLace）的蕾絲圖案縫製上去的禮服，花形蕾絲共使用了玫瑰、薊花、水仙花、白花三葉草的圖案。相信也一定有很多人知道，玫瑰是英國、薊花是蘇格蘭、水仙花是威爾斯、白花三葉草是愛爾蘭等象徵性的傳統植物。

聽說婚紗上面之所以使用此款蕾絲，是因為凱薩琳王妃基於想要保護及支持英國傳統蕾絲技術的心意。真是一段非常動人的佳話。當時我很不巧的正好從學校畢業，人在日本的緣故而無法參加，但聽說要使用最細的針，仔細地繡出蕾絲花樣的作業，絕對是一個相當需要集中精神的耐性工作。而且，據說就連在學校裡，除了負責作業的成員以外，絕對不能洩漏這是來自王室訂單的消息，保密功夫到家。

作為與凱薩琳王妃有關連的刺繡，其他還有專為慶祝喬治王子的誕生而製作的嬰兒床邊旋轉吊飾。學校裡的每一位講師都以立體刺繡的技法，各自將棲息於英國的各種鳥類作成立體刺繡，再將這些刺繡收集後，製作成嬰兒床邊旋轉吊飾，而我也負責製作啄木鳥刺繡，再從日本寄送過去的回憶實在令我難以忘懷。另外，在學校所屬的漢普敦宮裡，每年都會舉辦花卉展覽，也一併介紹依據凱薩琳王妃的創意，由學校製作兒童專用的刺繡迷你帳棚。在裝有咖啡豆的麻布袋上，利用立體鏤空紗刺繡與鏤空雕繡的手法來引進光亮的帳棚，實際上進入帳棚內一看，就會發現真的很適合待在裡頭輕鬆地休息。

凱薩琳王妃充滿幽默風趣的人格，真是令人懷念。

〔上〕伊莉莎白女王二世的加冕儀式長袍上以金線刺繡製作的榮景。1953年。©RSN〔下〕王母太后（伊莉莎白王太后）的加冕儀式長袍上以金線刺繡製作的榮景。1937年。©RSN

〔左上〕愛德華七世與亞歷山德拉王后的加冕儀式中穿著的長袍上所使用的天鵝絨布料與金線。©RSN
〔右上〕伊莉莎白女王二世的加冕儀式中穿著的加冕長袍上所使用的金線刺繡樣本。1953年。©RSN
〔左下〕使用了喬治六世加冕儀式的長袍備用天鵝絨布料製作的紀念品。1937年。©RSN
〔右下〕女王瑪麗一世出席的皇家阿爾伯特音樂廳（Royal Albert Hall）裡舉辦盛典的節目表。

與使用黑線刺繡製作卡蜜拉殿下（康瓦爾公爵夫人）肖像的學校成員一同合影。
攝影：Andy Newbold ©RSN

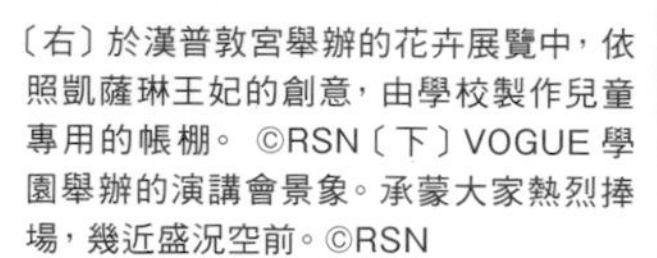

〔右〕於漢普敦宮舉辦的花卉展覽中，依照凱薩琳王妃的創意，由學校製作兒童專用的帳棚。 ©RSN〔下〕VOGUE學園舉辦的演講會景象。承蒙大家熱烈捧場，幾近盛況空前。©RSN

英國皇家刺繡學校
(Royal School of Needlework)

為了傳承並保存作為藝術的手工刺繡傳統技術，以及創造女性雇用機會，故於1872年創立。具備超過60000件紡織品與相關文件檔案的館藏收藏品，為了推廣學習刺繡技術的大門，開設各式各樣不同的課程。
https://royal-needlework.org.uk/

女王陛下的刺繡

說到英國皇家刺繡學院，就不得不提及女王加冕儀式中穿著的金布長袍上所施作的金線刺繡技法。

在英國王室，每當新任國王・女王登基時所舉行的加冕儀式上，總會身披長長的加冕禮服，不過在學校使用金線進行金線刺繡，則經手跨越了3代的歷史長流。分別透過珍貴的照片介紹了1901年的愛德華七世・1937年的喬治六世・1953年的伊莉莎白女王二世，其各自的加冕長袍上刺繡製作的榮景盛況，現場來賓聚精會神地聽取校長演講的熱情，令人印象深刻。

使用於加冕長袍的天鵝絨布料，是由特定農場的蠶吐絲製作，並以手紡方式織出的特殊蠶絲布料。據說為了預防某種突發事件，會準備2件備用。於1937年的喬治六世加冕儀式時，就是以備用的天鵝絨布料製作的蝴蝶胸針，當作是紀念品進行販售。

由於加冕儀式的長袍，若事先進行準備會有不祥的預兆，因此處理上相當棘手，從國王・女王駕崩之日起至下一任登基的加冕儀式，必須於僅有的短短3個月時間內製作完成。

據說1953年的伊莉莎白女王二世的加冕儀式期間，在設置於漢普敦宮中專用的房間裡，8名成員分三班制二十四小時不眠不休地持續進行刺繡。傳聞說在這段期間，忙到連椅子從來都不曾冷掉過。

在以幻燈片介紹當時製作光景的影像中，竟然出現了連續參與1937年與1953年加冕長袍刺繡製作的成員的身影。若能乘坐時光機與其相會，肯定可以打聽到許多當時的秘辛吧！

超越時代的方法

在學校內，一方面除了教授傳統的刺繡技法之外，另一方面也全心致力於唯有在不受限於傳統束縛下的現代，才能發揮的嶄新方式。作為其中一例介紹的就是，將卡蜜拉夫人的肖像畫以黑線刺繡技法進行刺繡的設計專案。此作品的製作過程透過定點攝影機的視頻進行拍攝，發表於YouTube頻道。在加快播放速度後公開的視頻中，可以觀賞到以全速播放刺繡逐一完成的過程。

據說由於拍攝時間只有2天，因此其他部分在刺繡完成後，僅收錄臉孔的部分，但即便如此，還是讓人對這個刺繡的速度驚訝不已。在演講會的提問時間裡，校長就針對此問題進行說明，可以不失敗而在有限的時間裡完成作品，正是因為從平常就累積了專業職人應有的嫻熟訓練才得以完成。

之前就已經觀賞過YouTube視頻的卡蜜拉夫人在前往學校進行參訪時，就曾親切地向刺繡的成員說「我認識你喔！」穿插了這樣一段趣事。

英國王室就像這樣一邊與學校保持著直率的關係，一邊跨越時代得到學校給予的支援。這次雖然是講述有關英國王室的話題，但希望日後有機會可以為讀者們另外介紹英國刺繡的深奧世界。

二村エミ

畢業於國際基督教大學。於英國皇家刺繡學院學習，除了加冕儀式的金線刺繡技法以外，獲獎無數，並以第一名的優異成績畢業。以身為唯一一個日本人的同校講師資格，2010年於日本分校開班授課，透過刺繡致力於日英間的文化交流。曾在NHK連續劇「別嬪小姐」裡提供作品，並於「美麗實用手作課」節目中演出。著有《NIMU的英國風針線活》（日本VOGUE社出版）等。現任現任VOGUE學園東京校講師。
http://www.eminimura.com/

不須繡框！

新手也能上手的立體刺繡

35個技巧
×
55款花卉紙型全收錄

無繡框OK!
不織布の立體刺繡花朵圖鑑

作者：Pieni Sieni
定價：450 元
21× 26cm，112 頁　彩色＋單色

日本不織布手作職人——Pieni Sieni，獨創不使用繡框的無框架立體刺繡技巧，為立體刺繡作法，注入了新的元素與技巧，也讓想嘗試立體刺繡的初學者，能夠更加輕鬆的入門學習。在單片不織布上施以刺繡或珠子裝飾，製成各式立體的花朵及可愛昆蟲，擅長五彩繽紛的色彩運用，是Pieni Sieni一直引以為傲的創作特色，此次以花卉圖鑑為主題，在書中豐富收錄了55款美麗精致的立體花卉刺繡，搭配35個初學者也能快速上手的技巧，讓看似困難的立體刺繡，也變得更加貼近手作人的心。本書內附紙型，從立體製花基礎，基本繡法、繡布、繡線、工具等，刺繡必備的工具＆材料逐一介紹，並詳細教學如何將立體刺繡花朵製成實用的生活飾品，可輕鬆貼在附底座別針、附底座髮飾、附底座髮夾、附底座帽夾、附底座簪子、附底座徽章等，只要作出各式各樣喜愛的植物花卉，皆能將完成的作品運用在造型穿搭上，增添日常的裝扮風格，時尚又可愛！

使用 Seasons 5號繡線體驗

色澤豔麗的刺繡樂趣

在以繽紛色彩廣受好評的繡線COSMO Seasons系列中全新添加了5號繡線。
讓我們一起體驗豔麗色調與5號繡線獨有的刺繡滑順感吧！

photograph 白井由香里（P.30-P.32） styling 西森 萌

夏威夷樣本繡

描繪了緬梔花、海神花、龜背芋等夏威夷植物的樣本繡。
作品No.32使用單色漸層繡線，全部共12種，作品No.33
則是使用了多色緞染繡線。

使用線材 ›››COSMO Seasons 5號繡線・nishiki 繡線
圖案 ››› 附錄刺繡圖案集 P.94・P.95

氣球＆羽毛框飾

氣球是以長短針繡製作，羽毛則是以緞面繡完成，每次使用一種繡線，將圖案各別進行刺繡。色彩的變化多端令人賞心悅目。

使用線材 >>>COSMO Seasons 5號繡線・nishiki 繡線
圖案 >>> P.110・P.111

35
××××

34
××××

洋輔

自幼年時期就開始喜歡接觸刺繡、拼布、編織等手作。2010年遠赴法國求學，學習刺繡與服飾。2015年回國後，以手藝家的身份活躍於電視節目、雜誌及各類活動。

正因為是5號繡線，所以辦得到！

各式各樣的繡線玩樂方法

將1束繡線整束使用，製成飾穗。既具分量及存在感，適合作成手袋吊飾，格外具有質感。

活用繡線獨特的色彩色調，就算僅是製作成耳環，也顯得時髦出眾。藍色的耳環是於大孔珠上逐一纏繞上繡線製成。

將繡線（1股）一圈圈地纏繞於花線（8股）上，製作成幸運手環。兩端則作成流蘇。

也非常推薦繡在丹寧布上。試著在T shirt上刺繡看看，但不僅是作為修補之用，亦可成為重點裝飾喔！

以鉤針編織成束口袋。繡線的漸層色調會因為與刺繡不同的呈現手法而有所變化，這種作法同樣美麗。束口繩則使用單色的5號繡線。

5號繡線的事前準備工作

5號繡線只要事先準備成容易使用的狀態，作業便可順利進行。我們向染色此繡線的手藝家洋輔老師，請教了有關便利的繡線準備方法。

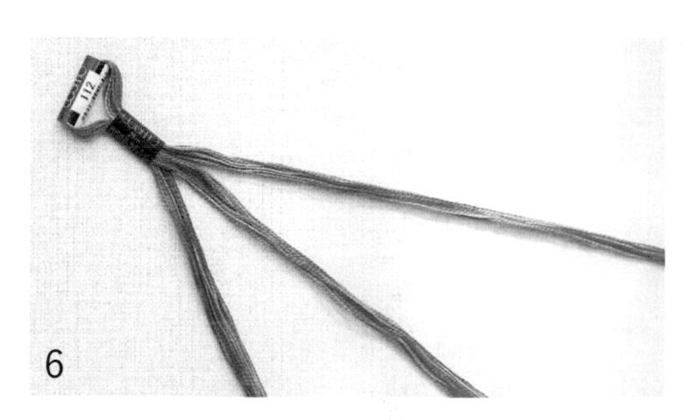

待標籤通過之後，再將繡線分成三束。

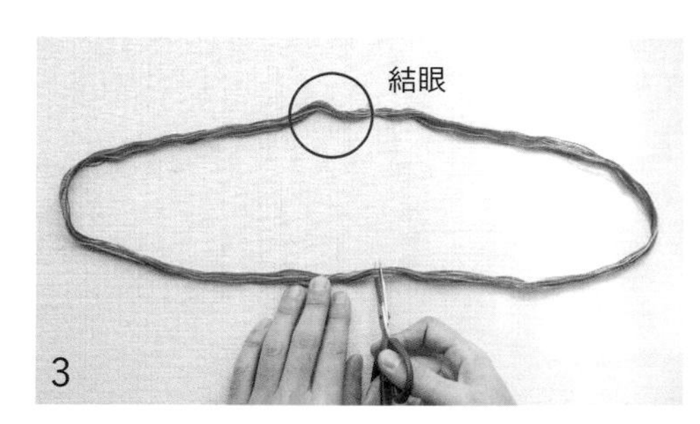

將位於繡線緊繫著結眼的另一端線束剪斷。

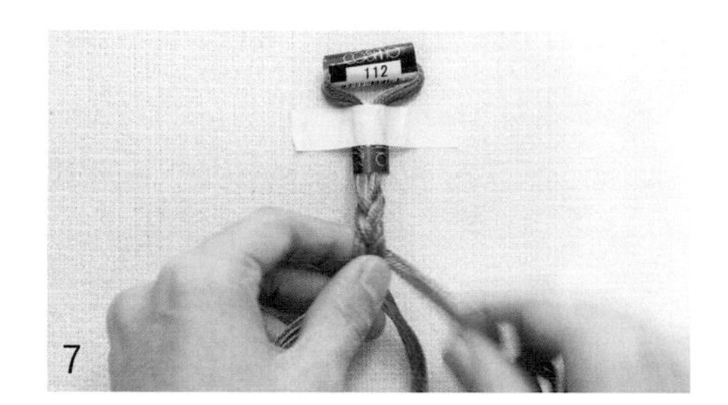

使用紙膠帶等物固定底部，將繡線逐一進行三股編。

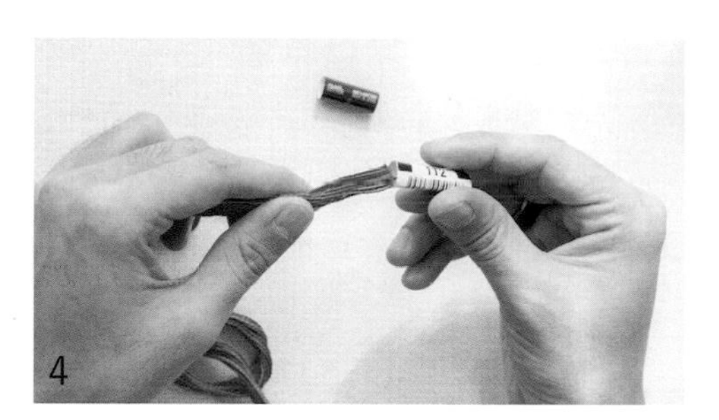

將其中一個標示有線號的標籤穿過繡線，並使其移動至中央處。

將2個標籤從線捲（線束）上拆下。

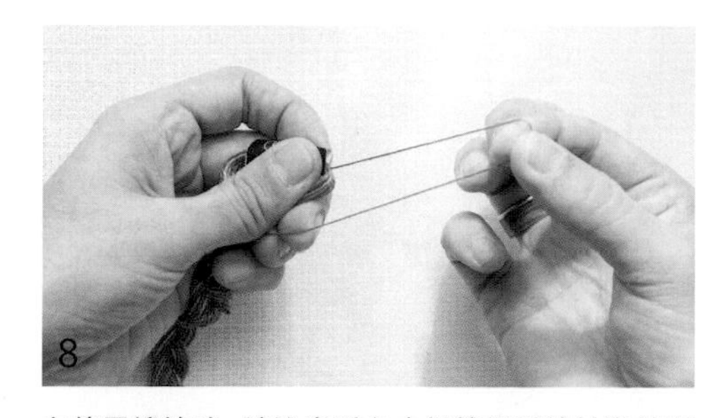

在使用繡線時，請注意避免由標籤側開始拉動結眼部位的繡線。

將繡線的兩端合併集中後，穿入另一個標籤。

解開線捲原本搓撚的彎度。

素材提供／（株）LECIEN

適合繡製纖細花樣的細膩刺子繡線

Olympus 刺子繡線＜細＞的一目刺子繡

沿著已印好的方格狀導引線運針刺繡，即為刺子繡的「一目刺子繡」。
只要使用細膩光滑又易於刺繡的「刺子繡線＜細＞」，也能美麗地完成花樣纖細的一目刺子繡。

photograph 白井由香里　styling 西森 萌

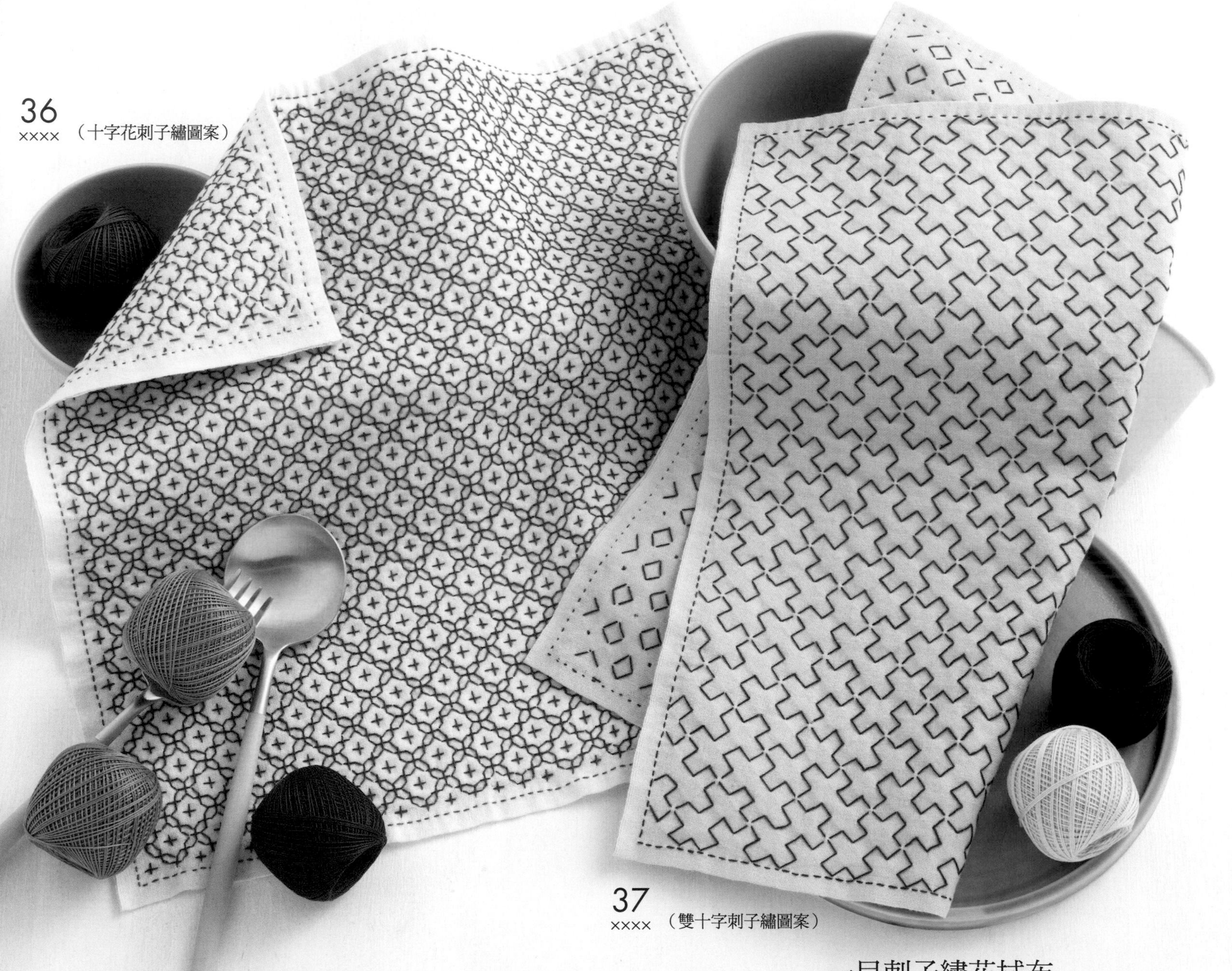

36
××××　（十字花刺子繡圖案）

37
××××　（雙十字刺子繡圖案）

一目刺子繡花拭布

彷彿將十字的針目前端連綴般地進行刺繡的「十字花刺子繡」。將日文片假名的文字予以形象化的「雙十字（キの字）」也看起來像是拼圖的布片一樣。使用細膩的繡線，就連背面也完美無暇。

使用線材 ››› Olympus 刺子繡線＜細＞
圖案與繡法 ››› B 面

関戸裕美

師承已故刺子繡作家吉田英子老師，及吉田久美子老師門下。與針、線、布一同伴隨了半世紀，對於自己能夠持續針線的工作，懷抱著感恩的心，並享受著刺子繡的世界。擔任VOGUE學園東京校「刺子繡的花拭布」課程講師一職。並於《最簡單易懂的刺子繡基礎》（日本VOGUE社出版／NV70138）書中擔任課程指導。

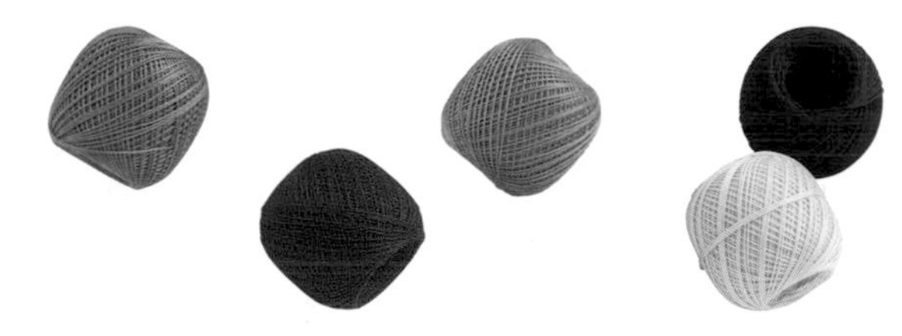

所謂的Olympus「刺子繡線＜細＞」……

專為一目刺子繡開發生產，最適合使用於一目刺子繡的刺子繡專用線。與以往的Olympus刺子繡線相較，線材的細膩度立見分曉。繡線表面呈現光澤，且具有輕盈滑順的刺繡手感。高級細緻的完成度令人期待。不以線束方式，而是以小卷樣式販售，因此非常容易處理，可裁剪成喜歡的長度使用之處也相當符合一目刺子繡的需求。

Olympus
刺子繡線＜細＞
（原寸大小）

以往的Olympus
刺子繡線
（原寸大小）

作品 No.36　十字花刺子繡（原寸大小）

纖細的花樣也是只要以細繡線進行刺繡，形狀就會立顯清晰。

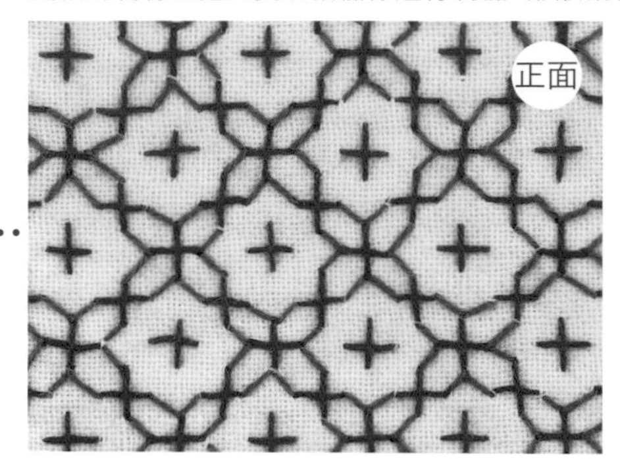

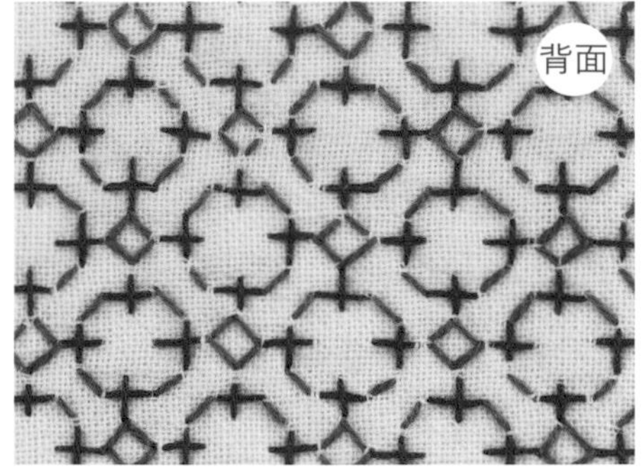

作品 No.37　雙十字刺子繡（原寸大小）

圖案的交點作小小的挑針。背面的針目也縫製得整齊清晰。

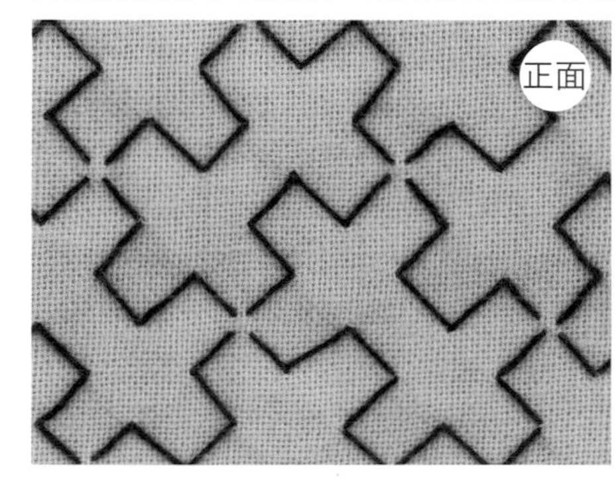

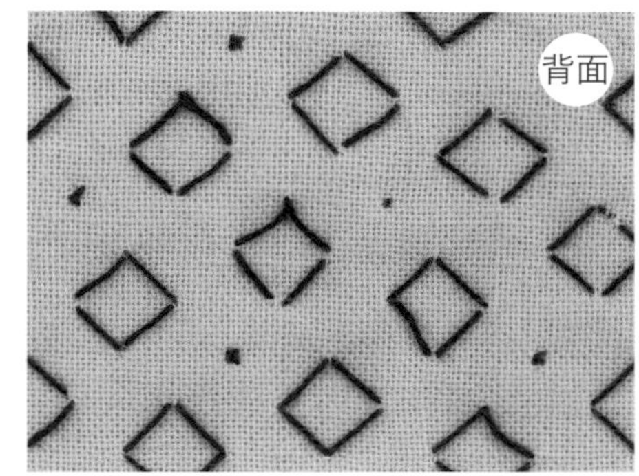

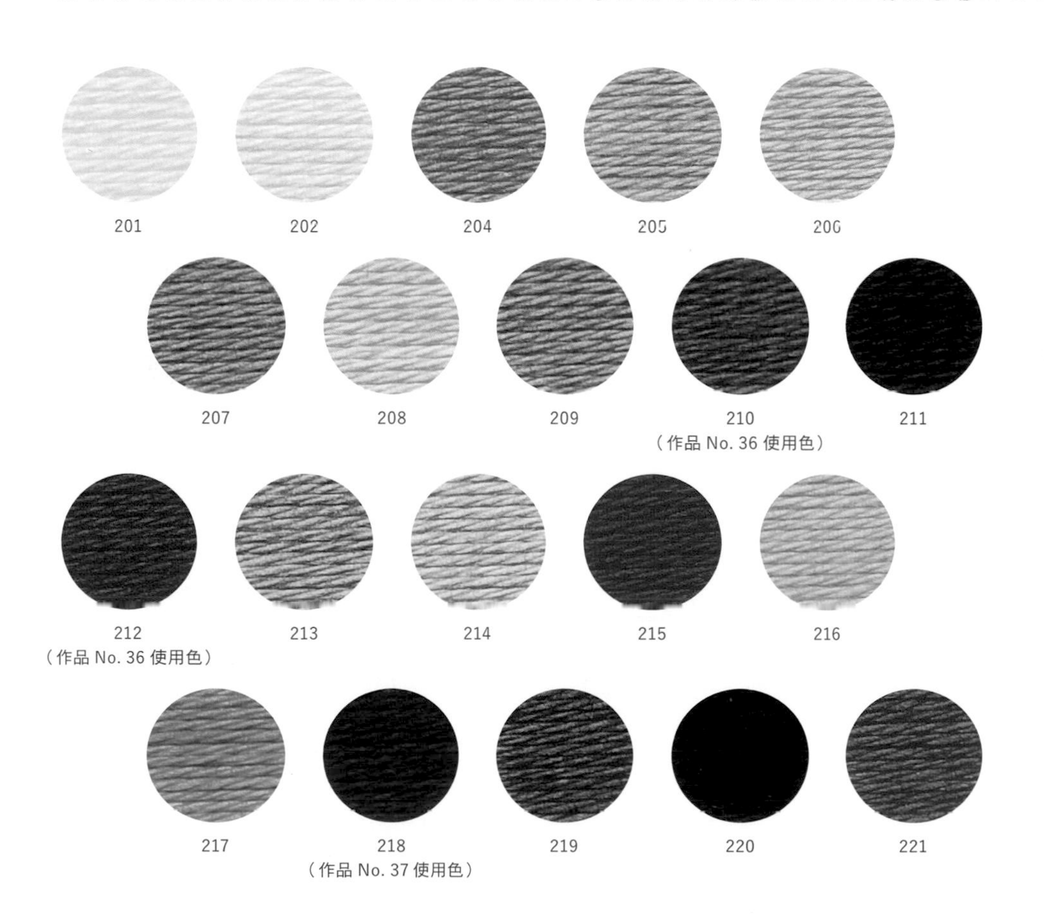

Olympus刺子繡線＜細＞

線長／約80m　色數／20色　素材／棉100%

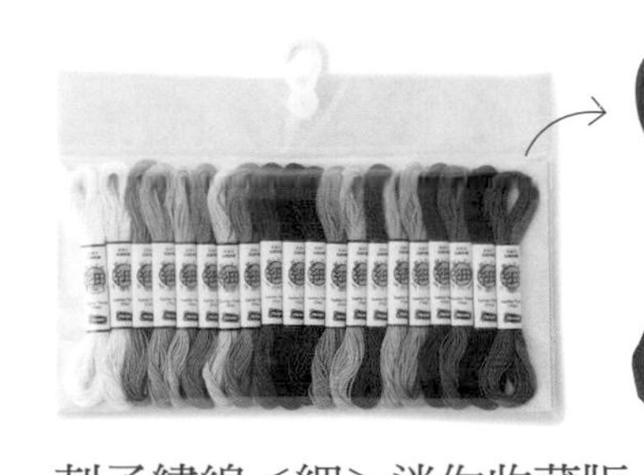

10m長的
迷你線束有
20色！

刺子繡線＜細＞迷你收藏版

刺子繡線＜細＞全色20色，約10 m長的迷你線束組。亦可纏繞在附屬的繞線板（附2片）上，作成自己獨有的樣本簿。同時附有刊載了20種花樣圖案的花拭布作法的二維條碼。

「串連的笑臉」

2020年度的宣傳海報作品。「想要將這豐饒又美麗的地球留給未來的孩子們。祈願笑臉的圈圈與滿滿的幸福一同串連起來……」。外側黑色布的地刺是以宇宙為概念設計而成。
100×100cm

戶塚刺繡的運用

以多彩刺繡連結手作的優雅時間

擁有可以學習各式各樣刺繡技法的全國性規模教室的戶塚教室，
推出每年的主題作品。
就讓我們一邊介紹2020年度的作品，一邊嘗試接觸手作拓展的世界觀吧！

photograph　渡辺淑克　　styling　鈴木亜希子

所謂的地刺®…

「地刺し®」是戸塚刺繡的代表技法之一，一邊數算著布目，
一邊自由地組合1種或是多種刺繡之後，
創造出多變花樣的技法總稱。十字繡也算是「地刺し®」的一種。
簡單的刺繡富多樣化，初學者亦可體驗箇中樂趣，
依據刺繡的組合，延伸出無限的設計。
請作為單獨的圖案或連續花樣享受刺繡的樂趣。

38

××××

地刺し® 口金包

使用已運用在「串連的笑臉」外側的地刺し®圖案，
縫製成口金包，並於前側與後側各使用了不同的圖案。
應用在日常的小物，樂趣無窮。

使用線材 >>>COSMO 25 號繡線
How to make >>> P.109
圖案 >>>A 面

戸塚刺繡研究所・戸塚 薫

請參照 P.10 個人簡介。

以古典繡製作
白色&向日葵色的裝飾墊

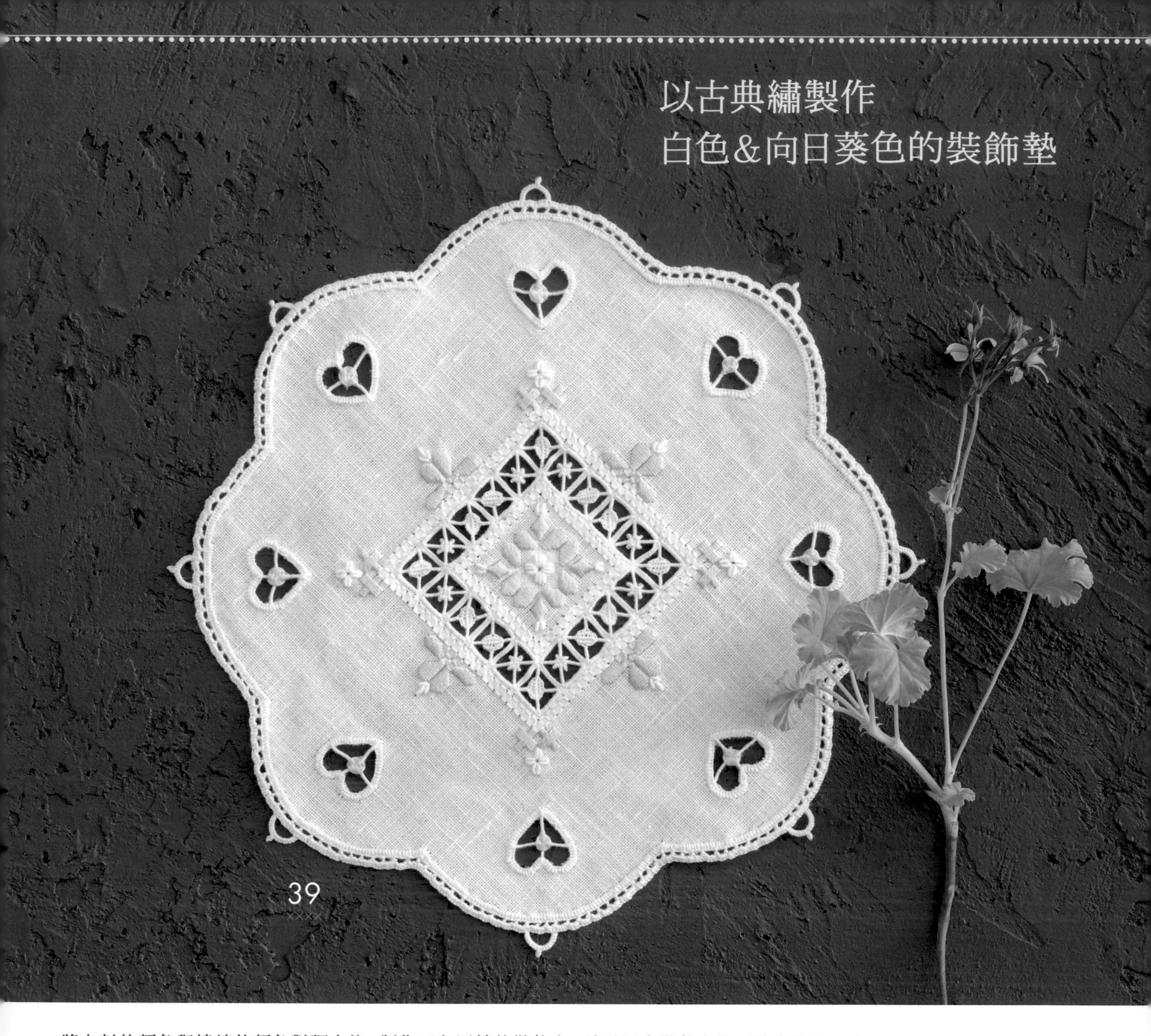

將布料的顏色與繡線的顏色對調之後，製作正負反轉的裝飾布，賦予居家裝飾自然不造作的統一感。
義大利傳統刺繡「古典繡」精準的
幾何學圖案成就了美麗的作品。

photograph 渡辺淑克　styling 鈴木亜希子

39 40 裝飾墊

×××× ××××

中央的圖案為相同樣式的2種裝飾墊。1片是在白色布料上，以鮮明的黃色進行刺繡；另外1片則是在義大利陽光充分沐浴下的金黃色（向日葵色）布料上，以奶油色繡線進行刺繡。雖然給人的印象截然不同，但當2片並列時又感到無比的融洽，宛如雙胞胎般的作品。

使用線材 >>>Anchor Ritorto Fiorentino 8號・12號繡線
繡法 >>> P.112・P.113　圖案 >>>A 面

40

いがらし郁子

高級婦人服時裝設計師。日本義大利刺繡普及協會「Incanta」的創辦人。擔任Bologna・Punto・Antico協會的日本分部代表。並於義大利外務省的義大利文化會館開辦古典繡教室。
http://www.iictokyo.com/scuola/prof_testo.html#igarashi

格子繡框飾

變換布料與繡線的顏色，製作相同圖案。亦於兩款作品上使用的紅色繡線，則運用了金蔥線作為特色重點。

使用線材 >>> DMC à broder 16 號繡線・ETOILE 25 號繡線
圖案 >>> A 面

41
××××

42
××××

懷舊又新奇

格子繡

沿著格子繡的方格逐一進行刺繡的格子繡，
雖是從以前就有的技法，但最近又再度受到矚目。
全憑繡線掛法的組合，或是繡線與格子顏色的差異，
而呈現出各式各樣不同的表情！

photograph 白井由香里　styling 西森 萌

有木律子（指導／鷲沢玲子）

愛知縣名古屋市出身。1987年師承拼布教室「Quilt of Heart」的鷲沢玲子老師門下。1997年擔任「Quilt of Heart」講師。之後，擔任VOGUE學園名古屋校的講師，及NHK文化中心青山教室的講師一職。為「東京國際拼布嘉年華」邀請作家。經常於拼布雜誌等發表眾多作品。共同著有《格子繡》（日本VOGUE社出版／NV70571）。

****

格子繡的必備物品

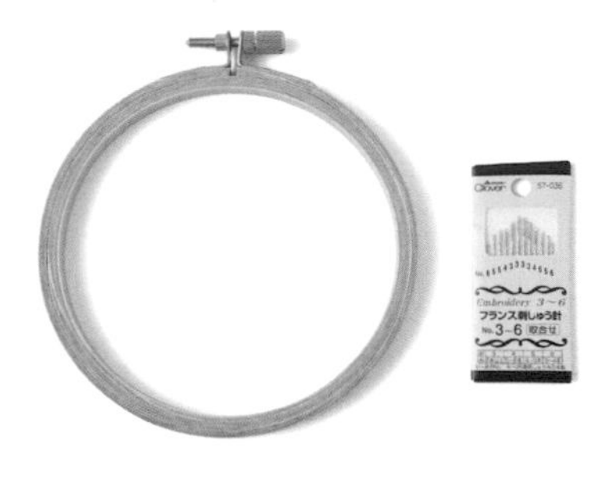

工具

使用的工具為繡針與繡框。雖然繡針應配合繡線的粗細區分使用，但推薦使用法國繡針的No. 3號。

繡布

格紋布的格子大小或顏色等，會依據製造商的不同而有所差異。這次使用的繡布為大約0.6㎝的格紋布。依據格子的大小，圖案的完成度也隨之改變。

繡線

考慮到刺繡的容易度及手感，推薦使用DMC à broder 16號繡線，取1股線進行刺繡。或使用1股DMC 8號珍珠棉線。若是25號繡線，則取3股線進行刺繡。

推薦給想要更深入體驗格子繡樂趣的人

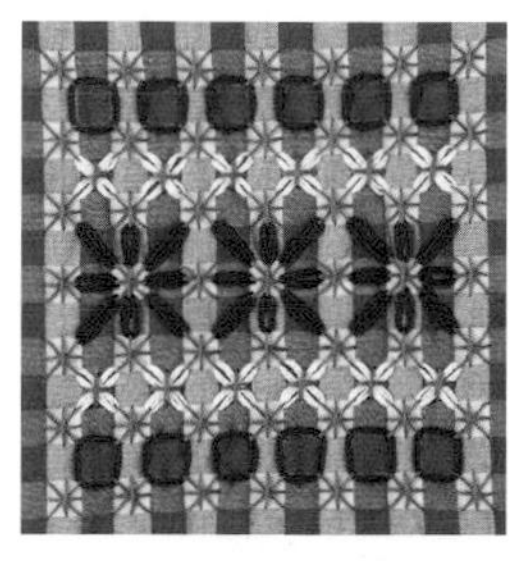

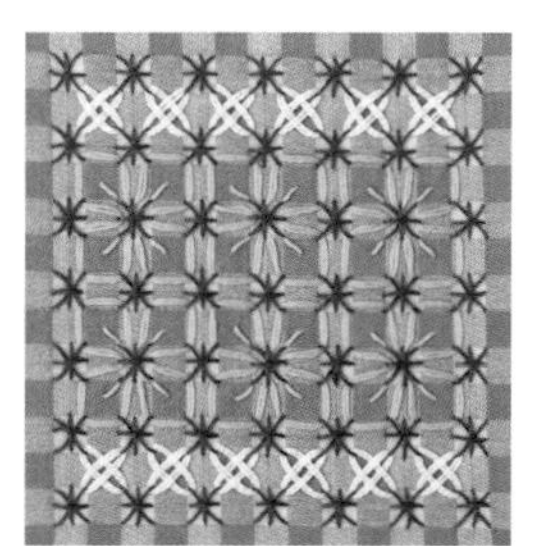

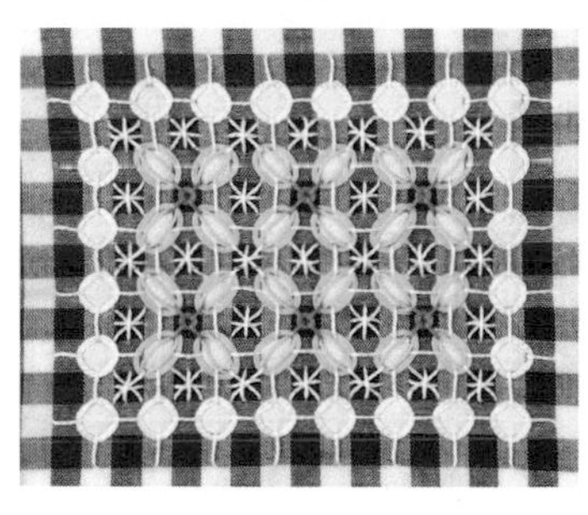

介紹格子繡樂趣與技法的書籍已出版。舉凡小物作品集、基本注意事項、圖案集等內容豐富多彩。

《格子繡》

NV CODE：70571
●鷲沢玲子・有木律子著
●日本VOGUE社出版

請嘗試看看基礎的刺繡吧！

將為大家介紹格子繡中最常使用的雙十字繡的繡法。

對準格紋布的格子邊角，繡上十字繡。作線結之後，再由背面刺繡。

從格子縱邊的中央處出針。

於另一側入針，並於橫邊的中央處出針。

繡上了縱向的線條。針目的進行必須使縱向或橫向線條往最頂部進行刺繡，以便可以用來固定下方的十字繡。

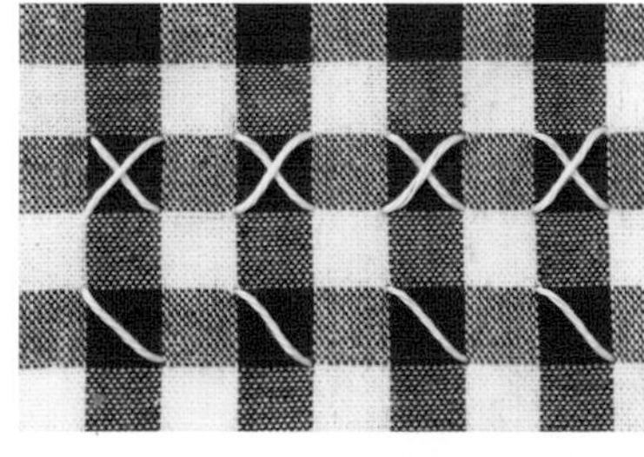

連續刺繡的情況

連續刺繡時，
統一於每列刺繡較具有效率。

****

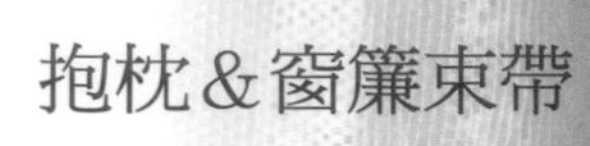

抱枕&窗簾束帶

以平靜沈穩的深淺紫色系層次
進行十字繡的抱枕與相同款式的窗簾束帶。
抱枕的中央，
則以單色繡線繡上了幸運圖案的樣本繡。

使用線材 >>> DMC25號繡線
How to make >>> P.114
圖案 >>>B 面

刺繡家飾雜貨

於每天使用的物品、招待的場合中添加刺繡。總覺得居家擺飾之中飄散出一股令人感到放鬆般，恬靜舒適的空氣。為了與屋內的氛圍統一協調，請在用色上多費心思。

photograph 渡辺淑克　styling 鈴木亜希子

43
××××

44
××××

三井由佳（Bloom）

於活動或展覽會場製作並販售原創作品。擔任VOGUE學園札幌校的講師一職。
http://bloom321.exblog.jp/

桌旗&杯墊

單一紅色的對稱圖案也完全融入
充滿大人風的居家擺飾中。
將桌旗中的圖案當作重點使用的杯墊，
自然不造作更顯出色。

使用線材 >>> Olympus 25號繡線
How to make >>> P.108
圖案 >>>B 面

45
××××

46
××××

岩本晶美

時而將小布片與布拼接縫補，時而刺繡，一邊樂在其中，一邊創作作品，並於HP中介紹作品，且不定期進行販售。活躍於雜誌及各活動場合中。
http://aubongout.fc2web.com/

晨間餐桌組

鑲嵌了濱萊菔花、蜜蜂、海鳥羽毛等，
象徵春天大海元素圖案的清爽餐桌擺飾組。
亦可搭配上手作的麵包及蜂蜜，
擺飾在精心招待的茶會上。

使用線材 >>> DMC25號繡線
How to make >>> P.115
圖案 >>>A 面

47
××××

49
××××

48
××××

矢澤こずえ

刺繡作家。居住在能夠聽見汽笛聲的橫濱，以法國刺繡從事作品創作。從海邊找到的貝殼或是橫濱的美景等生活細節中獲得靈感，每天運針刺繡。以「矢澤堂」的名號，舉辦刺繡教室、研習體驗會、個展等活動。著有《藍與白的刺繡》（日本VOGUE社出版／NV70528）。
https://yazawado.theblog.me/
Instagram @yazawado

繽紛壓克力杯墊

將以粉彩色調進行刺繡的春天花卉，
封印在如同糖果般的壓克力杯墊裡。
由於可以拆開清洗壓克力部分，
讓人也能安心使用。

使用線材 >>>COSMO25號繡線
圖案 >>> 附錄刺繡圖案集 P.96

提供／（株）LECIEN　COSMO No.644 杯墊（四方形）

田村里香（tam-ram）

擅長運用蝴蝶結或甜點等女孩風的圖案與柔和的色調進行刺繡。於工作室兼選物店經營作品的展示販售及舉辦刺繡教室。著有《糖果甜蜜刺繡》（日本VOGUE社出版／NV70425）。
http://tamram.exblog.jp/

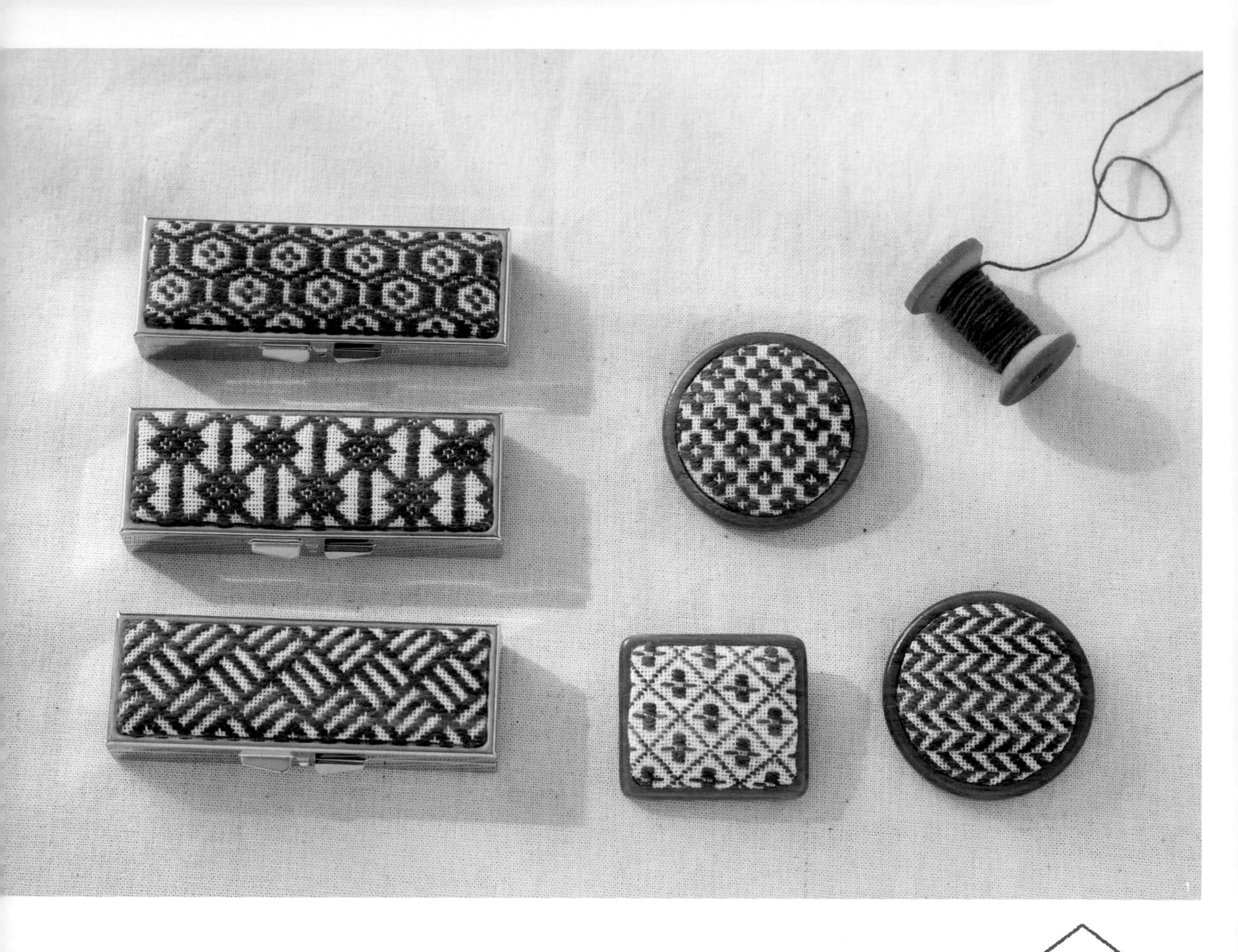

Stitch for life

在日常生活中加入刺繡

與刺繡的相遇緣由，因人而異，
作品亦具有千姿百態的風情。
本期刊載的內容是藉由在國外生活的經驗，
而成為創作契機的兩名女性的故事。

photograph 白井由香里
edit & text 梶 謡子

1／使用藍染的繡線繡出「鱗紋」及「轡繋紋」等的傳統文樣。繡布則使用德國ZWEIGART布廠的Cashel十字繡布。以細緻的刺子繡線於布紋一致的繡布上進行刺繡，營造出更加纖細的印象。
2／此作品為使用茜染繡線進行刺繡的小物。「即使是以相同的素材染製，也無法再次出現相同顏色的特性，是草木染繡線的魅力」。

Stitch for life

1

hana

因為是簡單的傳統花樣，才能夠襯托出優美的色彩。

1／在藍色系布料的襯托下，使白色繡線顯得光彩奪目的連續花紋針插墊。「或許是因為與我本身名字一樣的緣故吧，所以『花こ』是我最喜歡的小巾刺繡基礎花樣（モドコ）」　2／將「篭目（籠子上連續網狀文樣）」部分截取下來後，製作成小耳環。簡單的花紋與草木染的優雅色調極為相符。　3／將「花こ」文樣一個一個刺繡出來的可愛圖案。「可試著縱向排列，或是橫向排列……。構思著各種可能性的組合也相當有趣。預計改天要將這些縫製成胸針」。
Instagram 的 ID 為 @hanakogin

在國外的生活經驗，成為重新檢視日本文化的契機

——はな（hana）

以「hanakogin」這樣的名字，製作小巾刺繡小物的hana。使用草木染的繡線，1針1線仔細繡出的傳統文樣，全部都是優美典雅的色調。

hana之所以會被針線手藝吸引的原因，是在丈夫調職到國外工作的契機下所致。前後大約6年，在美國生活的期間，邂逅了十字繡。

「雖然在前往美國之前，就曾有過挑戰刺子繡的經驗，但因為不擅長描繪筆直線條，所以馬上就澆熄了熱情。反常的是，十字繡卻可以輕易開始，讓我瞬間就沈迷其中」。

在停留美國居住的那段期間，內心一直深深感觸到的，是自己對於日本文化實在不甚瞭解的事實。若未來仍有機會前往海外，屆時一定要好好大力的推廣日本文化。如此下定決心，就在收集相關資料的同時，日光駐留在小巾刺繡上。「那時我火速買入了成組材料包，試作了之後，發現比想像中還要來得輕鬆有趣。不過，當時倒是沒料到自己後來竟然會變得如此投入」。

hana

自從遇見了草木染的繡線，小巾刺繡就變得愈來愈加有趣。

Sewing tools & thread

1／清早，大略地作完家事之後，開始進入製作時間。餐桌馬上搖身一變成了工作室。 2／將神經集中於指尖上，全神貫注。「拉線時的聲音傳入耳中，感覺舒服又愜意。就連在心情有點低落的日子裡，也能趁著安靜運針的同時，讓心情穩定下來」。 3／愛用的針線盒是京都土產的點心外盒。「我需要的針線工具全部都收納在這個盒子裡，因此隨身攜帶相當方便。只要有了這個針線盒，不論身在任何場所都能動手作業」。 4／用來參考的是古老舊作的小巾刺繡照片集與圖案集。圖左的樣本繡是hana一邊看著照片，一邊刺繡的成果。「我本來就很喜歡這類的傳統色彩」。 5／布料與繡線的組合讓人一目瞭然的手製樣本簿，在研習體驗會中特別活躍。 6／作品縫製時不可欠缺的草木染繡線，每次看到時，就會慢慢地少量購入。也包含就近利用身邊的素材自行染色的繡線。

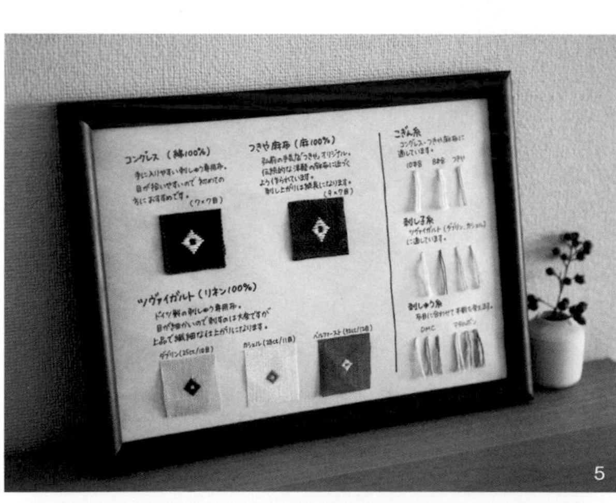

1／活用繡框，製成時鐘。中心的花樣縫製成正方形，繡布則使用德國ZWEIGART布廠的Dublin十字繡布。繡線來自位於青森縣弘前市的手藝店「つきや（Tsukiya）」的原創商品。
2／以藍染繡線刺繡的古老舊作的複製品。「一邊看著照片，一邊努力不懈地刺繡的過程，分外喜悅」。　3／應用小巾刺繡完成的蘋果圖案，則作成了手袋吊飾。　4・5／在藏青色的麻布上以白色繡線繡上了被稱為「吉原繫（吉原文樣）」連續圖案的迷你手提袋。雖然乍看之下，外形看起來有如「豆紋」一樣，但是藉由將交點針目1針1針展開的技法，形成宛如愛爾蘭花樣般，具有立體感的花紋。於背面側點綴上花樣的一部分，作為重點裝飾。

重點想要放在繡線與布料的平衡感，
不斷摸索反覆試驗，
直到能縫製出我心目中想要的樣子。

Bag & charm

使用草木染繡線 繡出傳統文樣 是我堅持的原則

雖然是從成組材料包開始的小巾刺繡，但在嘗試使用剩餘布料製作胸針時，ｈａｎａ卻發現一般的小巾刺繡布材質較硬而不易加工的問題。自從注意到手邊現有的刺繡布與小巾刺繡十分搭配之後，自己就開始著手研究布料與繡線的組合。

「即便是相同花樣，也會因布料或繡線挑選方式的不同，而完全改變作品的氛圍之處，顯得十分有趣。隨著每１段的刺繡，花樣會一點一點逐漸形成，所以還能同時體驗到成就感」。

在進行作品製作這件事情上，成為轉捩點的，就是與草木染的刺子繡線相遇的契機。

「一開始是朋友送給我的禮物，第一眼見到就對那柔美典雅的色調深深著迷。也因為正值我想要創作出與他人不一樣作品的摸索期，所以腦海便閃過『就是這個了！』的想法」。

淺淺色調的草木染繡線，有時很容易就給人烙下可愛的印象。正因為如此，所以才曾執著於傳統花樣，想要致力於簡單的小物創作當作目標的ｈａｎａ。

「今後也希望能以我自己的風格推廣小巾刺繡的魅力」。

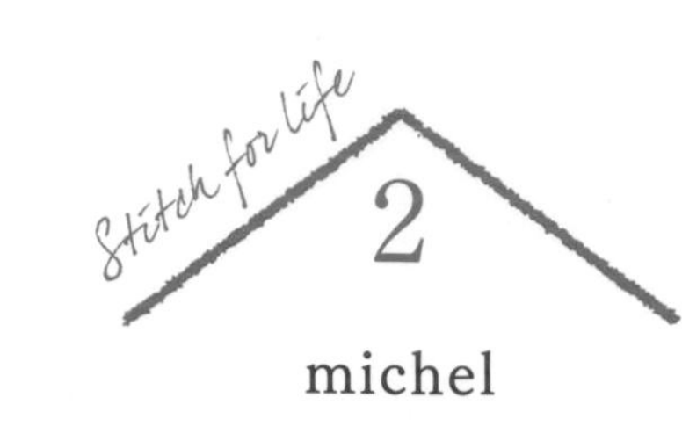

michel

一邊動手刺繡的同時，一邊回想起的是，如同生活般旅行的印度。

1／愛用的針線盒裡，收納了針、繡線專用剪刀、珠子等。以小小的布片取代針插墊使用。　2／居住在海邊城鎮大約生活了15年。從客廳的窗戶可直接眺望整個海景。「製作過程中，這個房間裡全都擺滿了小布片，讓人忘卻時光，動手運針」。

活用手邊現有的素材，度過手作的每一天

——michel

彷彿打翻了玩具箱似的繽紛多彩的布小物。將小布片一針一線地縫合，小心仔細地點綴上珠子及刺繡——一個個的作品上都充滿和諧的能量，創作出獨一無二的世界。

雖然從以前就很喜歡從事繪畫、動手作東西這類活動的michel，然而正式開始以作家身份進行各項活動，其實是這2至3年間的事情。在這之前，只是隨意地製作一些身邊使用的小物。

「後來變成習慣從事布作，是從我生了小孩之後開始。朋友看見我親自為女兒製作髮束後，便請我手作了一個馬爾歐包，因此展開了契機」。

在海邊的城鎮建造了自己的房子，也成為了轉機之一。

「在這裡，一直都隨著恬靜、舒緩的時間流動，瀰漫著一股人與人之間自然連繫的空氣。在這個城鎮裡透過認識的朋友或SNS，獲得作品展邀約的機會也跟著一點一點逐漸增加了起來」。

for daily use

1／歷代使用的錢包全部都是手工製作。「因為是一邊慢慢修改，一邊使用，所以充滿了許多回憶」。　2／第一次從一開始製作的原創背心。以拼布及貼布縫手法縫製成色彩繽紛的作品。　3／從朋友那裡拿來的牛仔褲。由於褲腳都已經破破爛爛的，因此就利用拼布與刺繡進行改造。「接下來也打算繼續一邊穿下去，一邊慢慢添加創意修飾」。　4／在印度旅行時，經常會看到的拉巴里族（Rabari）男性身穿的民族服裝。「我也很想親自嘗試製作看看，在身片上施以刺繡、刺子繡、進行拼布，改造成我的風格。圖案則是參考真砂三千代的《風着COLORS OF INDIA》一書（文化出版局出版）」。

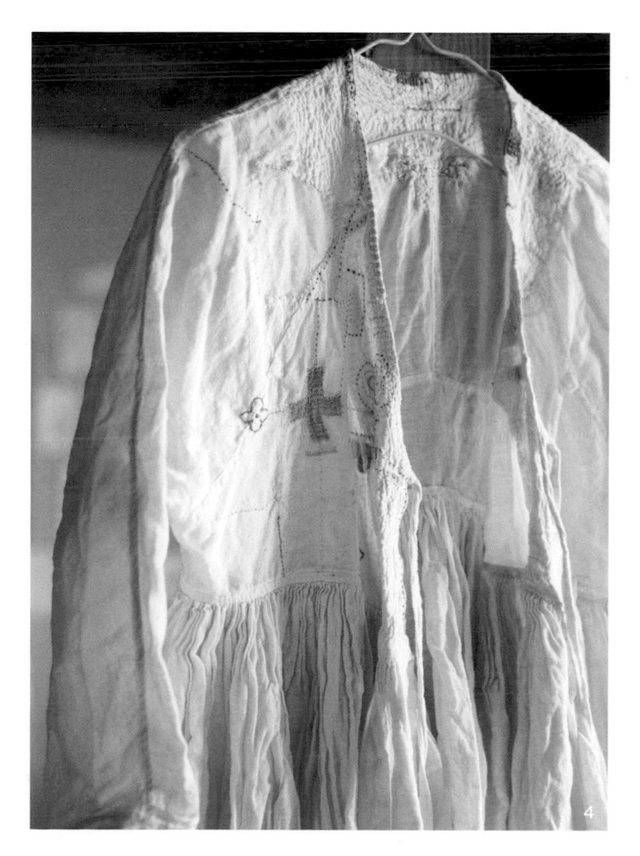

michel

作品創作上使用的材料是小布片、舊衣服，或是在旅遊當地取得的布料及珠子——

Traveling & stitch diary

1／寫滿了旅遊回憶的筆記本。親自手作封面，也是整理行囊的樂趣。　2／作品創作時不可或缺的珠子，是在尼泊爾購入的。布料並不會特意去購買，大多都是作衣服時剩下的零碼布或是朋友給的舊衣物、床單等回收再利用。「其實就連填塞布娃娃等用的棉花，都是從別人送我的棉被中一點一點的少量使用」。　3／在朋友贈送的帽子上添加了手作的緞帶。「只要決定好風格，其他就剩下動手自由發揮」。　4／小小的紙張上被寫滿了密密麻麻的文字及刺繡。事實上，這是在發票的背面記滿了當天所發生的事情。對於她想像力之豐富，完全驚嘆不已。

不受限於規則的束縛，隨心所欲地運針創作。

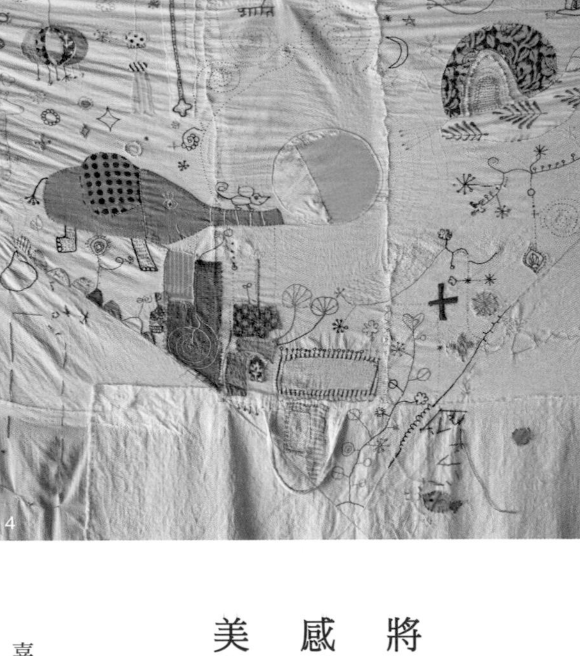

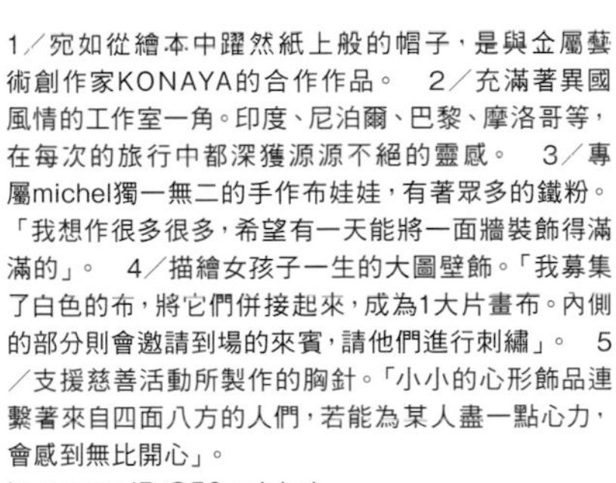

1／宛如從繪本中躍然紙上般的帽子，是與金屬藝術創作家KONAYA的合作作品。 2／充滿著異國風情的工作室一角。印度、尼泊爾、巴黎、摩洛哥等，在每次的旅行中都深獲源源不絕的靈感。 3／專屬michel獨一無二的手作布娃娃，有著眾多的鐵粉。「我想作很多很多，希望有一天能將一面牆裝飾得滿滿的」。 4／描繪女孩子一生的大圖壁飾。「我募集了白色的布，將它們併接起來，成為1大片畫布。內側的部分則會邀請到場的來賓，請他們進行刺繡」。 5／支援慈善活動所製作的胸針。「小小的心形飾品連繫著來自四面八方的人們，若能為某人盡一點心力，會感到無比開心」。
Instagram ID @56_michel

將旅途中所見，感受到的各種美麗風景化為形體

喜歡隨時隨地來一趟天馬行空之旅的michel。雖然至今已經到過許多的國家旅行，但其中受到最大影響的就是印度。

「自從19歲時第一次前往印度以來，便頻繁往返，成為了我心中最愛的國家。每次都撐到簽證快要結束前才回國，然後打工存錢後，又再次前往印度。我喜歡的並不是去觀光，而是像過日子一般，僅僅只是在當地生活就讓我感覺愉快」。

即便是現在，只要一動手運針，浮現眼前的就是色彩鮮艷的民族服裝與街道上的味道。

「在印度，可以經常見到人們習慣坐在屋外從事刺繡的身影。我一直都很希望自己也能像他們那樣，一邊從事針線手藝，一邊過日子的生活」。

據說目前稍稍暫停展覽活動，稍作休息，正處於充電期中的michel。

「循著主題作為目標進行製作的作品展，雖然感到很刺激也很有趣，但能夠不在乎時間，只是自由創作出自己想要的創作，畢竟還是比較有趣。現在要回到我的初心，我想一直為我自己創作下去」。

主題

「繡針」

第4回

西須久子×新井なつこ

刺繡作品&對談

2位刺繡作家，共同針對一個主題，
為讀者帶來作品與對談的系列連載專欄。
這次是以刺繡時不可欠缺的「繡針」為主題。
作品則是為了休針時愛惜繡針所使用的針插墊。

photograph 白井由香里 styling 西森 萌

消耗品、戰友

西須久子（以下簡稱・西） 妳製作的戒指型針插墊，好可愛喔！平時習慣戴在哪個手指上使用呢？

新井なつこ（以下簡稱・新） 我都戴在左手的中指上。雖說是通用尺寸，但大約就是戴在第2關節的地方。在想要稍微暫停，休針片刻時，非常好用。

西 這次的主題是關於「繡針」，首先我想說的是「繡針就是消耗品」。

新 繡針的確是有壽命的。1根繡針拿來繡了一段時間之後，滑順度就會忽然變差，感覺「咦？不對喔！」。

西 特別是在亞麻繡布上刺繡時，很明顯感覺得出來。若還是直接拿來繼續使用，繡布或繡線都會造成磨損。

新 或許是夏天手會冒汗的緣故吧，手汗不光是會弄髒作品，也會對繡針造成不良影響。

西 另外，已經完全歪曲的針就不能再使用了。可捏著針尖處，像是以手指轉動似的試著一圈圈地旋轉，針頭往外側傾斜旋轉的針就表示已經歪了。

新 雖說細針較為柔韌有彈性而容易刺繡，但因為很容易彎曲，所以使用時最好要隨時檢查較為妥當。

西 沒辦法再使用的繡針妳都如何處理呢？

新 我都會事先存放在收納糖果之類的小罐子裡，等收滿之後再一起處理。以膠帶黏在厚紙板上，並寫上大大的「針・危險」字樣，丟在不可燃垃圾內。對我來說是幫助很大、很感謝的繡針，所以丟掉多少有些心痛。

西 我也是會放在罐子裡。丟掉的時候，我會說「對不起，謝謝你們」。對於刺繡的人來說，繡針就像是戰友一樣，但遲早有一天仍須告別……。

新 若可以拿針到神社等處供奉，那該有多好啊！

可以不要用嘴巴舔嗎～！

西 刺繡教室裡的學生，好像多半都會有不管怎樣都要以較粗的繡針刺繡的人吧！

新 沒錯，的確有這種人～。其實可以拿著已穿針的繡線，若倒過來拿時，繡針會滑滑地溜下來的程度，就表示對繡線而言，使用了過粗的繡針。因為繡針過粗，會造成繡布上的針孔變大，雖然穿線時是比較方便啦……。

西 繡線的粗細或股數與繡針的粗細（號數），在平衡上的拿捏甚為重要。若以粗針來繡細線，繡布上就會產生大大的洞孔了。

新 就是有人無論如何都硬要使用最粗的十字繡針刺繡，在進行法國結粒繡時，會完全從繡布上脫落下來。

西 另外也有人因為線穿不過針孔，就說「老師，請幫我穿線」。

新 而這類的人，大部分都習慣舔線……雖然我是很想替他們穿線啦，但再怎麼說也希望他們能先把那段線剪掉吧！

西 舔線的行為也是導致作品變色的源頭，所以絕對是NG作法。建議不妨購買內含好幾種粗細的成組繡針。我從以前就固定使用可樂牌的繡針。只要身邊備有「法國繡針No.3～9」（編輯部註記：7種共計14針入。繡針號碼的數字愈小表示針愈粗，數字愈大表示針愈細），5號繡線不論取幾股線都能輕鬆處理。

新 若是可樂牌十字繡針，我慣用「No.9～23」（5種共計6針入）。我也很喜歡最細的「No.4」，整組繡針則會再另外準備。由於針尖較圓不傷布料，因此亦可使用於像是波奇包縫製之類的縫合作業。

西 一旦從包裝裡取出繡針，雖然會弄不清針的號數，不知該如何挑選針的粗細時，請將繡線穿入繡針針裡試看看。若繡線會摩擦到針孔，就表示繡針太細。把線倒過來後，若繡針脫落時，就表示針太粗。多試幾次，讓自己記住這種感覺。

西須久子（作品No.54）

刺繡作家。除了十字繡，運用各式各樣的刺繡，製作原創性的作品。並於各地擔任刺繡講師，於VOGUE學園橫濱校，開設刺繡教室授課。除了著有《刺繡教室：20堂基本&進階技法練習課》（日本VOGUE社出版／NV70463・繁體中文版由雅書堂文化出版）外，還有其他大量著作。

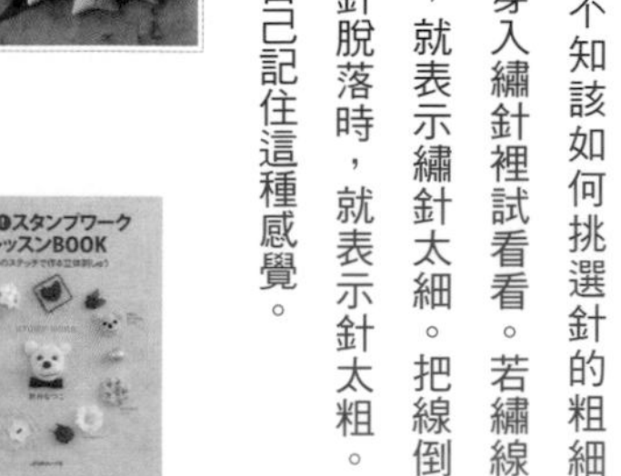

新井なつこ（作品No.55）

任職於服裝公司後，遠赴義大利米蘭，擔任設計師助理。刺繡則師事於西須久子老師門下學習。於VOGUE學園東京校與橫濱校，開設立體刺繡教室授課。著有《超入門！簡單初學立體刺繡手藝圖案集》（日本VOGUE社出版／NV70408）。
Instagram @natsuko1673

※兩人精彩對話的番外編將於「STiTCH iDÉES WEB」發布！請讀者絕不要錯過喔！https://www.tezukuritown.com/nv/c/cidee/

54

××××

白線繡＆黑線繡針插

德國「Schwalm」白線刺繡是於圓形的珊瑚繡內側繡上鎖鍊繡，
規則的抽拉當中的繡線後，打結縫合。
英國黑線刺繡，只要正反針目繡得一樣，即可繡出優美整齊的形狀，
若覺得困難，亦可使用回針繡製作。

使用線材 ››› DMC8號・25號繡線・à broder 16 號繡線・
DIAMANT 繡線
How to make & 圖案 ››› P.116・P.117

55

××××

戒指型針插

將邊長3cm正方形的小針插墊，以白膠黏貼在附有圓形台座的戒指台上即完成。
以金蔥線或珠子裝飾，搖身一變成為閃亮亮的作品。

使用線材 ››› DMC 25 號繡線・DIAMANT 繡線
How to make ››› P.117

 素材提供／DMC（株） DMC DC 47SO 亞麻繡布 28ct

Basic Lesson of STITCH IDÉES

××××

STITCH LESSON

「初學褶飾皺褶繡」

一邊抽拉繡線，於布面上抓皺，一邊刺繡的褶飾皺褶繡技法。由於是基本繡法的重複進行，因此只要熟記作業順序及繡線的抽拉狀態，就不會覺得困難。在此介紹代表性的2種繡法。

皺褶繡迷你手袋

活用皺褶繡縮縫布面的抓皺感，製作出立體蓬鬆的手提袋。每一段改變刺繡的顏色，進行刺繡。

使用線材 >>> COSMO hidamari 繡線
How to make >>> P.118
記號用原寸紙型 >>>B 面

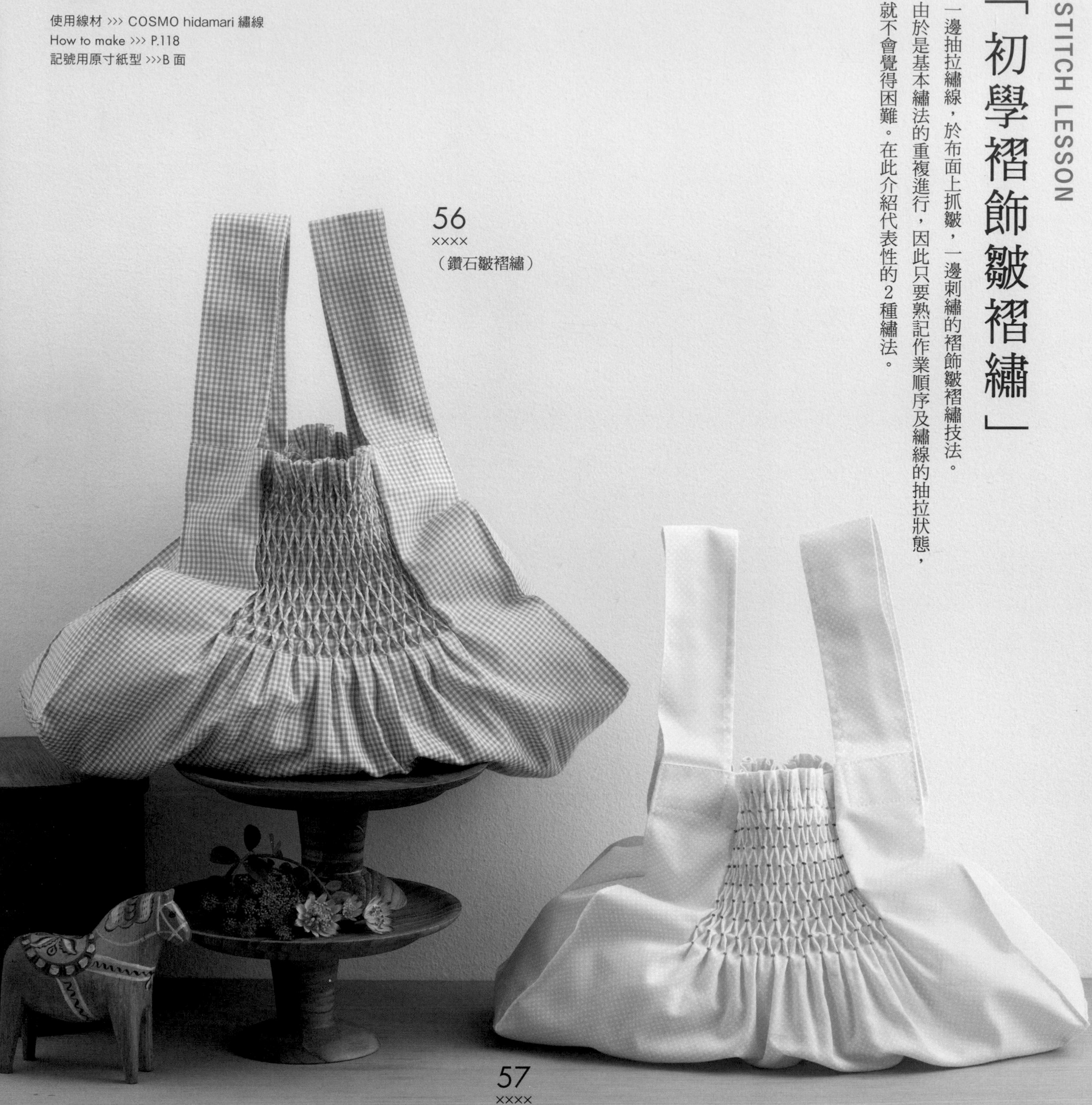

56
××××
（鑽石皺褶繡）

57
××××
（蜂巢皺褶繡）

安田由美子
(NEEDLEWORK LAB)
於文化服裝學院主修設計畢業後，在該校擔任裁縫老師一職。目前負責法國手藝書籍的日語版監修工作。著有《就算是初學者也能繡得漂亮的刺繡基礎》（日本文藝社出版）。
http://mottainaimama.blog96.fc2.com/

適合縮褶繡的針與線？

針…針尖銳利的針（法國繡針、較短的刺子繡針等）較容易刺繡。
線…作品與課程中，使用1股線就能刺繡的COSMO hidamari繡線。若選用25號繡線，可取3至4股線，亦可使用1股8號繡線、刺子繡線等。

鑽石花紋褶飾

（於作品No.56中使用）

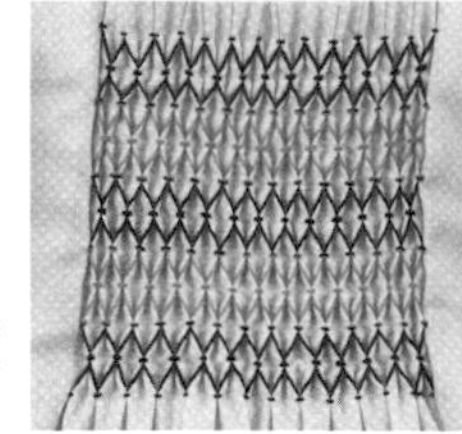

於黃色系的印花布上，使用紅色與橘色繡線進行刺繡的變化。

★手提袋的材料&作法 P.118
★縮褶繡的記號用
原寸紙型為作品圖案 B 面

鑽石縮褶繡

◯於1cm方眼的交點處作上記號。
（全體的記號位置請參照P.118的作法）
◯方眼交點的藍點●＝步驟教學圖已記在布面上的「點」記號。
◯圖中的奇數……出針位置・偶數……入針位置。
◯實際上請將點記號作小小的挑針刺繡。
（由記號的0.1cm右側入針，並於記號的0.1cm左側出針）

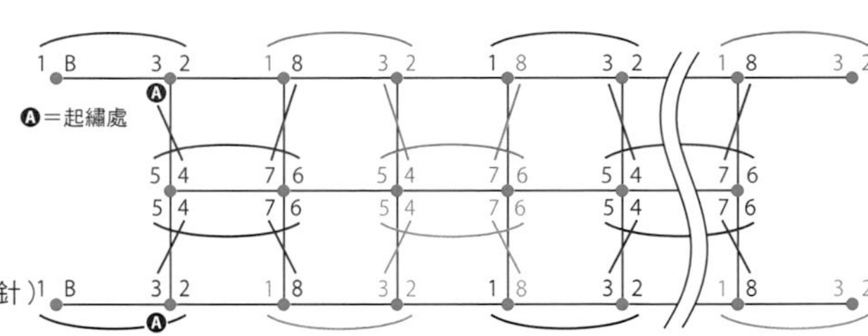

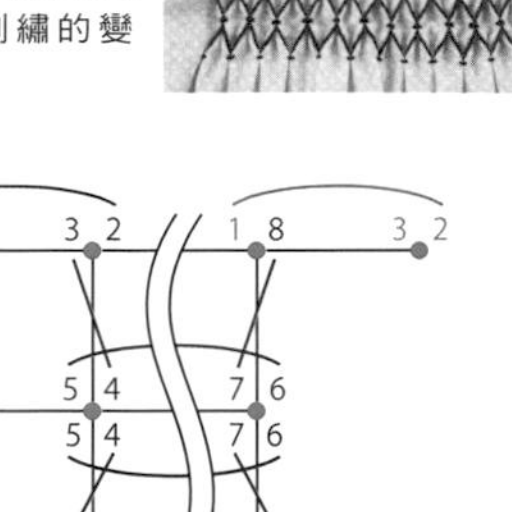

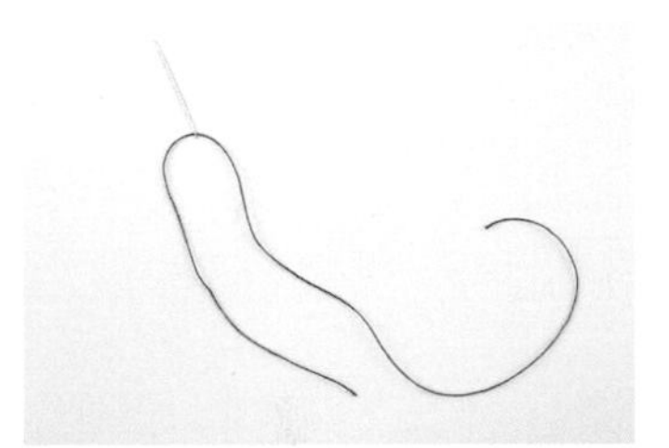

1 繡線的準備
將繡線穿入繡針中。由於繡線摩擦容易起毛，請準備剪短的繡線（50cm左右）。

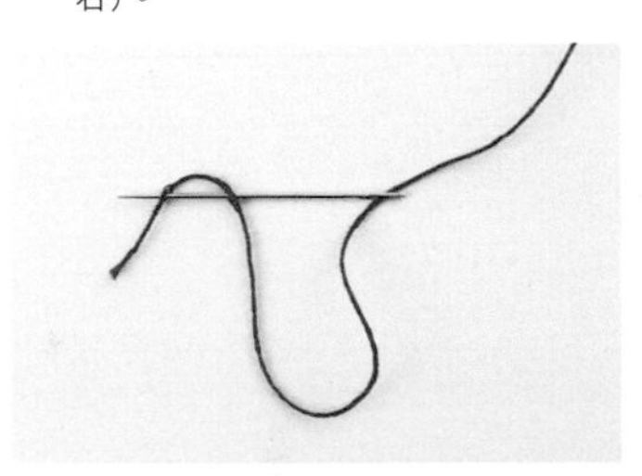

2 避免剪短的繡線從針中脫落所作的穿針方式。在開始刺繡之前，請將較短一邊的線端分隔開來刺入繡針。

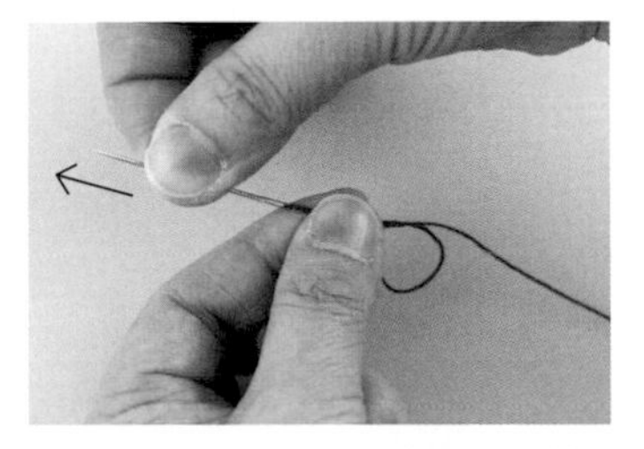

3 一邊壓住刺入部分的繡線，一邊抽出繡針。

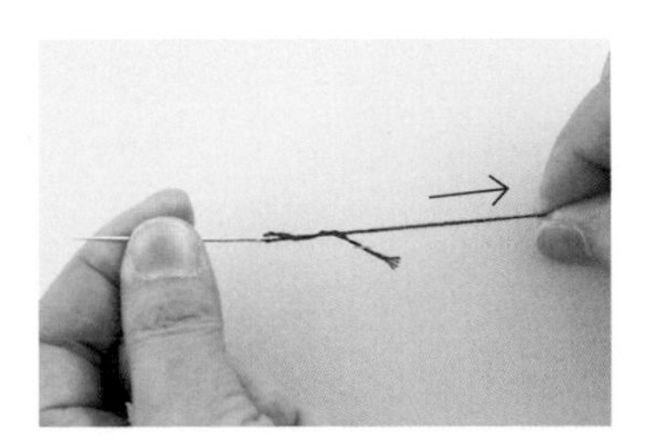

4 手拿繡針，拉出較長一邊的線端後，將線圈縮小。由於繡線已被固定在繡針上，因此就算繡線較短也不會脫落。

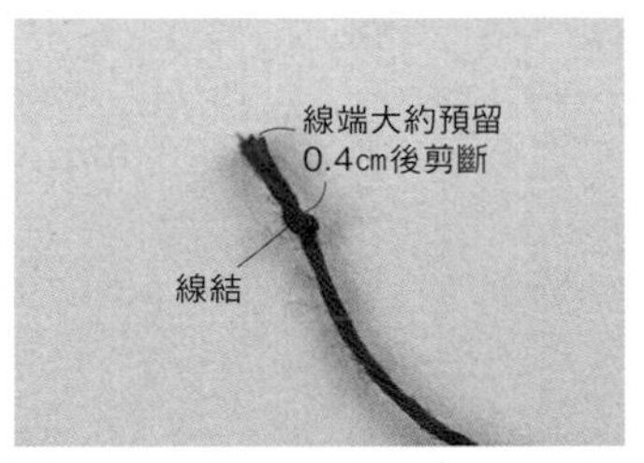

5 事先在較長一邊的線端處作線結。為了避免之後繡線脫落，所以打個小小的線結（於針上繞線1次）即可。

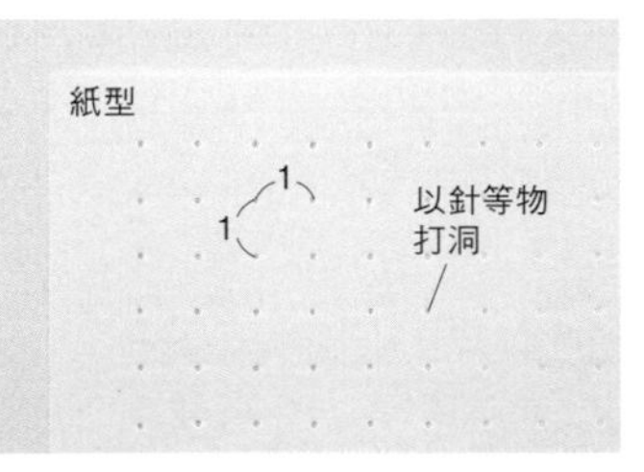

6 紙型&作記號
只要製作一張於描圖紙上打洞的紙型，作記號就會變得比較容易，因為紙質透明，所以對齊位置也較為容易。

7 將步驟6的紙型放置在布片正面側進行縮褶繡的位置上，並以布用記號筆等畫上點狀記號。

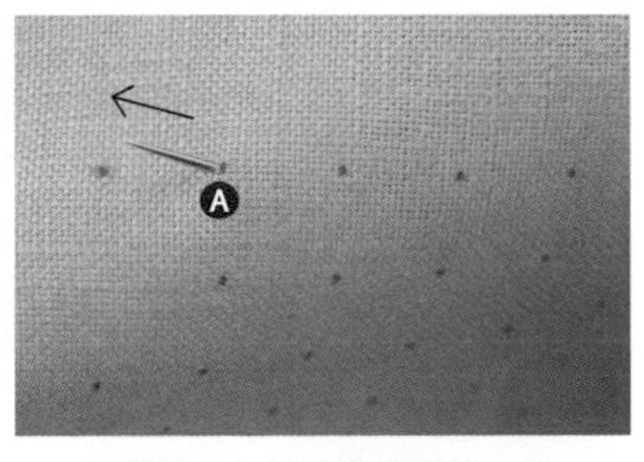

8 起繡是由上圖的Ⓐ處開始出針。

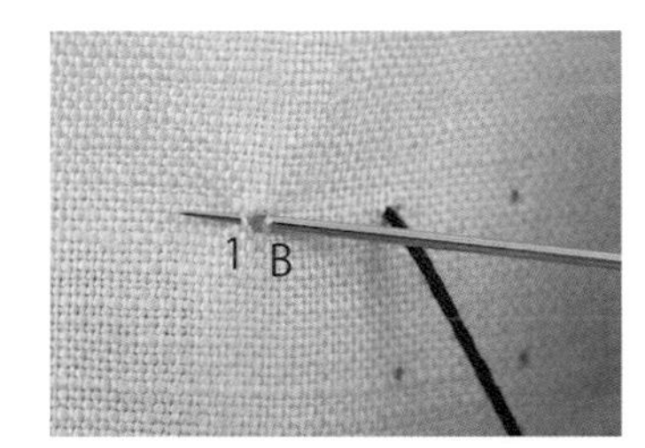

9 於B處入針，往1出針。將點記號小小挑針的狀態。直接抽出繡針。

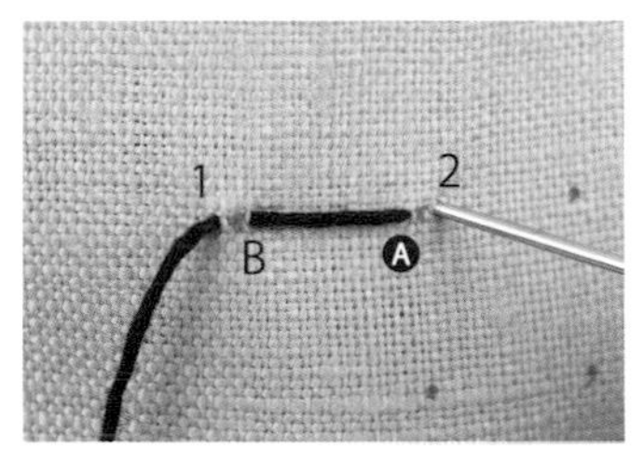

10 正由Ⓐ處往B處渡線的狀態。接著，於2入針。

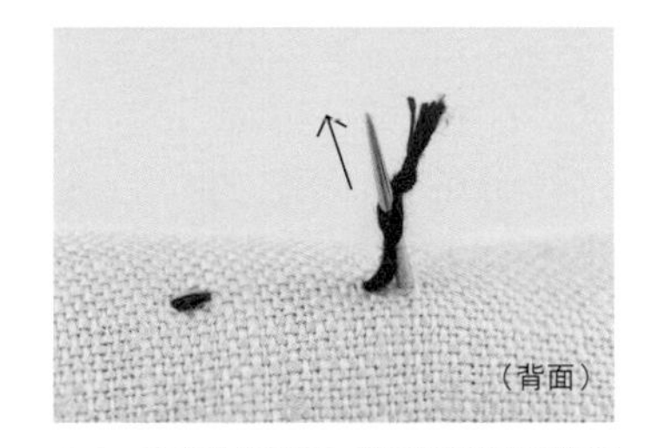

11 於布片背面側，像是將線端的線結邊緣的繡線分割似的刺入繡針（為了避免線結脫落而加以固定）。

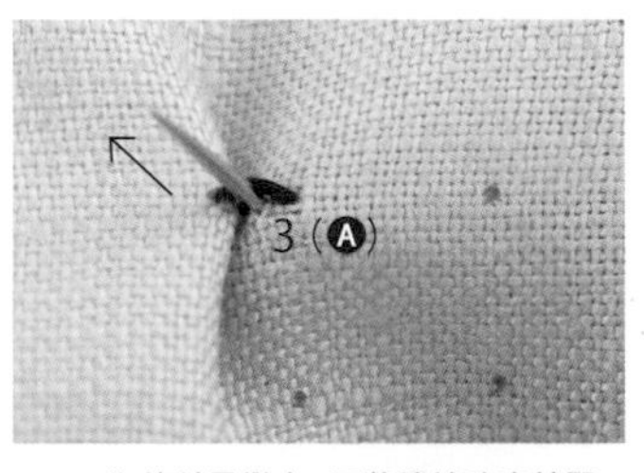

12 為使針目變小，而將繡線確實拉緊，並由3（與Ⓐ處為相同洞孔・針目的下側）出針。請注意避免分割針目。

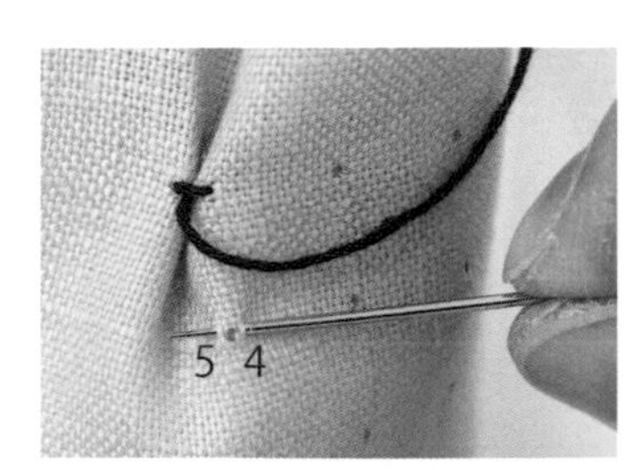

13 於下一段的4入針，往5出針。將點記號小小挑針的狀態。直接抽出繡針。

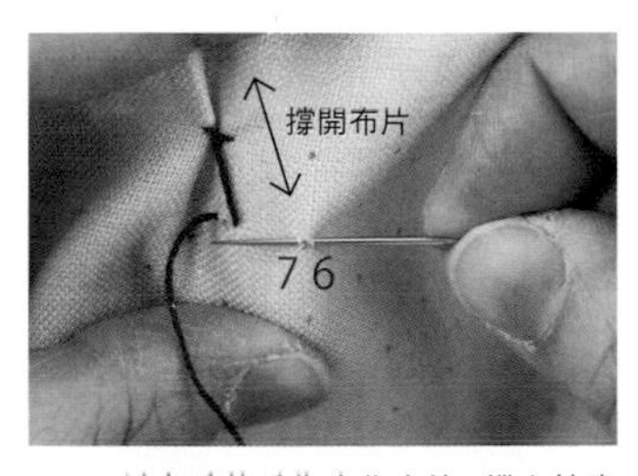

14 以左手的手指夾住布片，縱向拉直撐開布片，將線拉伸至縱向渡線的線不扭結的程度。於6入針，往7出針。

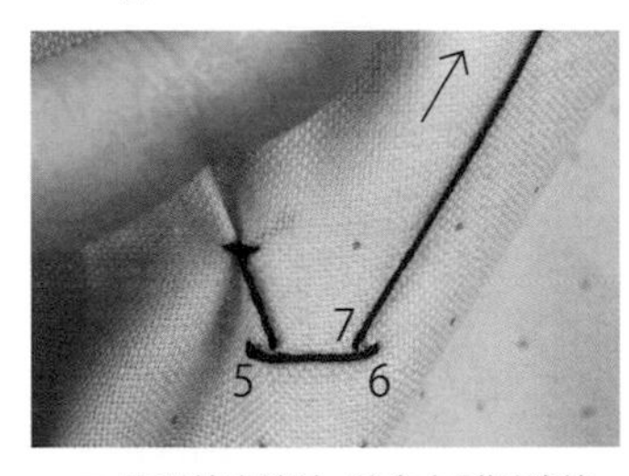

15 只要抽出繡針，就會由5往6渡線。繡線則往此針目的上側拉出。維持撐開布片的狀態，直接拉緊繡線使5與6的針目變小。

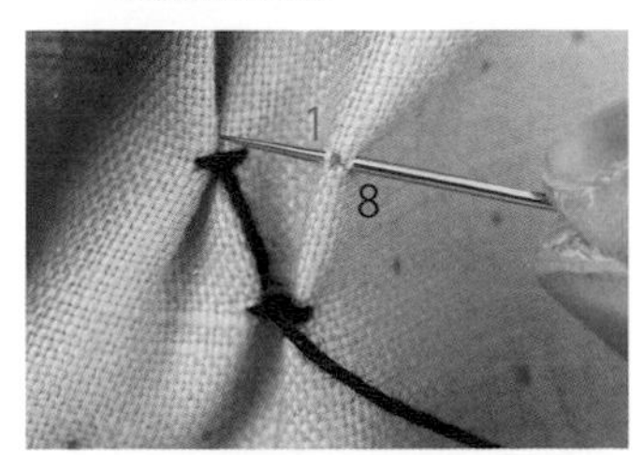

16 請注意避免將繡線拉得太緊，導致縱向的渡線變短。於上一段的8入針，並往下一個1出針。將點記號小小挑針的狀態。

←續接下一頁

鑽石皺褶繡

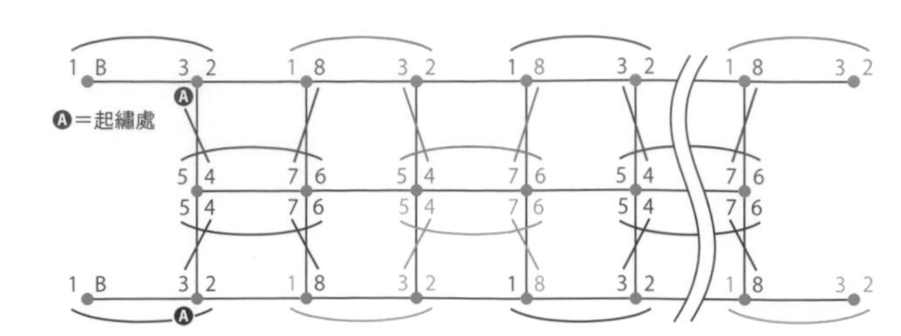

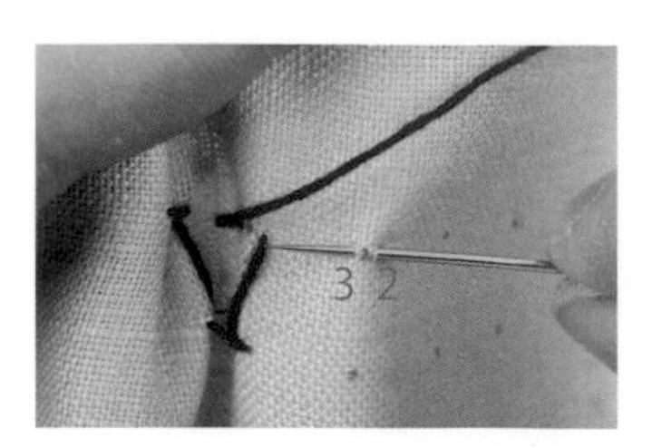

17 依照P.57步驟14的相同作法拉線。於2入針，往3出針。將點記號小小挑針的狀態。直接抽出繡針。

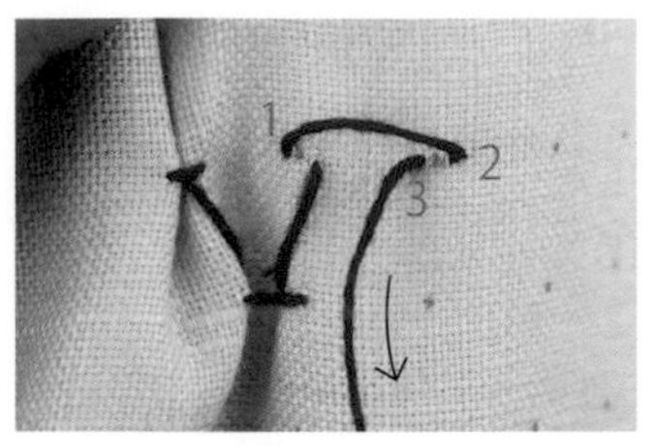

18 只要抽出繡針，就會由1往2渡線。繡線則往此針目的下側拉出。依照P.57步驟15的相同作法拉緊針目。

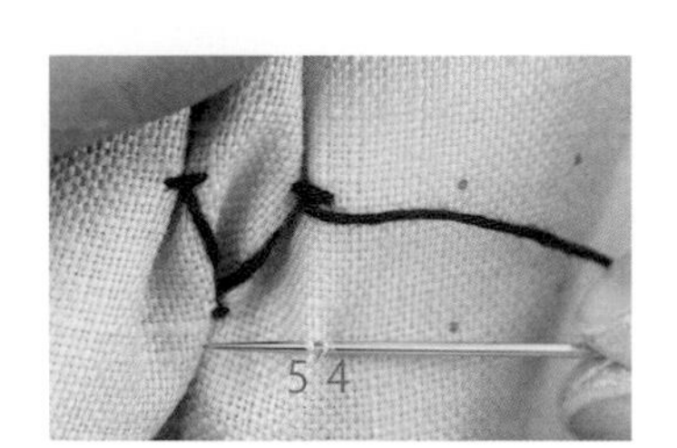

19 於下一段的4入針，往5出針。抽出繡針，拉線時請注意避免拉得太緊使縱向的渡線變短。

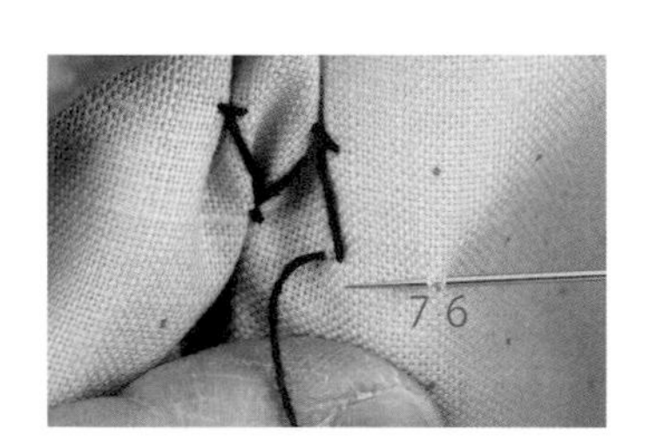

20 於6入針，往7出針。左手依照P.57步驟14的相同作法，事先將布片縱向拉直撐開。

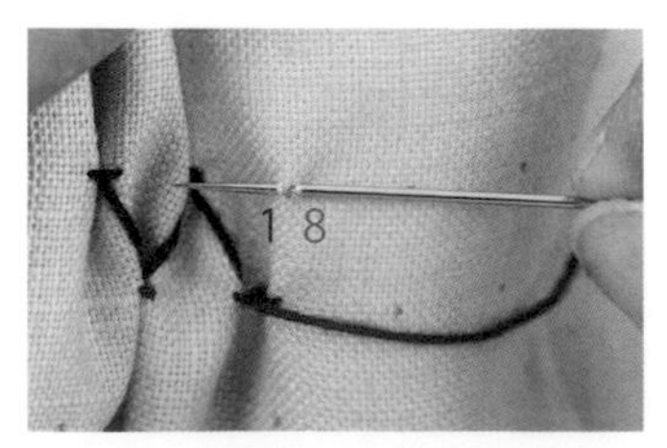

21 於上一段的8入針，並往1出針。依此方式以順序1至8作為1組進行刺繡。

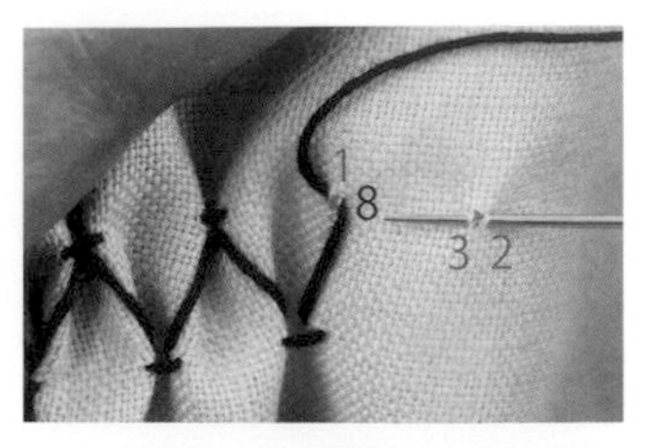

22 在全部以同色繡線進行刺繡的情況下，每1段都要進行線端收尾處理。最後，一直刺繡至橫向渡線之處（於2入針，往3出針）。

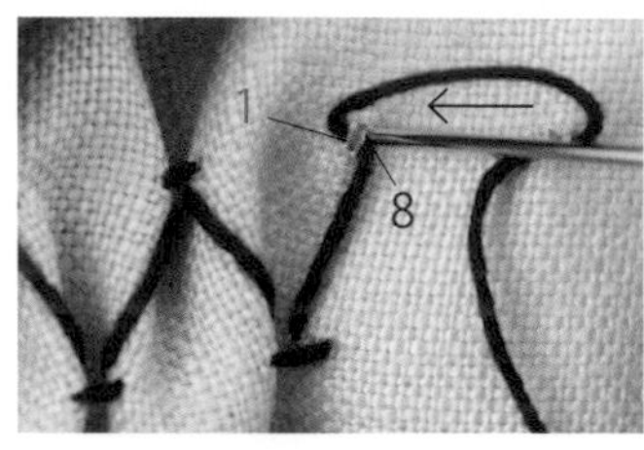

23 在拉緊繡線之前，先於8的相同洞孔入針，再往背面側出針。

24 形成橫向渡2條線的狀態。將繡線拉緊，以便使此一針目變小。拉線時請注意避免拉得太緊使縱向的渡線變短。

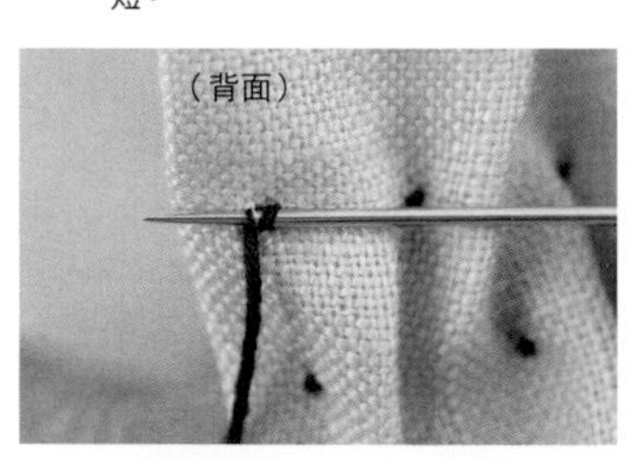

25 於背面側，由布面的出線處刺入繡針。布面不挑針，像是將布邊的繡線分割似的刺入。

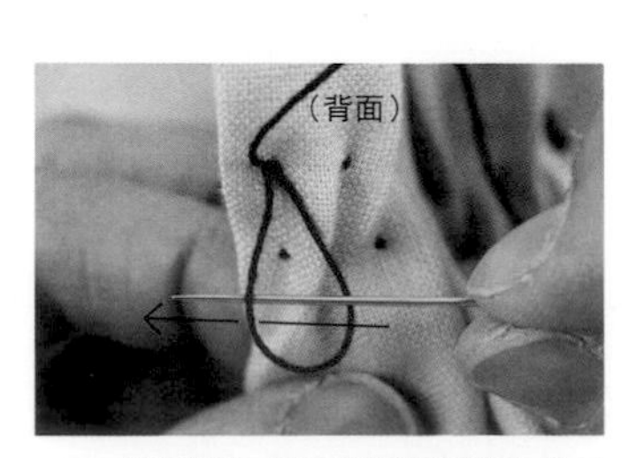

26 抽出繡針，慢慢地將繡線拉緊。待於布邊形成線圈後，再將繡針穿入線圈之中。

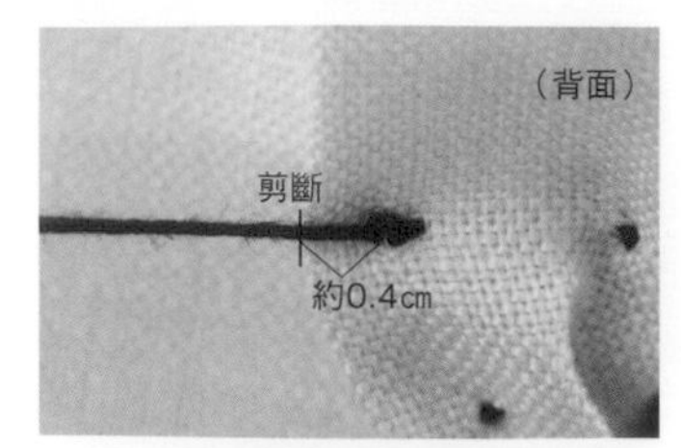

27 一旦將線拉緊，就會在布邊形成小線結。如此一來，即可完成比止縫結還小的線端收尾處理。線端大約預留0.4cm後剪斷。

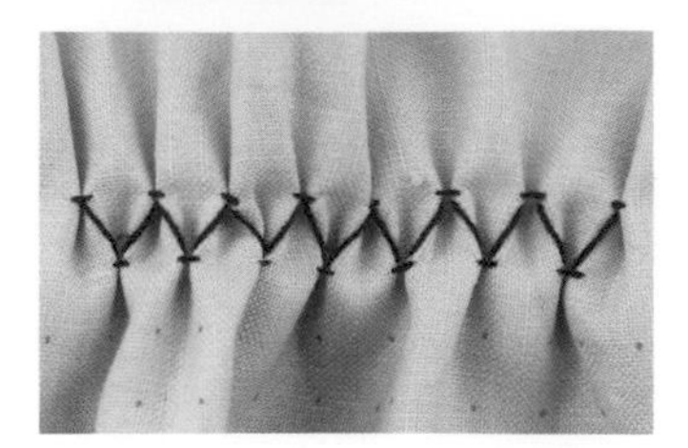

28 繡完了1段的分量。第2段將新的繡線穿入繡針中，依照第1段的相同作法，由左往右進行刺繡。

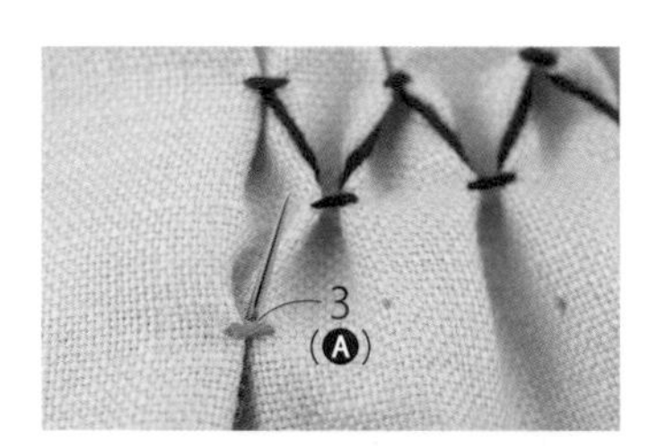

29 第2段請參照右上圖與P.57步驟8至12開始刺繡，並於3出針（與Ⓐ處為相同洞孔），但此時要於針目的上側出針。

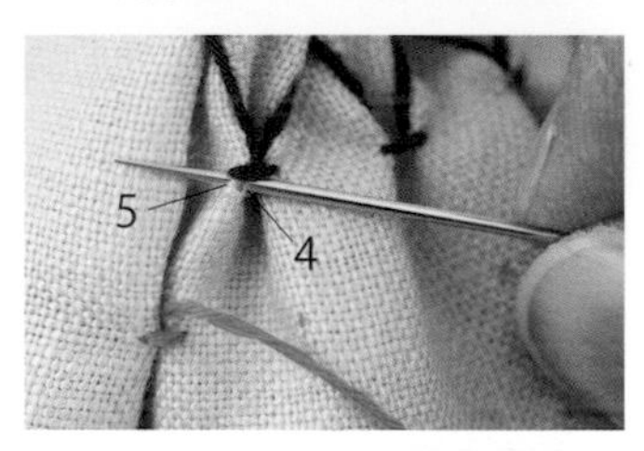

30 第1段的布面形成褶襉（褶山）後，2處並列。為了將左側的褶襉小小的挑針，因而於4入針後，往5出針。

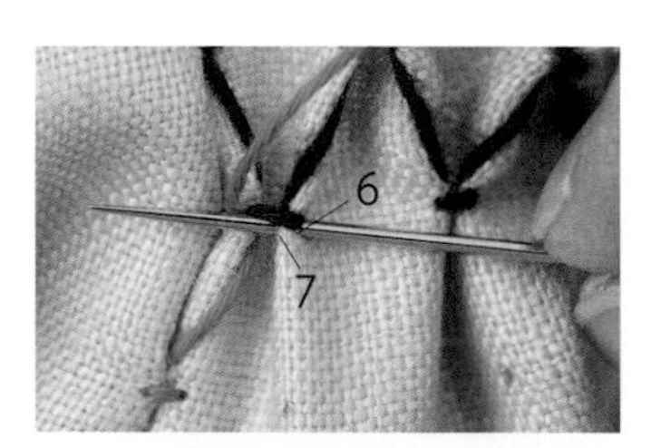

31 為了將右側的褶襉小小的挑針，因而於6入針，往7出針。依照步驟17與18的相同作法，將繡線拉緊。

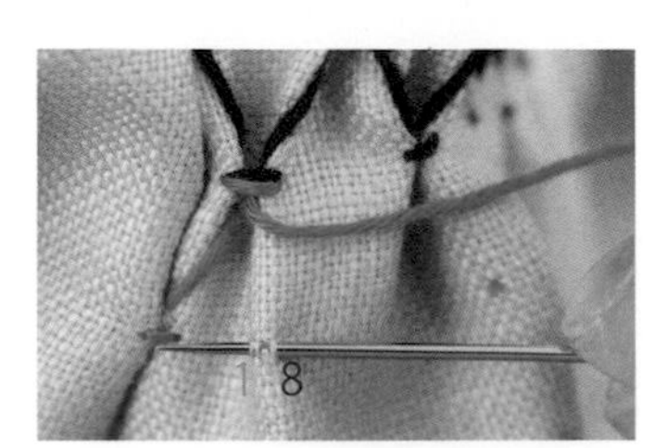

32 第1段的針目與步驟31的針目為上下並列。依照步驟21的相同作法，於8入針後，往1出針。依此方式以順序1至8作為1組進行刺繡。

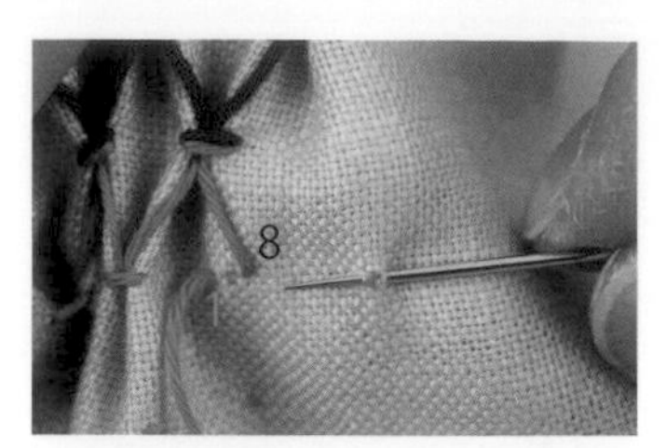

33 最後，依照第1段的相同作法，一直刺繡至橫向渡線之處（於2入針，往3出針）。

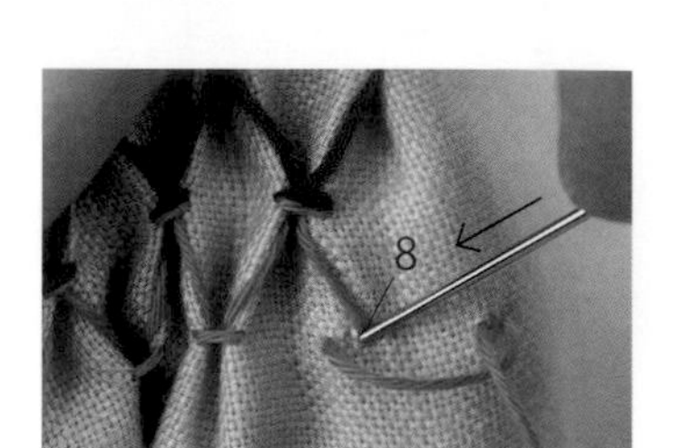

34 在拉緊繡線之前，先於8的相同洞孔入針，再往背面側出針。

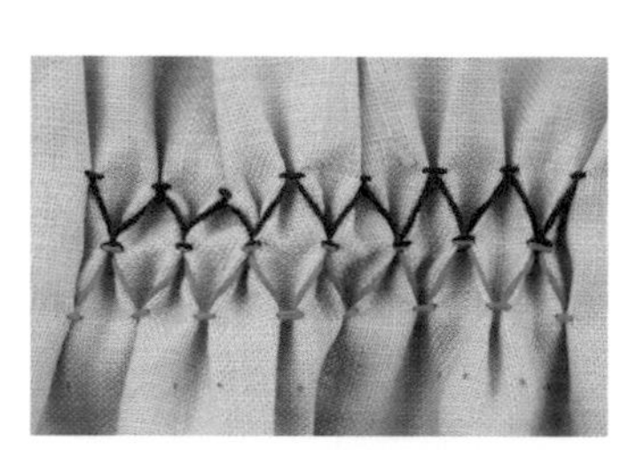

35 依照步驟24的相同作法將繡線拉緊，並於背面側進行線端收尾處理（參照步驟25至27）。於2段完成菱形（鑽石）的花樣。

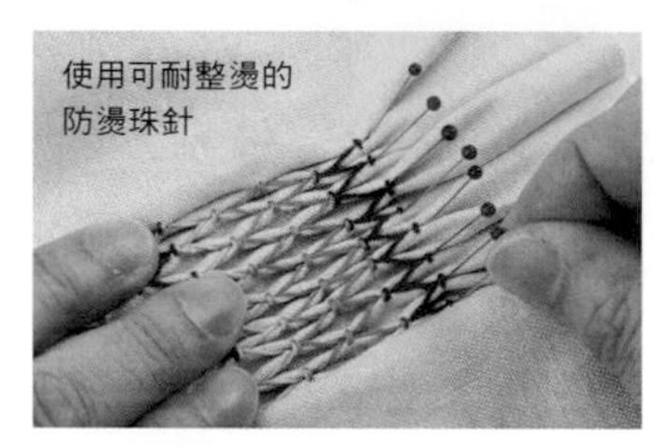

36 縫製方法
待刺繡完成後，將正面側朝上，置放於燙馬上，並以珠針固定縮褶繡的上側（褶襉的背面側）。

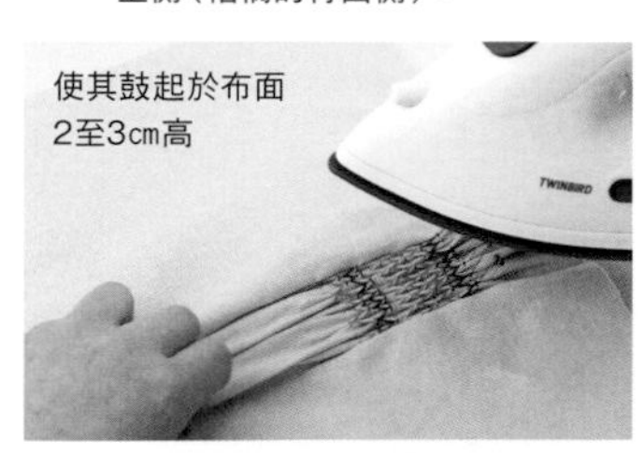

37 整理下側布面的褶襉，一邊以手拉順，一邊以蒸汽熨斗進行整燙。

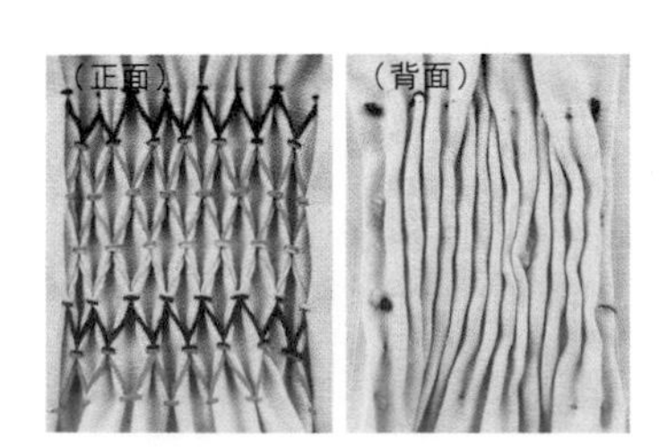

鑽石皺褶繡即完成（6段刺繡完成的作品。左圖為正面、右圖為背面）。待熨斗的熱度完全冷卻之後，再將珠針拆下。

蜂巢圖案褶飾

（於作品No.57中使用）

蜂巢皺褶繡

○請參照P.57，於布面上作記號。
（全體的記號位置請參照P.118的作法）

○方眼交點的藍點 ● ＝教學圖中已畫記在布面上的「點」記號。

○圖中的奇數……出針位置・偶數……入針位置。

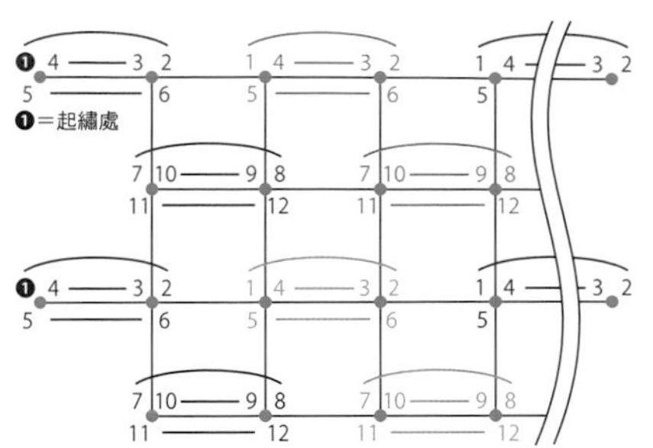

★手提袋材料&作法 P.118

★皺褶繡的記號用
原寸紙型作品圖案 B 面

1 起繡是由上圖的❶處開始出針，於2入針，往3出針。將點記號小小挑針的狀態。直接抽出繡針。

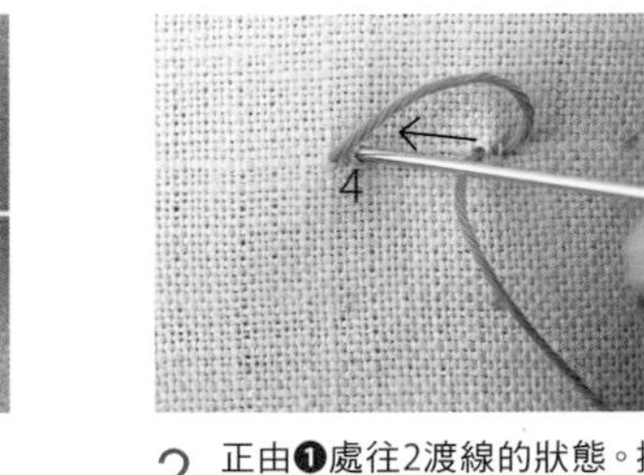

2 正由❶處往2渡線的狀態。接著，於4入針。

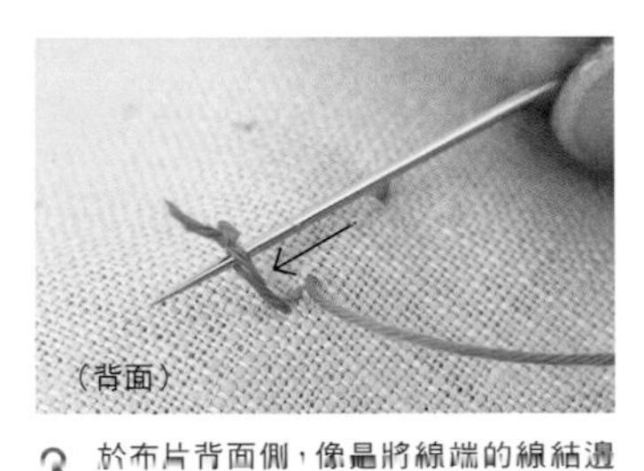

3 於布片背面側，像是將線端的線結邊緣的繡線分割似的刺入繡針（為了避免線結脫落而加以固定）。

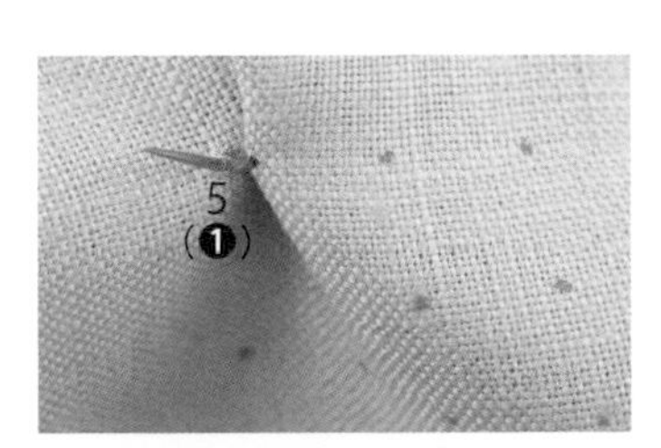

4 抽出繡針，牢牢拉動繡線，以拉緊針目。由上圖的5（與❶處為相同洞孔）出針。

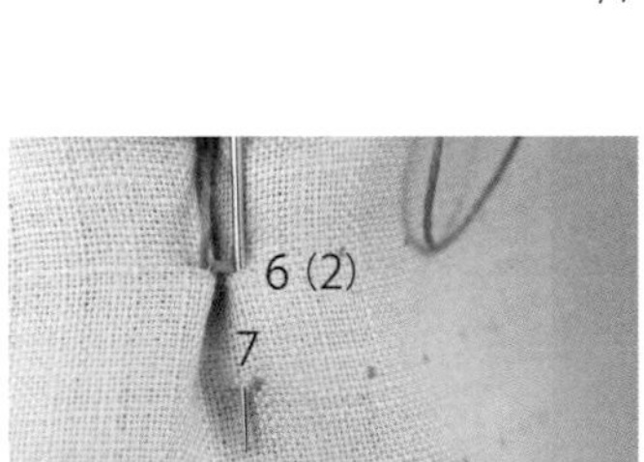

5 於6（與2為相同洞孔）入針，並往下一段的7出針之後，直接抽出繡針。於背面側縱向渡線。

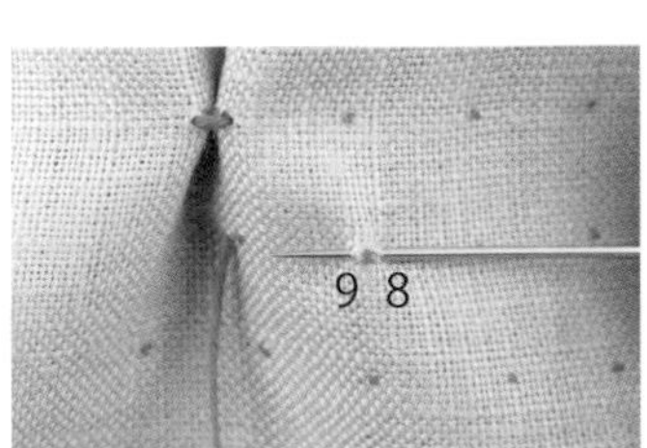

6 於8入針，往9出針。

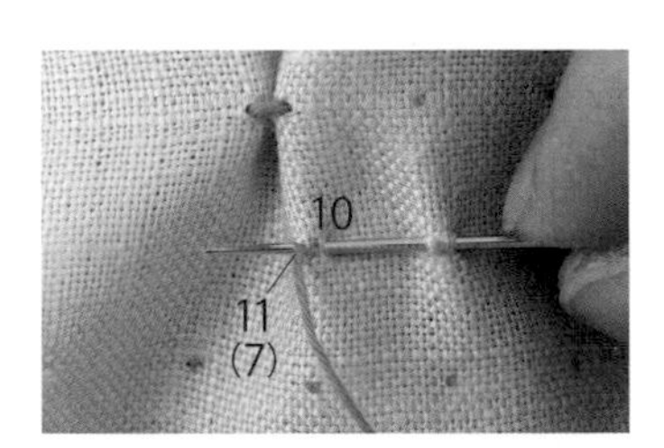

7 接著，於10入針，往11（與7為相同洞孔）出針之後，抽出繡針。

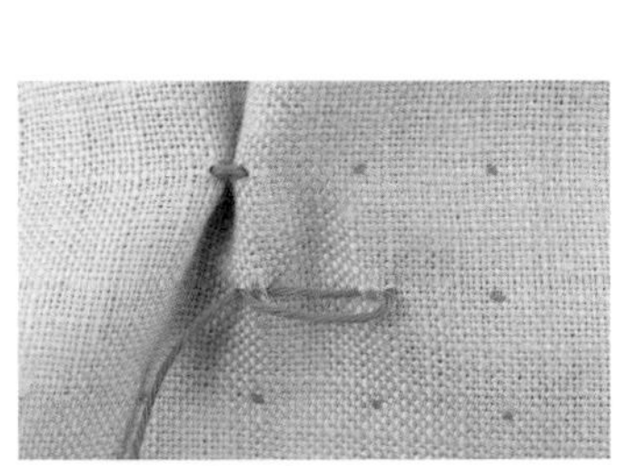

8 形成橫向渡2條線的狀態。

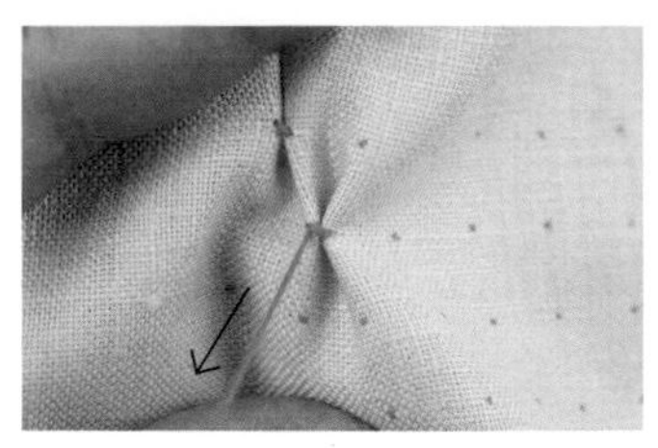

9 請參照P.57步驟14與15，將布片撐開，並拉緊繡線使針目變小。注意避免將繡線拉得太緊，導致背面側的縱向渡線變短。

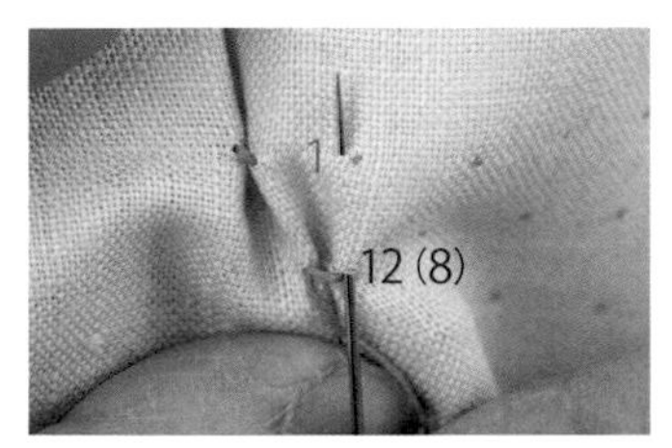

10 於12入針（與8為相同洞孔），往上一段的1出針之後，直接抽出繡針。於背面側縱向渡線。

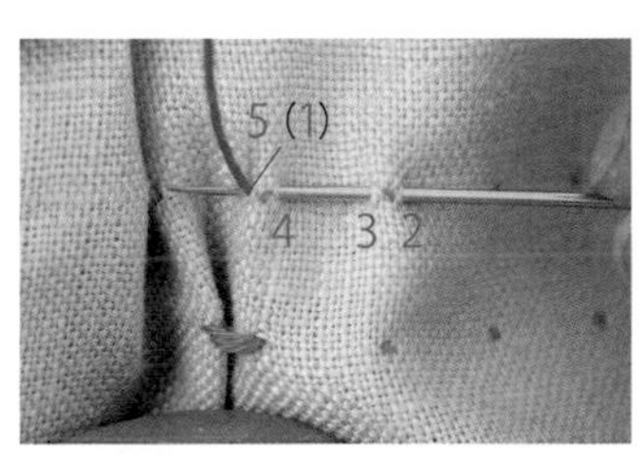

11 於2入針後，往3出針，接著再於4入針後，往5（與1為相同洞孔）出針。除了起繡處以外，順序2・3與4・5可接續著挑針。

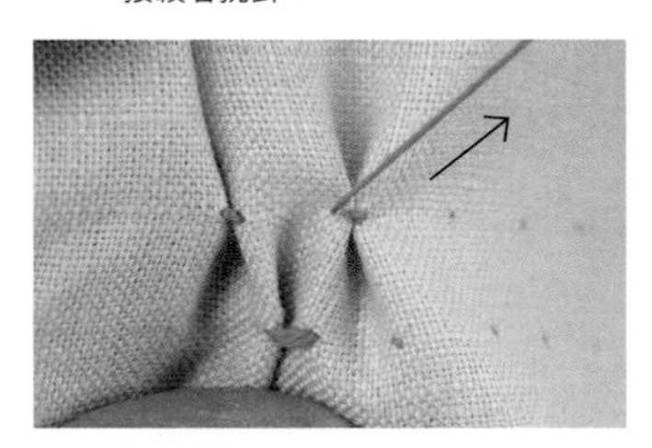

12 抽出繡針，並依照步驟9的相同作法，拉緊針目。請注意，若力道拉得太過用力，背面側的渡線就會變短，因而導致縱向縮褶。

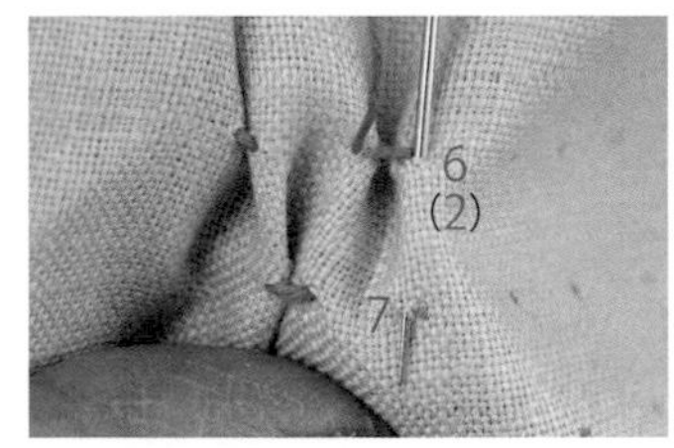

13 於6（與2為相同洞孔）入針，並往下一段的7出針之後，直接抽出繡針。依此方式以順序1至12作為1組進行刺繡。

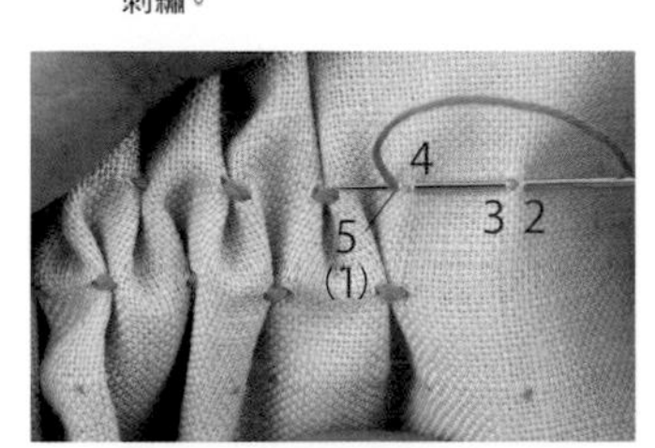

14 就算全部以同色繡線進行刺繡的情況下，每1段也都要進行線端收尾處理。最後，一直刺繡至橫向渡2條線之處（於4入針，往5出針）。

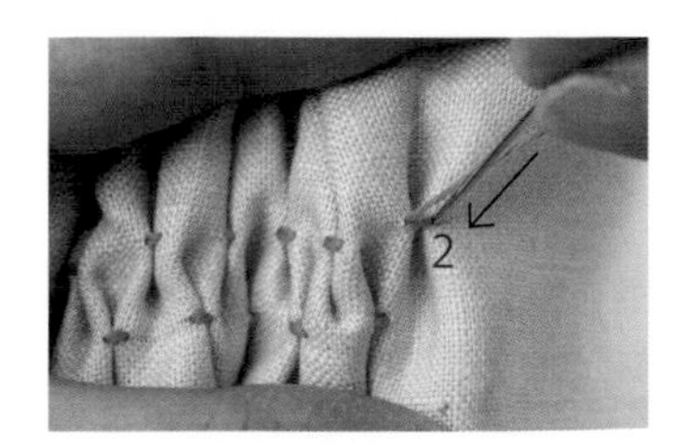

15 拉線以收緊針目，於2的相同洞孔中入針，再往背面側出針。

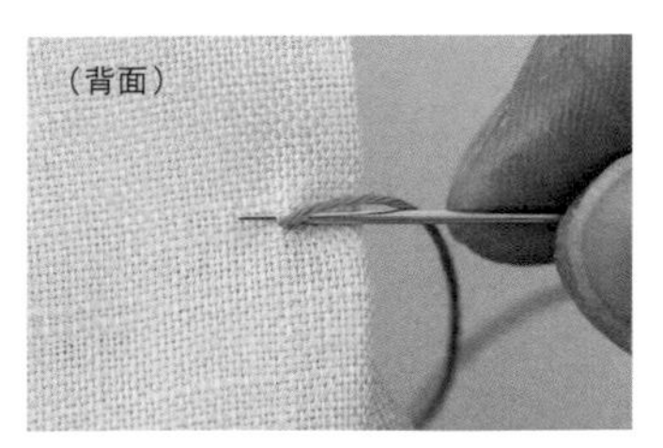

16 依照將布面的出線處進行回針縫的要領，小小的挑1針。像是將布邊的繡線分割似的穿入繡針較佳。

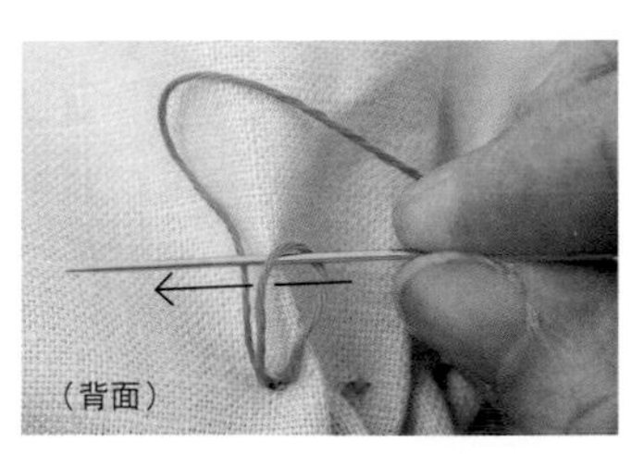

17 抽出繡針並拉線，將繡針穿入於布邊形成的線圈之中。拉緊繡線，待於布邊形成小小的線結，預留大約0.4cm線端後剪斷。

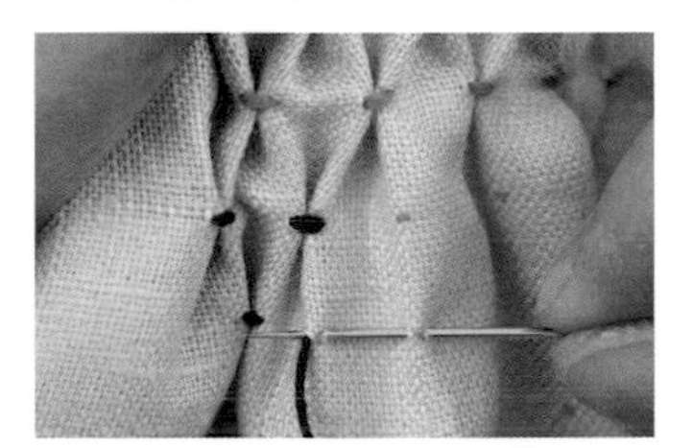

18 將新的繡線穿入繡針中，第2段以後亦以第1段的相同作法，由左往右進行刺繡。

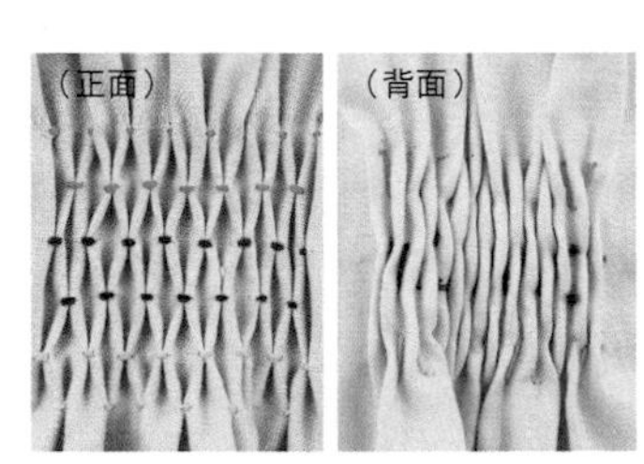

蜂巢圖案褶飾縫製完成（3段刺繡完成的作品，左圖為正面、右圖為背面）。依照P.58步驟36與37的相同作法進行縫製。

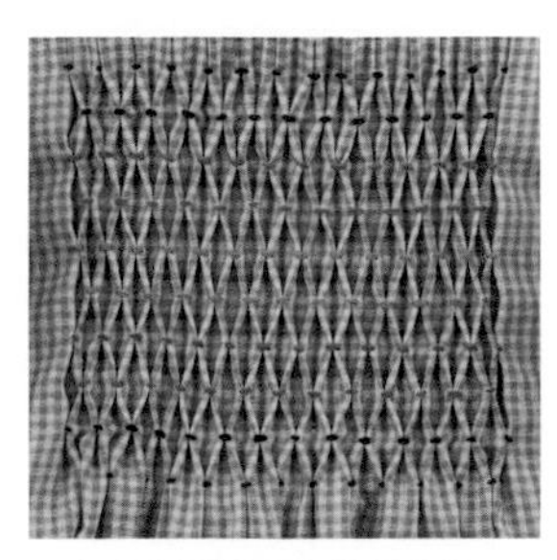

更換布料與繡線顏色的變化款。

Basic Lesson of STITCH IDÉES

××××

Stitch Mania！瘋刺繡！

3種獨特的種子繡

法國刺繡有著各式各樣不同的刺繡技法。說起其數量，光是統一整理成冊也超過了400種以上！就連不常製作的刺繡，在嘗試繡了之後，也令人感到意外的有趣。這次的單元將介紹描繪小小花樣的3種刺繡。

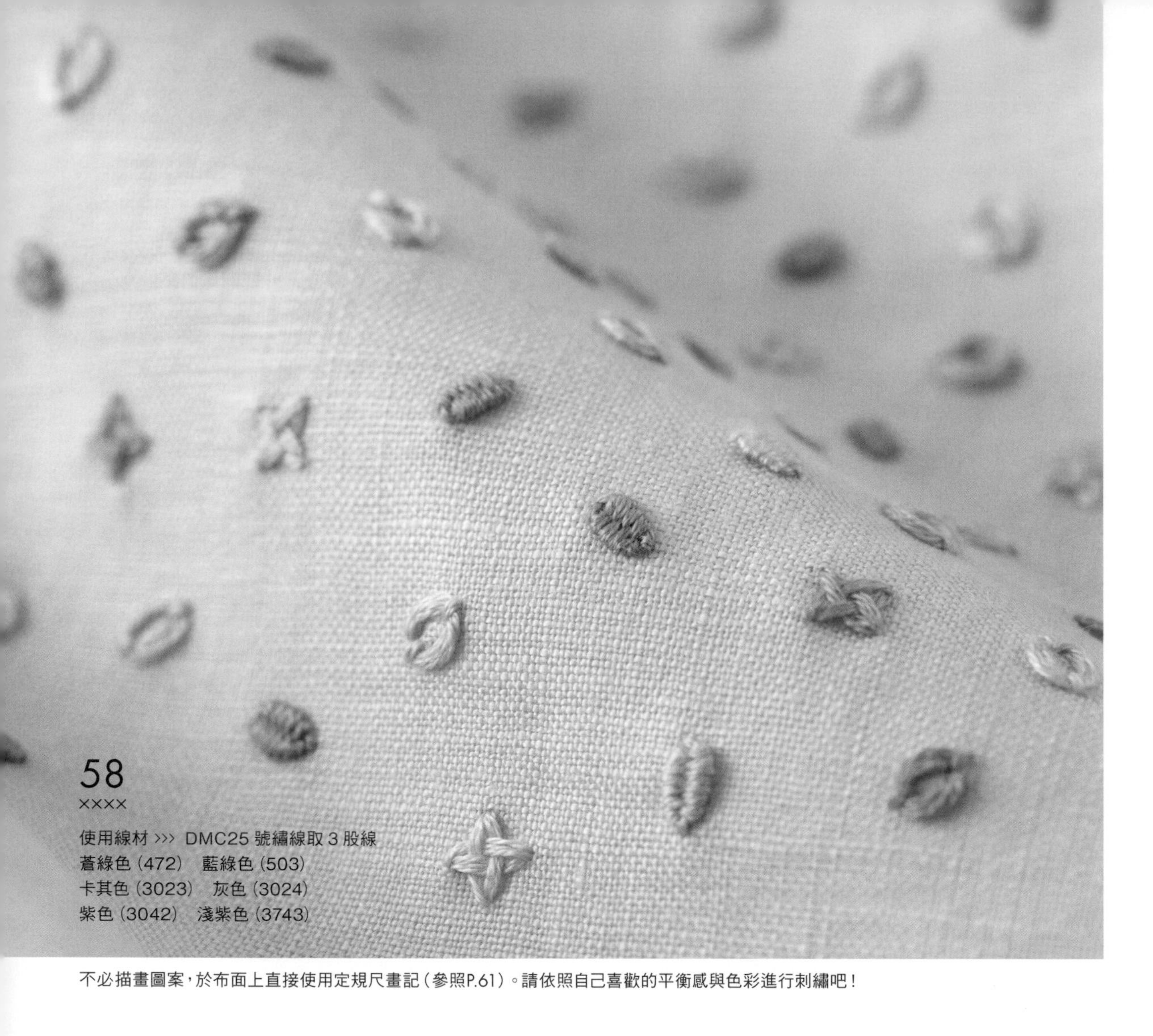

58

××××

使用線材 >>> DMC25號繡線取3股線
蒼綠色（472） 藍綠色（503）
卡其色（3023） 灰色（3024）
紫色（3042） 淺紫色（3743）

不必描畫圖案，於布面上直接使用定規尺畫記（參照P.61）。請依照自己喜歡的平衡感與色彩進行刺繡吧！

刺繡的線結

刺繡時不必打止縫結，直接埋線於裡線內，進行線端收尾處理為一般作法，但如同本次般，小小的花樣零星分布各處，不想於背面渡線時，不妨就打線結吧！以下將介紹以繡線作線結的方法。

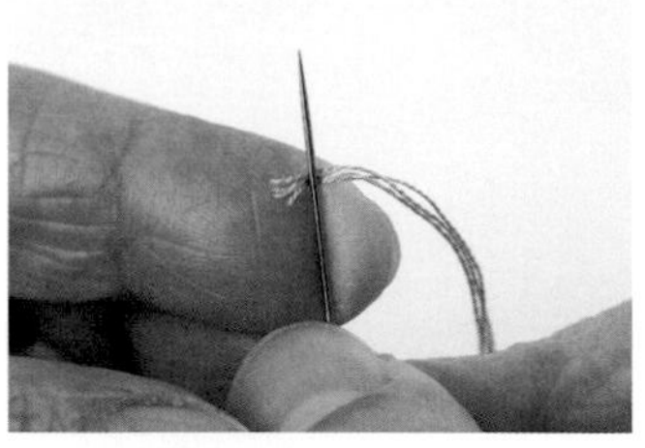

1
於針中穿線，將針尖貼放在已置於指尖上的線端上方。

2
以大拇指壓住線端與繡針，並以右手拉直繡線。

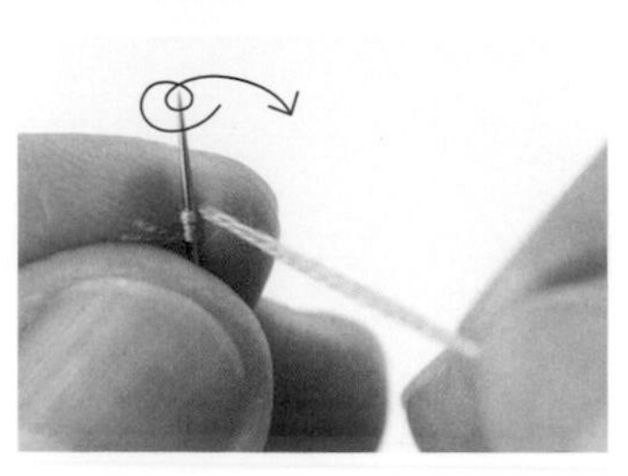

3
將拿在右手上的繡線於針上纏繞2圈（想作小一點的線結時，也可以只纏繞1圈）。

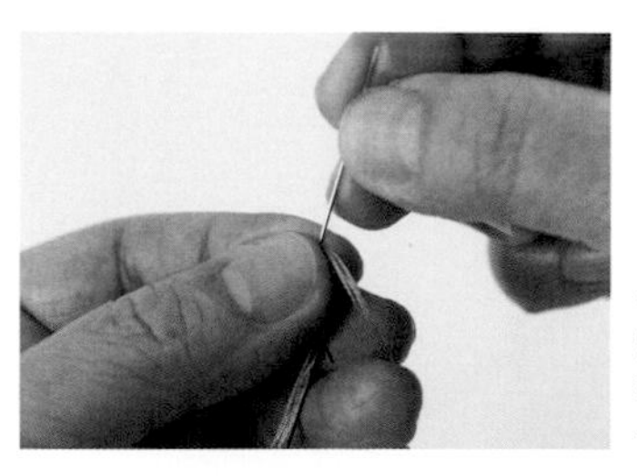

4
為了避免已纏好的部分移動，可一邊以手指壓住，一邊抽出繡針。

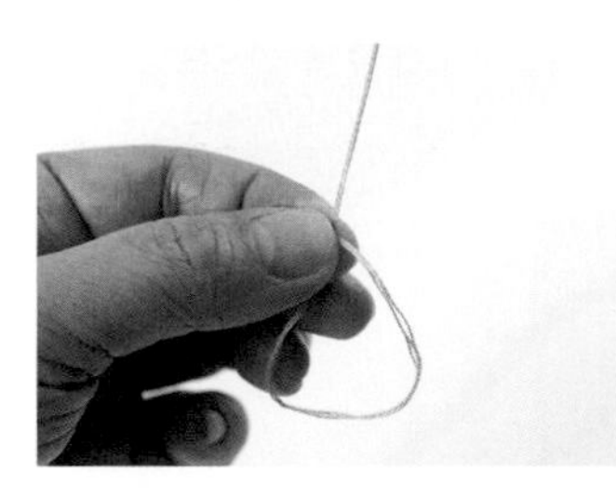

5
不要從已纏好的部分放開手指，避免繡線纏住，輕輕地拉緊繡線。

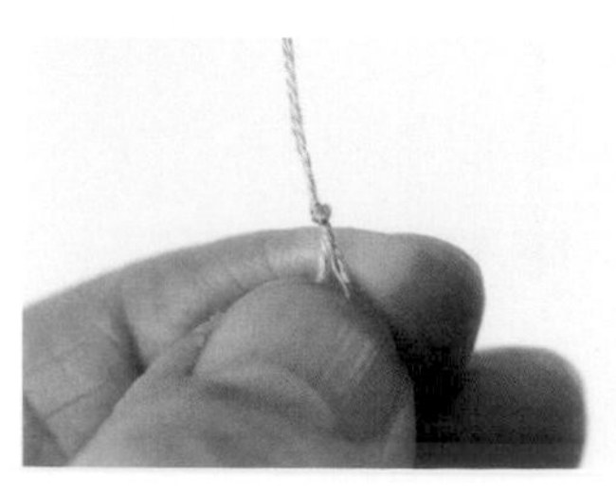

6
最後，輕輕地拉動線端，收緊線結。

繡有水玉點點花樣般小巧刺繡的布片，加工縫製成束口袋或波奇包也顯得可愛無比。

閔 和子

取得日本手藝普及協會刺繡教師的資格。製作並委託販賣手提袋及抱枕等原創作品。於小班制的刺繡教室進行指導。全心全意地致力於仔細刺繡的工作上。
http://www.fabricegg.com./

薔薇花結繡（捲線 2 次）

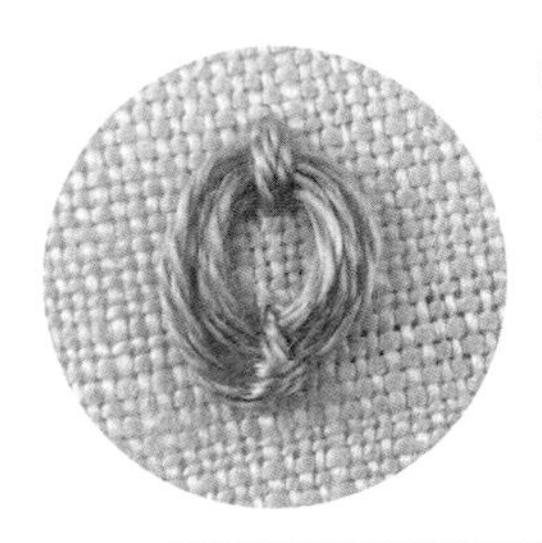

將圓圈於2處進行固定的刺繡。

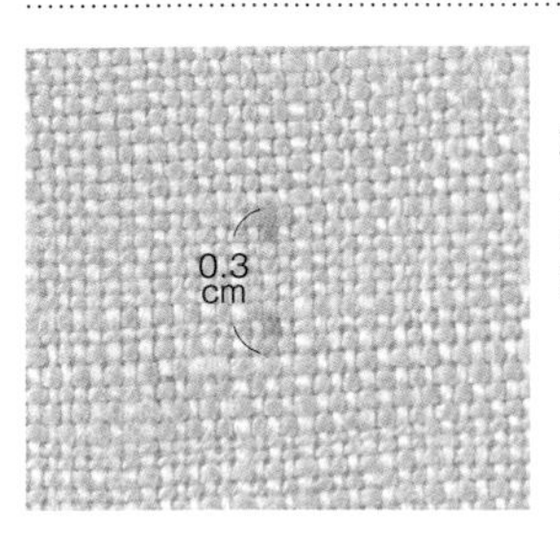

1
於想要刺繡的圖案大小上標上圓點記號。此處是以0.3㎝的間隔作上記號。

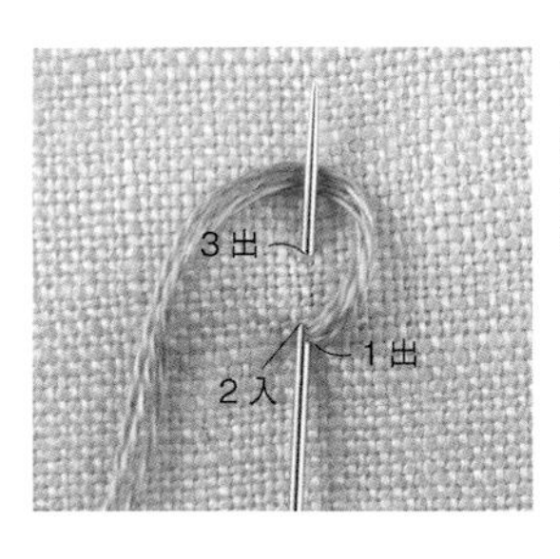

2
由1出針，並於1的相同洞孔處（2）入針，將線掛在由3出針的繡針上。

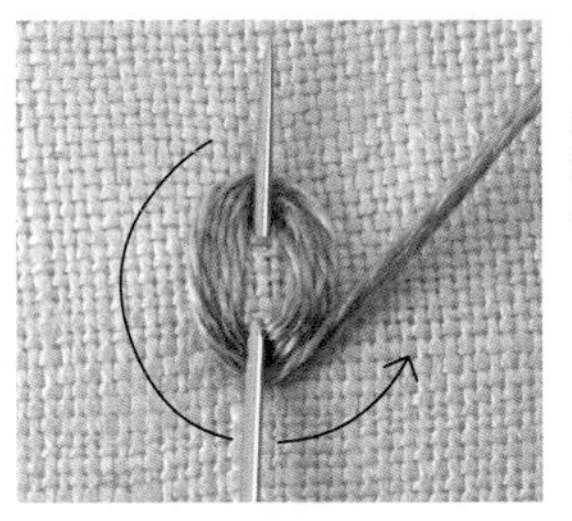

3
於針上繞線2圈。不要太過用力拉線，繡線宜平行般並列進行繞線。

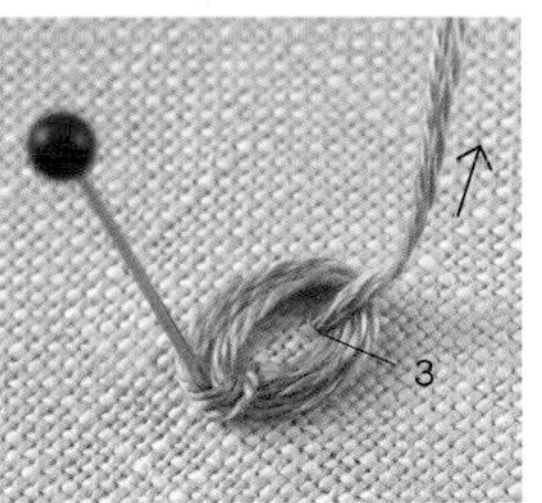

4
以珠針固定住繞完後的繡線，並輕輕地抽出繡針。

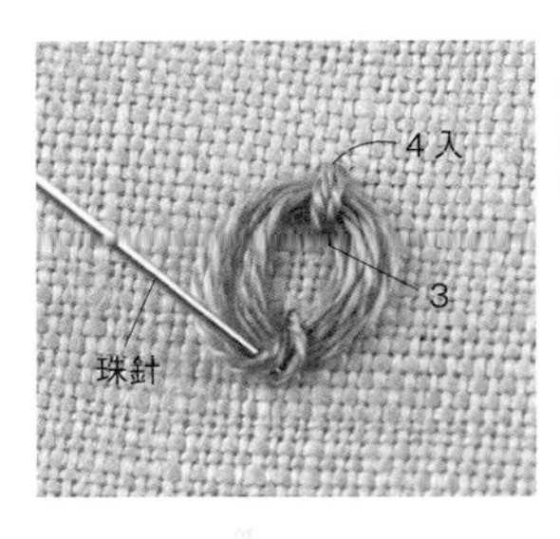

5
於4入處入針，將圓圈固定。

6
由圓圈的邊緣出針，並於刺有珠針的地方入針，再稍稍地橫向固定繡線。待於背面作止縫結後即完成。

小麥籽粒繡

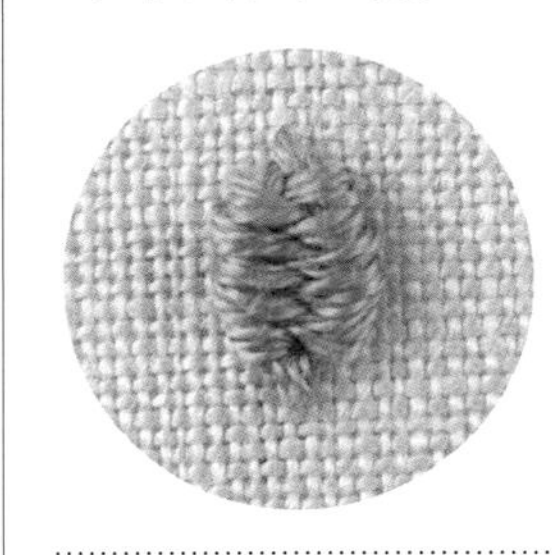

粗糙的質感宛如小麥籽粒一樣的刺繡。

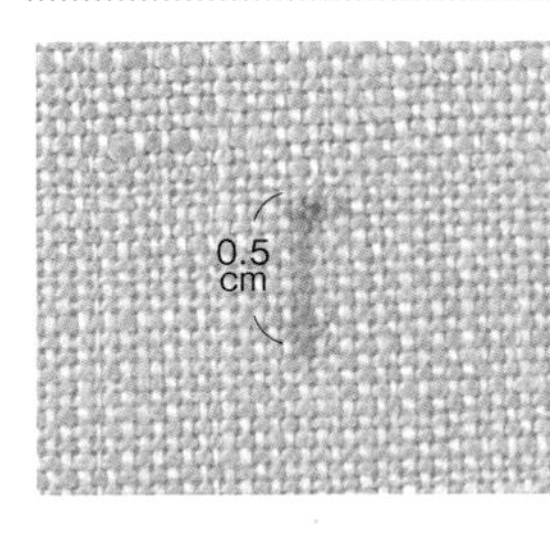

1
將想要刺繡的圖案大小直接描繪在布面上。此處是畫上了0.5㎝的直線。

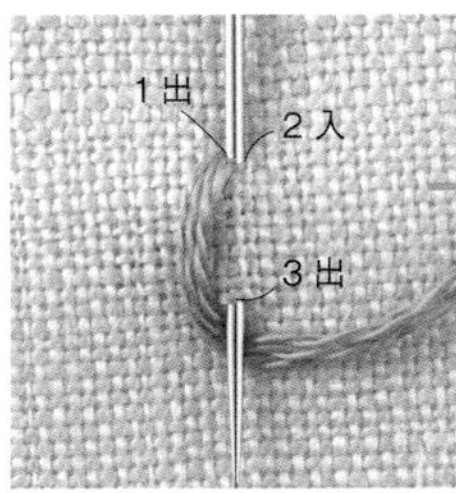

2　繡上圖案線長度的雛菊繡。不要太過用力拉線，最好是繡成蓬鬆飽滿的米粒形狀。

3
於雛菊繡鄰近的左上方出線。

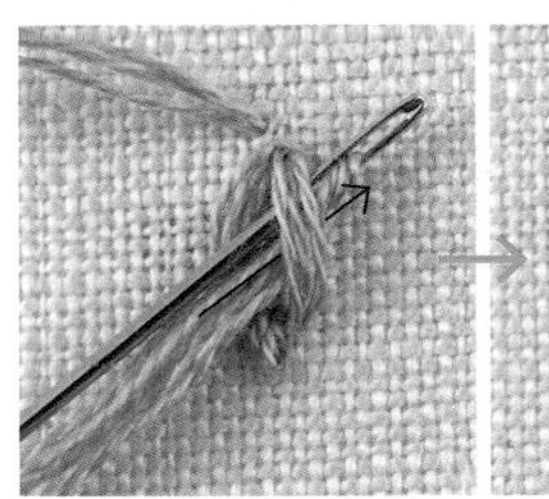

4　輪流於雛菊繡的右側與左側穿入繡線。

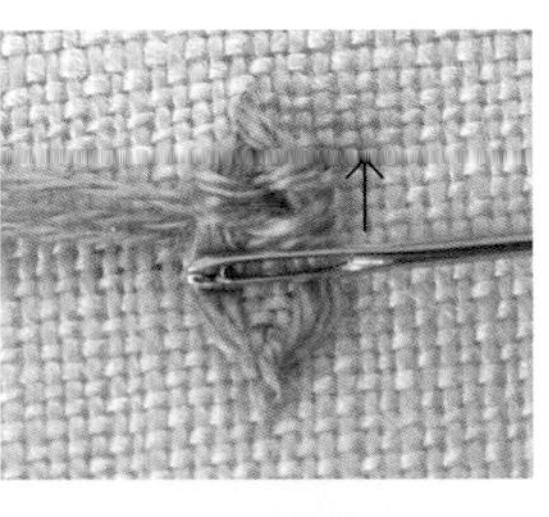

5
像是密密麻麻地填滿似的，稍作刺繡之後，再使用其他繡針的針孔側將繡線推上去。以不改變雛菊繡寬度的力道拉緊繡線。

6
待將雛菊繡的內部全都填滿之後，再於雛菊繡的內側入針。於背面作止縫結後即完成。

梭織十字繡

像是2個十字繡交疊在一起似的，描繪出稍具立體感的星星造型刺繡。

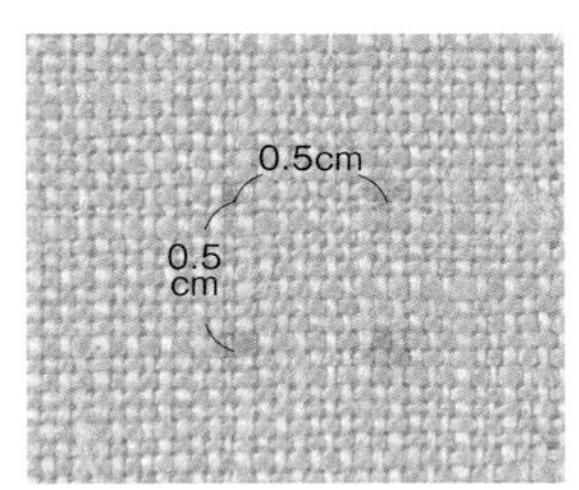

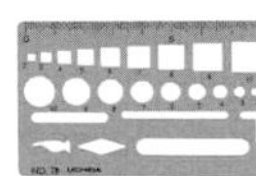

1
於邊長0.5㎝正方形的四個邊角處作記號。若有如圖所示的製圖型版定規尺，在使用上會更加方便。

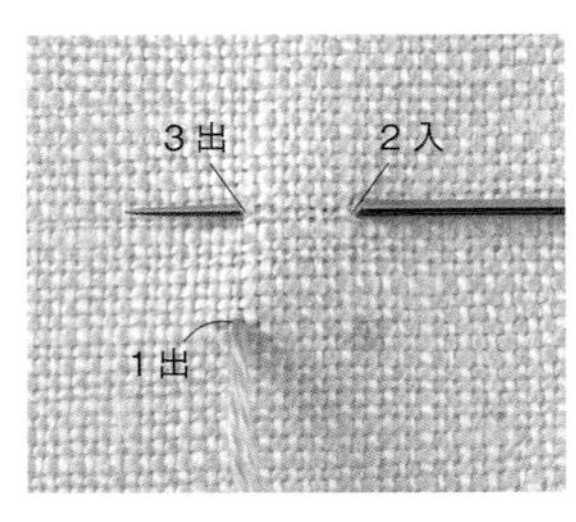

2
由1出針，依照2・3的順序，運針前進。

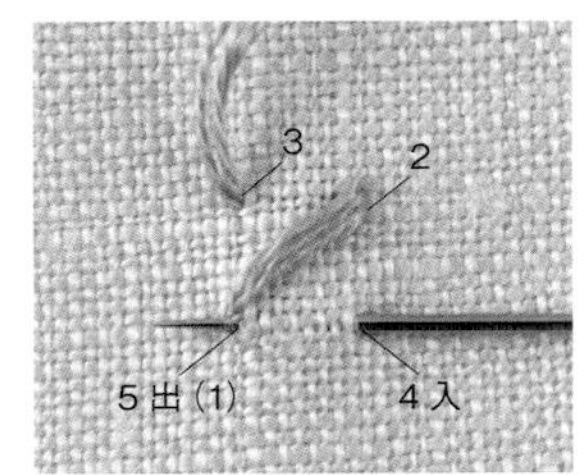

3
於右下的4入針，再由5（與1為相同洞孔）出針。此時，切勿分割先行拉出的繡線，應如圖所示由繡線的左下開始拉出新的繡線。

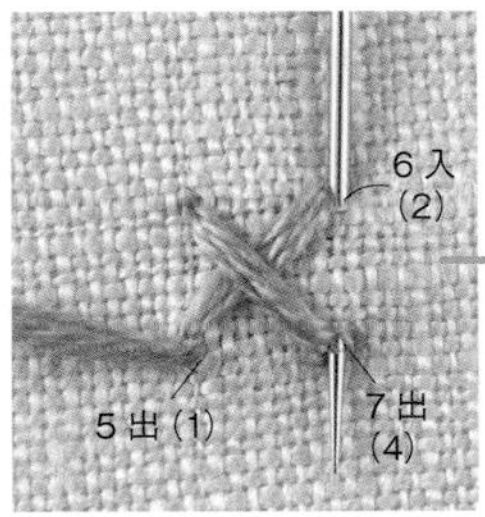

4　於6（與2為相同洞孔）入針，由7（與4為相同洞孔）出針。依照步驟3的相同作法，從先行拉出的繡線斜外側開始重新出入新的繡線。

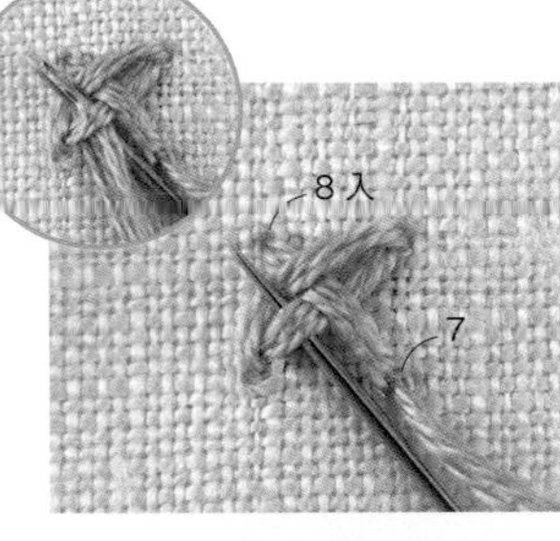

5
穿過1至2之間渡線的下方及5至6之間渡線的上方，並於左上的8（與3為相同洞孔）入針。如同右上圖片所示，只要由針孔側穿過，就不易分割破壞繡線。

6
避免弄壞繡線，使用針孔側，待形狀整理後即完成。刺繡完成時，亦可以止縫結作線端收尾處理。

World Embroidery Guide

vol.16

Mexico

於絢爛的百花中展現民族心
瓦哈卡刺繡－墨西哥・瓦哈卡州瓦哈卡市－

photograph & text スージー杉

異文化的入侵與想要守護承繼的傳統

為了學習墨西哥的刺繡，而造訪了即便是在墨西哥國內，原住民的比例也佔了大約40％的最高佔有率，並保有濃厚傳統文化與傳統特色，尤以手工藝盛行於全世界的瓦哈卡。瓦哈卡位居墨西哥首都墨西哥城（Mexico City）往東南，大約1個小時的飛行時程，為標高1550m高地的瓦哈卡州首府。下榻了一間位於被聯合國教科文組織認定是世界遺產歷史地區的一棟古老宅邸所改造的飯店，一走進一處剛澆完水的露臺（中庭），許許多多的植物迎面而來，好不驚喜。外觀類似南西班牙・安達魯西亞（Andalusia）地區建築風格的殖民地樣式，是一間寧靜的飯店。

墨西哥地理位置與瓜地馬拉、哥斯大黎加、巴拿馬，及南美的秘魯比鄰，馬雅民族等的原住民在其各自的地域孕育出其獨特的文明風格，並不斷地累積歷史的洪流。然而，1519年西班牙的埃爾南科爾特斯（Hernán Cortés）登陸後，消滅了阿茲特克帝國（Aztecs），並作為西班牙的殖民地，開始進行了統治，原住民隨即被迫過著嚴峻貧窮的生活。

統治大約持續了300年，在如此漫長的歲月裡，從西班牙傳入的文化，逐漸融入了人們傳統的生活裡。曾經是原住民日常穿著的傳統服裝稱為Huipil（威皮爾），是將3片以背帶腰織技法紡織出來的肩寬尺寸布片，橫向併接縫合，留下可以伸出頸部與雙臂部分洞口的套頭衣。據說織布的原料是由棉花及龍舌蘭等植物中取

❶ 墨西哥風巴洛克式建築的代表作「聖多明哥教堂（Santo Domingo Church）」。❷ 在黃金的裝飾下顯得金碧輝煌的大聖堂內部。❸ 殖民地樣式的飯店中庭。

Mexico

❶ Maria Guadalupe的刺繡工房。❷ 聖安東尼卡斯蒂略貝拉斯科（San Antonino Castillo Velasco）村。❸ 村內的教區教堂。

傳統服飾「Huipil（威皮爾）」（瓦哈卡織物博物館）

出的纖維紡織而成的織物，而手縫針則是利用龍舌蘭的棘刺（葉刺）部分。阿茲特克（Aztecs）帝國一滅亡後，隨即從西班牙進口了羊毛、絲綢，並引進法國的織布機，寬版的布料生產開始普及，市場上販賣的衣服也產生了變化。取得了金屬製的縫針，並從修女那裡傳承了各種多樣性的刺繡技法。衣服是從寬版的布片上裁剪出育克、身片、袖子與袖長的部件後，再行縫製的方法則成為普遍的技法。使用在束腰長版大衣tunica及罩衫上的花卉、昆蟲或鳥類等自然界的圖案，被視為代表民族身份的重要圖騰，像是填滿於夾克、袖子、身片周圍及下襬的部分似的進行刺繡。

拜訪瓦哈卡的刺繡工房

位於瓦哈卡的郊外，集中有素燒陶器村、黑陶器村、木彫村、背帶腰織物村、花朵刺繡的傳統服飾村、美工刀村及手織織錦（tapete）村等村落。從瓦哈卡市內搭車約1個小時的車程，前往拜訪事前聯絡好的聖安東尼卡斯蒂略貝拉斯科（San Antonino Castillo Velasco）村的Maria Guadalupe刺繡工房。

Maria使用小小的繡針，一邊以緞面繡繡上三色堇，一邊面帶微笑地回答了我們的問題。當我拜託她希望能夠告訴我們有關使用在製作中的束腰長版大衣tunica的材料時，她隨即回答：底布是棉布、繡線為細支紗的絹線，設計圖案是以原子筆徒手描繪上去的圖案。以織細

❹ 設計的底稿是以原子筆直接徒手描繪。❺ 薄型丹寧襯衫上繡有傳統的刺繡花樣。❻ Maria與她的妹妹。兩人平時就像這樣進行著刺繡。❼ 三色堇是以複數的色線有如畫圖般的刺繡上去。

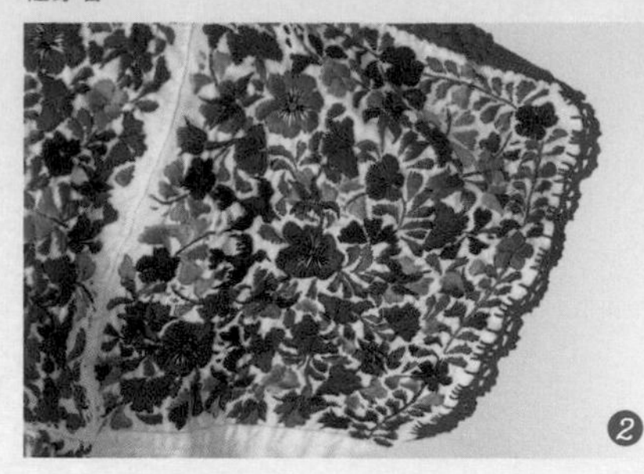

❶ 在胸片的下方，抓皺的部分進行褶飾縮褶繡。❷ 袖子的部分。青鳥圖案顯得格外可愛。❸ 據說添加華麗刺繡的洋裝適合在特別的日子裡穿著。

的繡線一針一線仔仔細細地繡下飽滿立體的花瓣。已經完成的作品幾乎清一色都是束腰長版大衣tunica，但在薄布的丹寧襯衫上，也以細膩的間距繡有花卉模樣及小鳥圖案。每一件感覺都是優雅且華麗的精品。有幸從她的收藏品當中，轉讓給我束腰長版大衣tunica與洋裝。束腰長版大衣的淺藍色部分及洋裝的洋紅色部分皆以蕾絲編織，用來併接布與布之間的抽紗蕾絲繡（Fagotting）、緣飾花邊、條紋的仕樣。只要看看細節的部分，就能發現為了縫製一件束腰長版大衣，也需要立體鏤空繡或皺褶繡等，展現出製作者純熟的技巧。

墨西哥的手工藝

墨西哥的國土廣闊，依照行政區發展出其獨自的服飾文化。為了學習墨西哥境內的刺繡、織物及民族服飾的全貌，而前往了首都墨西哥城的國立人類學博物館與芙烈達卡蘿博物館（Frida Kahlo Museum）觀摩。

國立人類學博物館即便在世界上，也是以其突出顯著的規模及內容誇耀於世的大博物館，特別是1樓考古學樓層的馬雅及阿茲特克的展覽聞名遐邇，2樓的民俗學樓層則是參與手工藝之人絕對不容錯過的地方。從墨西哥各地匯集而來的織物、刺繡、民族服飾、手工藝品等種類豐富的展示物品當中，可以瞭解原住民的衣食住、宗教、儀式的歷史及文化，真的是學習到了很多知識。

芙烈達卡蘿博物館（Frida Kahlo Museum）是將代表墨西

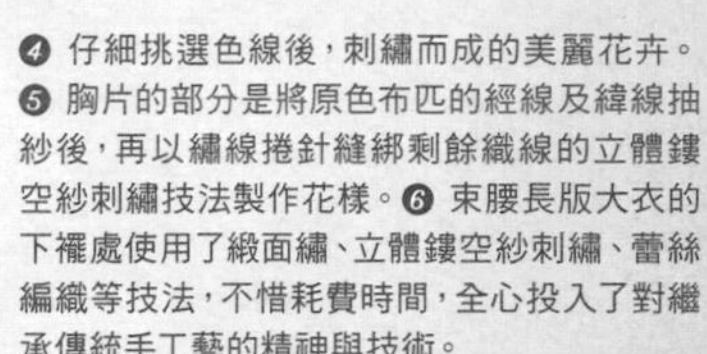

❹ 仔細挑選色線後，刺繡而成的美麗花卉。❺ 胸片的部分是將原色布匹的經線及緯線抽紗後，再以繡線捲針縫綁剩餘纖線的立體鏤空紗刺繡技法製作花樣。❻ 束腰長版大衣的下襬處使用了緞面繡、立體鏤空紗刺繡、蕾絲編織等技法，不惜耗費時間，全心投入了對繼承傳統手工藝的精神與技術。

❶ 芙烈達卡蘿博物館（Frida Kahlo Museum）。作為「藍色之家La Casa Azul（The Blue House）」被大眾所熟知。❷ 芙烈達卡蘿（Frida Kahlo）設計的各式各樣女裝。

哥的當代女畫家芙烈達卡蘿（Frida Kahlo）的故居開放成博物館。不僅是繪畫，亦以設計師及民族藝術家的身份遠近馳名，現場展示了她本人親自製作並穿過的女裝等服飾。發揮了墨西哥傳統的現代流行服飾作品於世界各國展覽，大大提升墨西哥民族服裝的知名度。

另外，造訪了鄰接墨西哥南方，共通的馬雅族所居住的瓜地馬拉（Guatemala）奇奇卡斯特南戈（Chichicastenango）及阿蒂特蘭湖（Lake Atitlán）周圍的聚落則是2005年的事情。當時的女性一般都會穿著因其各自不同的聚落而發展出特別設計的Huipil（威皮爾）。即使是瓦哈卡，在成為殖民地以前也是如此，女性們應該都會穿著自己紡織與刺繡的Huipil（威皮爾）吧！雖然在西班牙人的統治下，生活形態有所改變，但仍堅守著珍惜自身地位的信念，而我有幸能夠遇見在以當代Huipil表現的束腰長版大衣上，將民族一直固守的圖案進行刺繡的Maria，對於身為一個手藝相關工作的人來說，感動了我，並成為難以忘懷的回憶。

スージー杉

現居埼玉縣川口市，偕同丈夫工作調動，而歷經夏威夷13年、馬德里3年、倫敦3年半的生活，學習各地的手工藝與文化。師事於夏威夷拼布的已故巨匠John Serrao門下，並獲得指導講師的認證。於日本VOGUE社拼布教室學習瘋狂拼布，並於VOGUE學園學習刺繡，成為日本手藝普及協會刺繡部門的講師會員。作為手工藝研究的一環，持續前往世界各地旅行並造訪當地的手工藝。

https://peng.tokyo（本期的報導於HP內「メキシ・コパナマの旅行記（墨西哥・巴拿馬的旅行記）」有詳盡的記載）。

聖安東尼卡斯蒂略貝拉斯科（San Antonino Castillo Velasco）村的Maria Guadalupe姐妹與筆者（中央）。

❸ 國立人類博物館的1樓、考古學樓層。❹ 在2樓的民俗學樓層，也有許多手工藝品。「好可愛！」風格濃厚的服裝，或許是當時流行的最前端。

於瓜地馬拉的市場。五顏六色的服裝吸引眾人的目光。

左邊是母親繪製的繪手紙（繪圖明信片），右邊是井手小姐繡的刺繡。以刺繡繡上花卉圖案，文字則注入了來自井手回信的心情。成為了井手與母親的合作。照片由左上開始依順時針方向，為繪手紙刺繡的「櫻花」、「粉紅色香水百合」、「向日葵」、「鬱金香」、「非洲金盞花」、「迷你玫瑰」。

如今依然聽得見您說的「嗯～作得很棒呢！」

以刺繡創作母親與女兒的往來書信

「あら～いいごどぉ」是日本東北的方言，
據說含有「作得很棒喔」、「嗯～作得真好呢」的意思。
給每次見到自己手作作品時，總是如此開心稱讚的母親，
稍來了女兒回覆的刺繡信息。

photograph 白井由香里（作品）

距離日本東北大地震，已經9年了。史無前例的大災害，也伴隨時間的流逝，從人們的記憶中正不斷地漸行漸遠。然而，千萬不要忘記還有許許多多在內心深處留下了巨大傷痕的人。前往位於宮城縣仙台市的「Poco A Poco」學校上課的井手早智子，出身於岩手縣大槌町。據說娘家是在經營藥品與雜貨販售的商店，母親習慣趁著顧店的空檔繪製撕貼畫（與紙繪畫）及繪手紙（繪圖明信片）等。對於經歷了上學、就職，以及結婚與迎接人生的轉機，而離開娘家前往仙台生活的女兒，母親會不定期地送來繪手紙。女兒井手雖然說同樣都是動手創作，但從拼布開始，一直到在「Poco A Poco」遇見中山由佳子老師，變得能夠體會刺繡的樂趣。

2011年3月11日14時46分。正在職場工作的井手體驗到一場前所未有的驚天動地，但所幸還能騎著自行車返家。雖然馬上打電話回娘家，卻完全無法接通。2

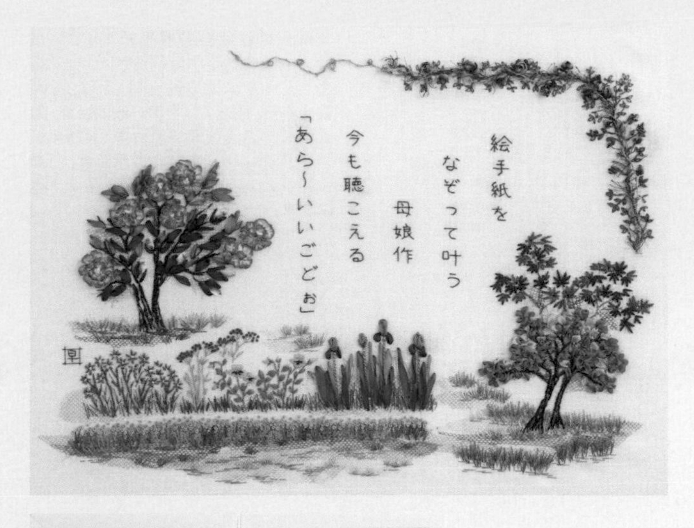

4月是井手生日的月份。井手以刺繡（右）回覆了母親手繪的伴有櫻花一同的生日信息（左）。繪手紙刺繡的第一件作品就是這幅「櫻花」。

將瓦礫堆中找到的2張繪手紙予以圖案化，並於中央加上來自井手的信息。與右頁的作品相同，皆使用法國繡、薄紗繡、緞帶繡等各種不同的手法製作而成。

天後，終於可以出發前往大槌町。途中遇到了許多禁止通行的路段，幸好偶爾可以碰到當地的朋友，越過了平常人們難以通過的山路隘口。

抵達大槌町的時候，已是入夜時分了。暫過四處翻覆的車輛，趕往娘家區域的避難所，連忙到處向各種人打探，卻遲遲無法獲知家人的消息。唯一可以確定的是，當時擔任消防團長的父親，人就在町政府的緊急救災對策本部。懷著忐忑不安的心情，就這樣待在車內度過夜晚直到天明，看見街道內逐漸變亮的景象，讓井手感到愕然不已。

從位居高地的避難所往下眺望的市街風景，全然是與自己至今為止所見到過的景象截然不同的畫面。滿布泥漿、散亂瓦礫的山林……曾經是自己成長，再熟悉也不過的城市，卻被海嘯吞噬，變成一個完全陌生的地方。回過神來，才發現淚已決堤。

之後，雖然終於得以見到父親，卻得面對祖母、母親、弟弟不幸離世的消息。4月進行了3人的火化，6月入墓。在整理著被海嘯沖毀的物品時，從瓦礫之中發現了某樣物品。那是一個籐編製的3層箱子，裡面裝有母親生前整理好的手繪的繪手紙。或許是因為沒有間隙地裝滿在箱子裡的緣故，所以其中有好幾張可以毫髮無傷地拿出來。因此，井手想起了在自己的住處，母親送來的繪手紙依然還保留在自己的身邊。與生日等的紀念日或是自家庭院裡盛開的花朵，一同寫上一句祝福話語的信箋裡，蘊含了母親滿滿的愛情與溫暖。

當拿給中山老師看了之後，受到老師建議說「這可以成為刺繡的圖案耶」，頓時突然意識到「或許可以成為我和媽媽的合作」。然而，在地震造成的災害後，心情上怎麼也無法馬上去推進這件事，況且自己也有要忙的事情，因而無法順利進行。就在某天，一個心情感到失落的某一天，看著一張繪手紙，湧起了一股「試試看吧」的心情。但是，應該怎麼繡？究竟該如何將這個圖案作成刺繡？內心感到煩惱的日子一直持續。也就在獲得老師建議的某一天，一個人待在父親目前生活的臨時住宅裡看家時，忽然靈光乍現。一旁就是母親的神龕。「彷彿就像是媽媽出聲對我說：『這樣作的話，不就好了嗎？』一樣」，依據手繪圖案的不同，繡法也跟著改變，一張一張的仔細縫製完成。為了活用手繪圖案，該如何進行繡製會比較好？如此思考的課題正如同是對母親來信的回覆。「我想透過刺繡的方式，藉此表達我個人對養育我的媽媽的專屬愛的表現」井手如此說。

就連中山老師的店，也在地震災害之後，多出了許多前來購買手工藝材料的人。因一切家當全都被海嘯沖走的人被迫前來購買整組材料，所以讓井手一下子全都明白了。生活上也不安定，處在有著太多惶恐不安的日子裡，應該也有很多人是靠著動手手作，來緩和自己受傷的心靈吧！

據說井手下一個階段的目標，為家鄉盡份心力，正考慮著是否要將父親長年攝影的照片也製作成刺繡。帶著悲傷的心情、感謝的心情，以及對故鄉與家人的愛情，井手將持續以自己的刺繡方式來表達。

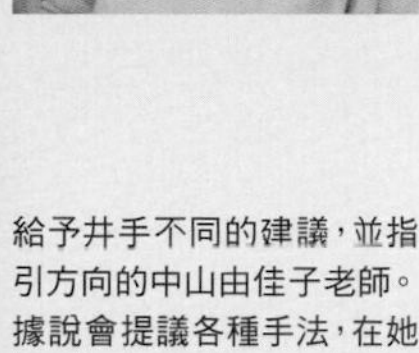

井手早智子。「我不想淡忘因地震所造成災害的回憶，而且，生存下來的我也要連同家人的那一份，不留遺憾地度過每一天」。

給予井手不同的建議，並指引方向的中山由佳子老師。據說會提議各種手法，在她感到猶豫時，會仔細地觀察實物，並進行商量。

「POCO A POCO」仙台泉店。從刺繡的材料到拼布及手工藝的材料，全都應有盡有，商品齊全。刺繡教室每月2次，固定在星期六開班。福島店也有開班授課。詳情請參照WEB網站。
http://www.pocoapoco-fab.com/

連載 4

100年前的雙十年華

女學生最愛的刺繡
～來自女子美術大學的收藏品

自1900年創立之初，
便以女性的自立及獲得專門技術為目標，
持續施行美術教育的女子美術大學。
藉由認識大約在300年前的女學生是以什麼樣的
主題、技術、材料進行刺繡，
可進而瞭解刺繡的普及性與時代性的兩面。
本期作為最後一回，
將介紹有關畢業作品的製作。

這個回顧100年前的連載專欄，本期將進入最後尾聲。100年前的女學生們也像現在的我們一樣，但卻是更加真摯地致力於刺繡的工作，想必從之前介紹過的作品當中，大家都能深深體會。

雖然因戰爭及震災而完全失去，殘留下來的作品數量寥寥可數，但是在女子美術大學裡，保存著逃過戰火摧殘，幸而流傳至今的色紙般大小的作品則約達400件以上。以日本畫的範本、海外的明信片當成底稿作為參考，或是前往郊外實地寫生，並將當時的風景繡上去的作品。

接下來為大家介紹的是至今100年前，大正九年的一件繡銘小作品。組合了花鳥的構圖，又因為大正九年為申（猴）年，因此還能看到猴子的圖案。比現在的日本繡線更加纖細的絹線，給人精緻細膩的印象。

在飄洋過海的韓國也仍保留此一作品。直到二次大戰前為止，來自韓國與中國的留學生很多，昭和十二年，畢業於女子美術專門學校高等師範科刺繡部的朴乙福，回到韓國後，旋即於現在的世宗大學執起教鞭，教授刺繡，將女子美術大學的刺繡傳授給韓國的學生們。朴女士的個人美術館位於首爾，在美術館中可以欣賞到她學生時期的作品，以及在韓國公共空間裡所展示的作品等，活躍在自己國家的朴女士眾多的作品。

畢業作品的製作對她們而言，可說是學習技術的集大成，且被製作成大型的作品。或許是因為當時的作品會以博覽會參展形式的名目保存下來，所以能夠看見很多製作成大型屏風的作品。雖然題材好像以花鳥風月為主流，但還是可以發現勇猛的老虎或採用國外圖案的作品等。

昭和元年畢業的松本春子的畢業作品，就是將唐獅子、牡丹繪於大袱紗（絹綢）上。獅子是以刺繡方式寫實的表現出來，但仔細觀察周圍鏡子圖案的刺繡，則是用亂點繡與馬賽克繡等女子美術大學特有的刺繡技法來填滿，成為一幅雖是古典圖案卻又感覺摩登印象的袱紗。松本女士在戰爭時也依然堅守著刺繡的作品，此一作品是在大學100周年的機緣下，承蒙其家族捐贈給女子美術大學珍藏的物品。

女學生堅守信念縫製而成的刺繡，給予100年後的我們，美麗作品所綻放出的力量。

朴乙福（Park Eul Bok）刺繡博物館

地址／首爾江北區牛耳洞86-4
開館時間／12:00至17:00
（16:00停止售票）
休館日／星期六・日・國定例假日
HP ／ www.embromuseum.com

撰文／女子美術大學設計工藝學科
工藝專攻　特任副教授　大崎綾子

日本刺繡作家，以刺繡為主，同時進行染織品技法、設計的研究。另外，也針對校內染織文化資源研究所擁有的文化財進行修復與保存，2011年以後，致力於日本東北大地震受損的染織文化財之保存修復的工作。

女子美術大學
女子美術大學短期大學部

以「女子美」之名而廣為人知的女子美術大學，是針對女性創立的高等教育機關，在通往美術教育之門尚未開啟的明治33年（1990年），以「讓女性因藝術自立」、「提升女性社會地位」、「培育專門技術家、美術教師」為目的，所建立的美術教育實施學校。在工藝專攻刺繡裡，不僅是日本刺繡，還包含國外的刺繡、機器刺繡的設計，從草稿繪製起開始進行，到染色、刺繡，以一貫的教學課程，實施作品製作的教育。

大學工藝研究室網站　http://joshibi-crafts.net/
染織文化資源研究所網站　https://joshibi-textile.net/

大正九年　畢業生紀念冊　刺繡科教室　女子美術大學　歷史資料室珍藏

松本春子　刺繡大帛紗《唐獅子牡丹》部分　女子美術大學　設計工藝學科　工藝專攻刺繡珍藏作品

朴乙福　《菊花與鴛鴦》　朴乙福刺繡博物館館藏作品

大正九年　畢業生製作的刺繡色紙　女子美術大學　設計工藝學科　工藝專攻刺繡珍藏作品

戰前　畢業作品　屏風

戰前　畢業作品　屏風

戰前　畢業作品　衝立（屏幕）

戰前　畢業作品　衝立（屏幕）

來自法國沙圖（Chatou）的跳蚤市場

photograph 白井由香里　styling 西森 萌　text & photograph（現地取材）石澤季里

沙圖的跳蚤市場
Foire de Chatou

Iles des Impressionnistes
78000 Chatou
3月・9月活動期間每天
10:00～19:00
電話+33 (1) 47-70-80-88-78
（活動當日為01-34-80-66-00）
http://www.foiredechatou.com
每年3月與9月，橫跨10天期間舉辦的沙圖古董市場，別名又為「火腿定期市場」，在大約500個古董攤位的正中間，聚集了法國各地美食的小吃店一間間鱗次櫛比。在天氣好的日子裡，可以帶著野餐的心情享受午餐，或購買鵝肝醬當作伴手禮，可以一次滿足這些期待，玩得很開心。搭乘由巴黎開往西郊的聖日耳曼昂萊線（St Germain en Laye A1線），在呂埃馬爾邁松站（Reuil Malmaison）下車。再從車站前轉搭每30分鐘1班的免費火車，就可以直接坐到跳蚤市場的入口處。

「緞帶」的故事

從巴黎搭乘郊外線約15分鐘。一邊隔著車窗眺望著波光粼粼的塞納河，一邊終於抵達的目的地，正是畫家雷諾瓦（Pierre-Auguste Renoir）繪畫的「划船人的午宴（Le déjeuner des canotiers）」中巴黎人休憩的土地・沙圖（Chatou）。另外，鍾愛玫瑰的約瑟芬（Joséphine）皇后的馬爾邁松（Malmaison）城堡也在這個城市裡，以那濃郁芬芳的香氣擄獲來訪的賓客。

這次在這個跳蚤市場發現的是各種不同色調的寬約3㎜的絲織緞帶。事實上這個彩帶是與起源於中世紀歐洲的「大戰十字軍勳章」及「武功十字軍勳章」，或是致贈給遠征海外，有功士兵的「軍事勳章」與讚許其辛勞的「功勞勳章」一同被使用的極為珍貴的絲帶。

勳章的特色在於會分別使用與其各自含意圖案不同的顏色和設計的緞帶裝飾。軍事勳章會於前端繫上約3㎜的球形獎牌，裝飾大約4㎝的銅製馬爾他十字，彩帶則是紅色與綠色。另外，電影導演北野武授勳的法國榮譽軍團勳章，為象徵法國的瑪麗安娜側臉肖像與紅色綬帶的設計。話雖如此，但據說授勳者能把勳章佩戴在身上的時機，僅限於國家主辦的典禮或宴會上，平時則是與窄版綬帶一同將稱為「略綬」的略式勳章配戴在身上。

緞帶不管在哪一個時代都屬於貴重物品，18世紀大量使用的絲織緞帶就是求愛的象徵。另外，就好比日本的水引細繩結一樣，在高價的物品上繫上緞帶後，珍藏保管已成慣例。淑女的禮服，之所以不論什麼時代都以許多緞帶作裝飾，是因為表示她們是高貴淑女的象徵。而且，也成了希望將其解開的戀人們渴望的對象。現在也是，女性會無意識地被緞帶吸引的原因，固然有其自己的理由。

今年3月迎接第100次的沙圖跳蚤市場。業者為固定商家，總是在同個場所販售相同類型的古董品，讓消費者更加安心。

在改變經線與緯線的撚線，表現出浮雕效果的亞麻・大馬士革織布上，繡有字母的19世紀半慶祝結婚用的毛巾。

至今稀有珍貴的南法草木染的法國印花布及19世紀的Toile de Jouy棉質印花布等古董布片，具有各種價位，從20歐元起跳。

從車站前搭乘通過雷諾瓦繪畫的河堤餐廳前，越過橫跨塞納河的大橋來到市區的免費火車，體驗滿滿的觀光氛圍為行程更添樂趣。

在一處收藏了用在家事課作業的刺繡練習本等懷舊的兒童用品攤位上，找到的東歐製刺繡頭巾。

秋天果實

Fruits of autumn

手腕針插．收納針包

紙型B面

拾了一地，滿是秋意，

迎來豐收的開心果實。

在針與線的交織旋律裡，

記錄手作人的幸福時刻。

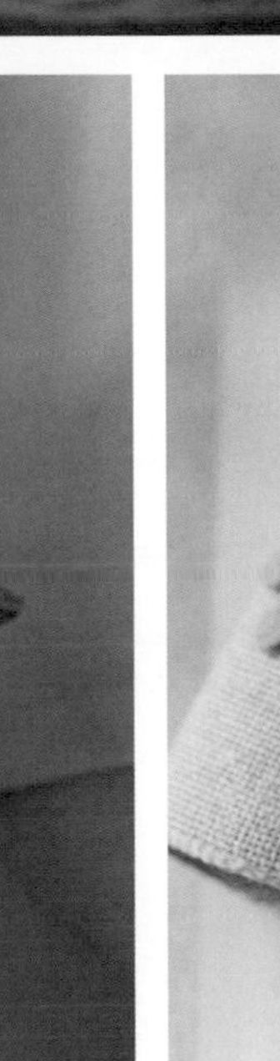

紙型B面
作品設計、製作、示範教學、作法文字提供／RUBY小姐
協力製作／小J
採訪執行企畫編輯／黃璟安

手腕針插

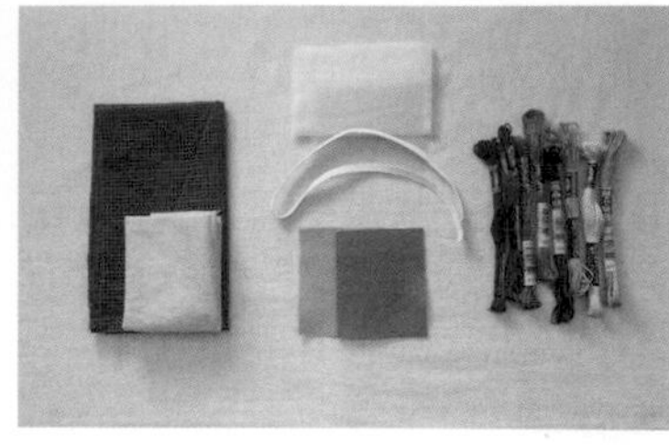

材料

- DMC繡線355・433・471・610・898・928・937・3852共8色
- 棉麻布15×15cm
- 格子布8×25cm
- 薄棉6×10cm
- 塑膠片6×6cm
- 鬆緊帶20cm
- 羊毛不織布2色，各約3×8cm
- 棉花少許

1 描圖。將圖稿以珠針固定於棉麻布上，中間放入轉寫紙，將圖稿描繪於布上。

2 依圖稿的刺繡技法指示，完成表布刺繡。

3 依版型再外加1cm裁剪。往內約0.5cm處，以雙線縮縫一圈。

4 塞入適量的棉花，一邊調整棉花，一手拉緊線再打結！

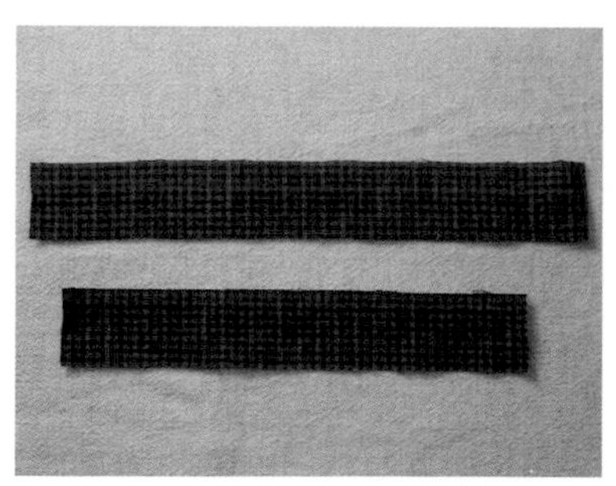

5 裁剪側布17.5×3cm、腕帶布22×3cm（尺寸已含縫份0.75cm）。

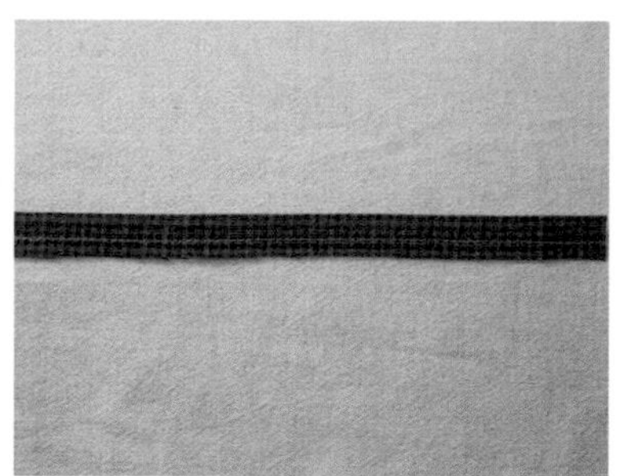

6 將腕帶對摺縫合。

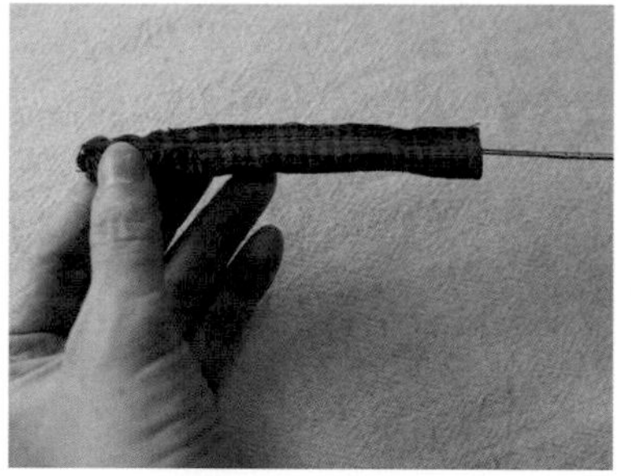

7 以翻帶器將腕帶翻至正面。

8 將鬆緊帶穿進腕帶內。

9 鬆緊帶留約15cm，與腕帶頭尾縫合固定後，其餘修剪。

10 將側布縫合成一個圈。

11 將腕帶固定於側布的左右兩側。

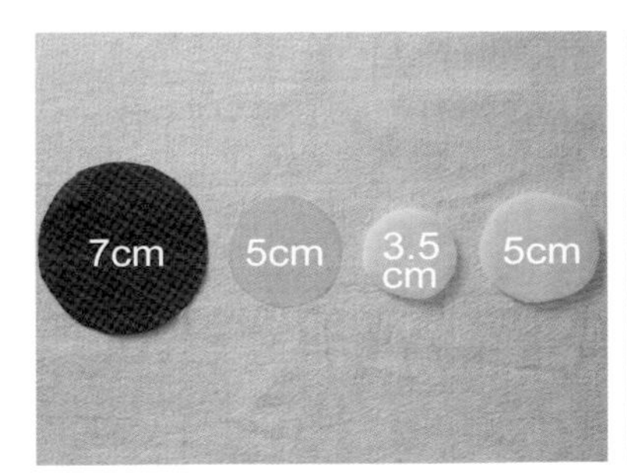

12 底部如圖裁剪格子布、塑膠片、薄棉。

13 縮縫底部，並在布的背面上依序放入大薄棉 小薄棉 塑膠片，完成縮縫。

14 完成腕帶及底部。

15 將腕帶及底部以藏針縫縫合。

16 腕帶即完成。

17 於底部沿著圈塞入一小段棉花。

18 將針包塞入腕帶部分，並以珠針固定一圈，使其易於縫合。

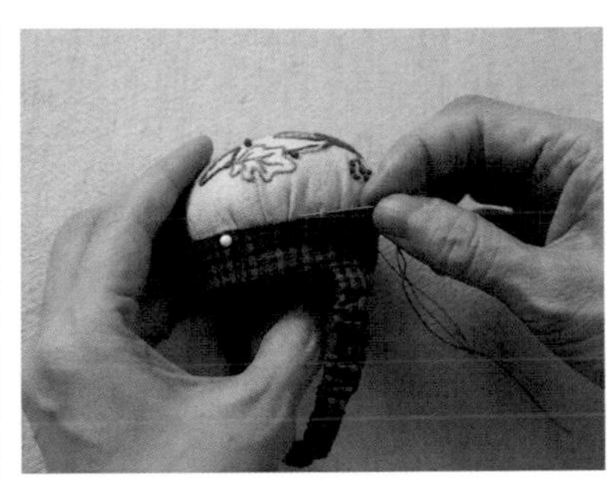

19 以藏針縫縫合固定。

20 將橡實及葉子描繪於羊毛不織布上，先完成裡面的輪廓繡及格子繡部分，周圍一圈先不刺繡。

21 將不織布對摺成2片，周圍以輪廓繡縫合，並留一小開口，塞入一點棉化後，再完成刺繡。

22 修剪不織布，完成裝飾的橡實及葉子。

23 將裝飾物固定於針包上，即完成果實針插。

Ruby小姐的刺繡小講座

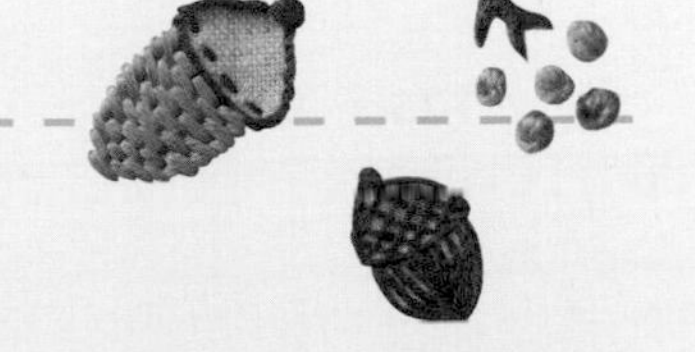

「格子繡」

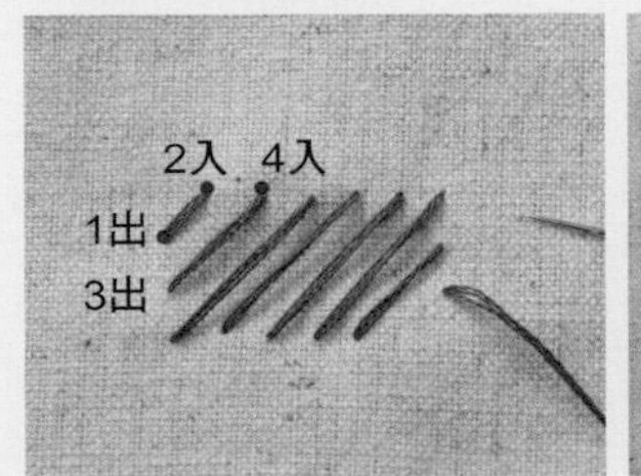

1 如圖順序完成同一個方向。

2 另一個方向以針尾端穿線，上下交錯編織。

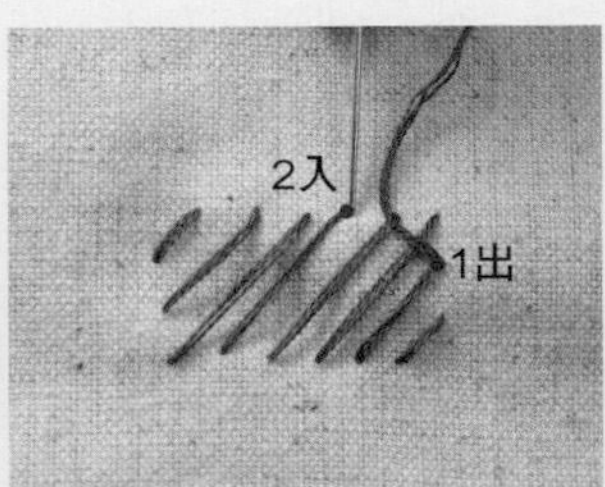

3 依序刺繡。

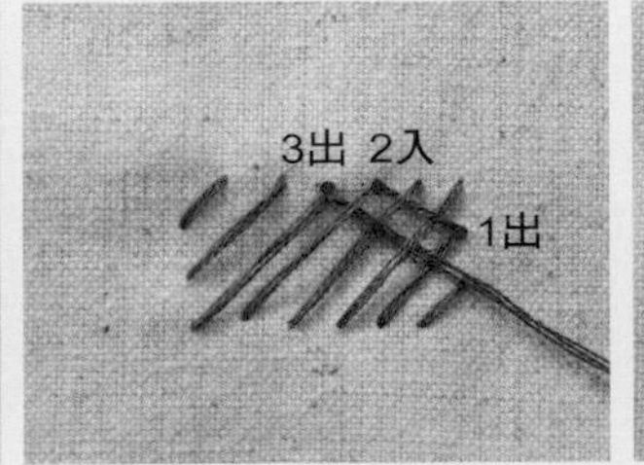

4 繼續上下交錯編織。

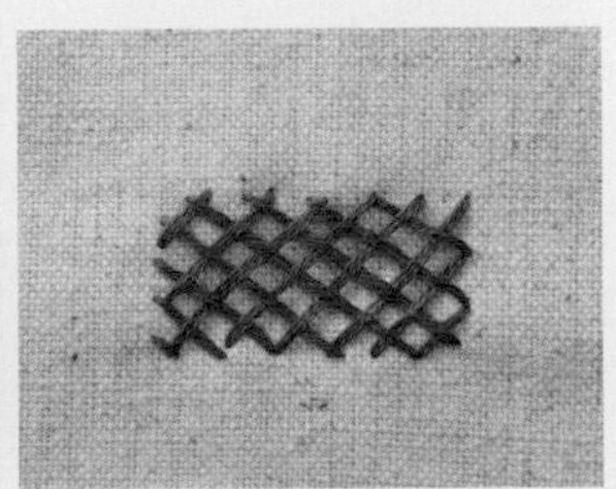

5 格子繡即完成。

Fruits

大波斯菊的秋收日季

作品設計、製作、示範教學、作法文字提供／RUBY小姐 紙型B面

秋天的大波斯菊，
伴著微涼的風，
輕柔地搖擺著。
將這採集的美好，
收入我的繡框中。

★ FACEBOOK 請搜尋「八色屋拼布木器彩繪教室」

王棉老師的幸福刺繡

紅藍白色刺繡

作品設計、製作、示範教學、作法文字提供／王棉老師
採訪執行企畫編輯／黃璟安

初見到英國維多利亞時期的畫時，就期待有一天能以刺繡方式詮釋這些美麗圖畫。隨著教學累積，接觸各式樣的刺繡與針法，想法也愈加多元，因此試著以三類刺繡方式詮釋這個主題；因為是三種方式的刺繡，因此採用三種色彩。

紅色刺繡：以單純線條為主，綴以有趣針法。藍色刺繡：加入布料、珠、亮片、緞帶等不同媒材立體化製作。白色刺繡：在平面布料嘗試作減法概念，運用鏤花、綁紗、德國Schwalm等刺繡針法。能完成這本書，很令人開心──王棉。

小花洋裝

當初以花邊鎖鍊針法完成蕾絲邊時，真令人興奮，彷彿再次呈現了兒時洋娃娃身上的洋裝。整件作品運用多種針法、並與珠子結合表現蕾絲感；典雅的洋裝也因小花的點綴更顯可愛。

作者資訊

王棉老師

1968年 出生
2001年 取得女裝乙級證照
2007年 獲國藝會補助春仔花創作
2007年 著「手縫幸福刺繡」一書〈積木文化出版〉
2008-2017 年任台北市中正社區大學、北投社區大學、行天宮社會大學「手縫幸福刺繡」課程講師
2010年 協助國科會、台藝大、鳳甲美術館「穿針引線」專案刺繡材料包設計，至社區小學國中與啟聰學校推廣教學刺繡
2010年 與他人合輯「就是愛繡日系風雜貨」雜誌〈心鮮文化出版〉
2010年 「手縫幸福刺繡」課程入選社大優良課程
2011年 協助鳳甲美術館培訓刺繡志工
2011年 鳳甲美術館「百年繁華展」，春仔花參展
2012年 著「春仔花手作書」〈國藝會補助，王棉幸福刺繡出版〉
2012年 台北市中正公民會館師生聯展「刺繡之美」
2012年 中正社大「手縫幸福刺繡」課程獲非正規教育課程認證
2013年 鳳甲美術館「繡外畫中」中國刺繡館藏暨多媒體文創應用展，規劃刺繡講座與DIY活動
2013年 起擔任Stitch刺繡誌顧問
2014年 「手縫幸福刺繡」課程獲社大優良課程評選優等
2014年 台北故事館「婚紗的故事特展」刺繡DIY教學
2020年 著「紅藍白色刺繡」、「挑花刺繡錄—中國貞豐・黃平苗族刺繡圖稿」〈王棉幸福刺繡出版〉

臉書專頁「王棉幸福刺繡」
https://www.facebook.com/blessmark99/

小花洋裝 / 刺繡針法解說〈1〉

作法摘自《紅藍白色刺繡》一書

雛菊針法應用
Lazy daisy stitch variation

❶
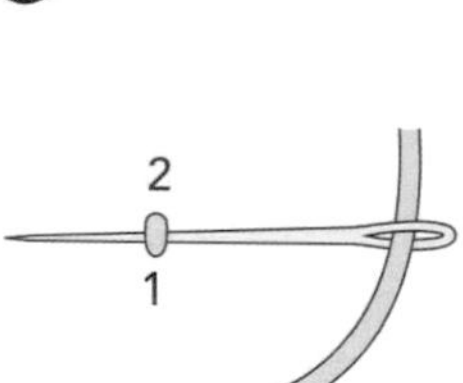

❷

❸

❹
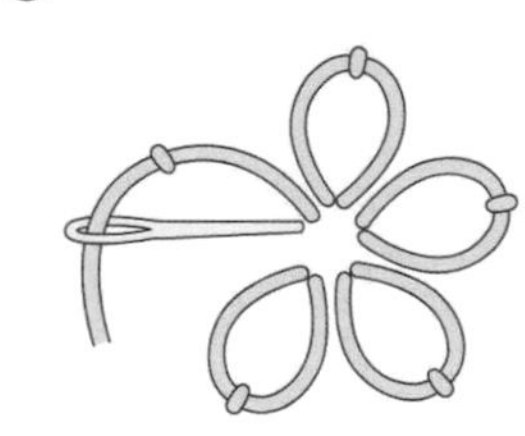

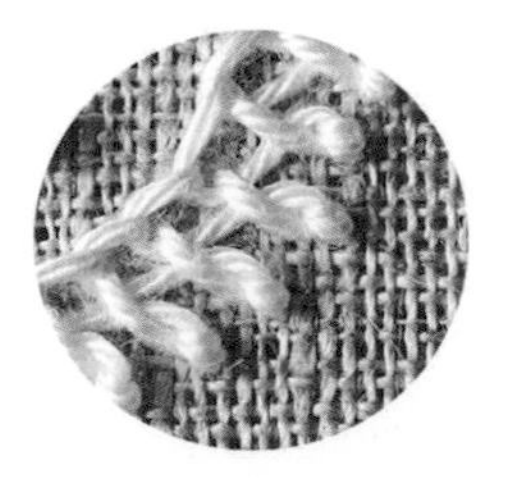

花邊鎖鍊針法 1
Crested chain stitch

❶
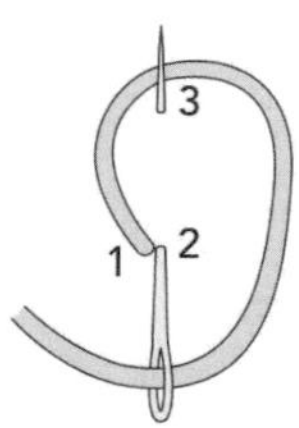

❷
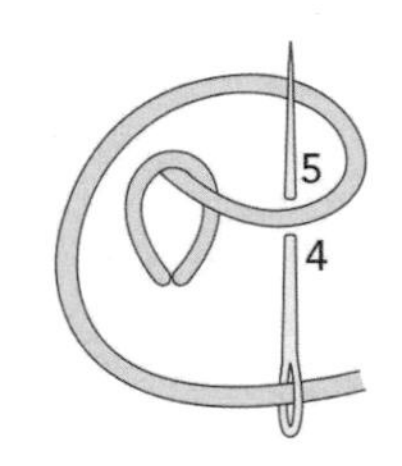

4、5 挑一點點布。

❸
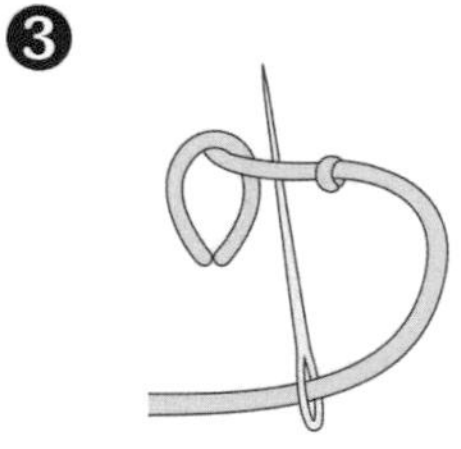

❹

重複❶～❸步驟。

❺

❻

小花洋裝 / 刺繡針法解說〈2〉

花邊鎖鍊針法 2

Crested chain stitch

❶

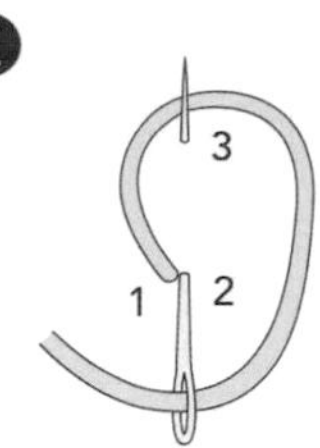

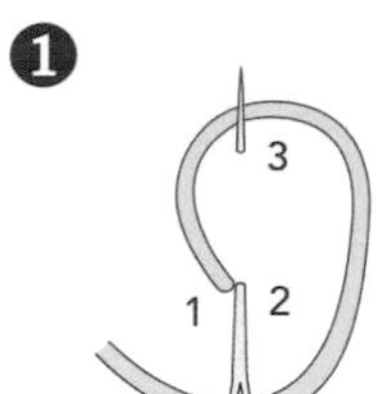

❷

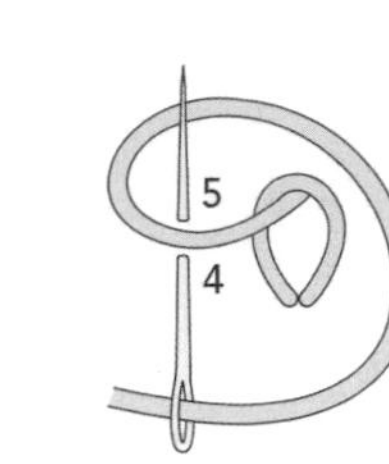

4、5 挑一點點布。

❸

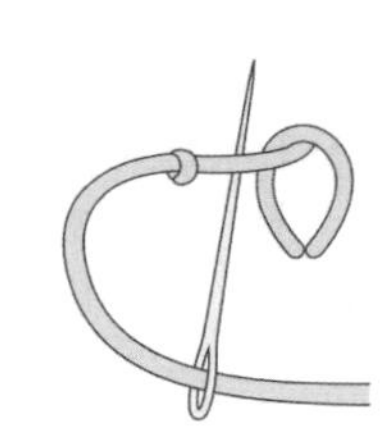

❹

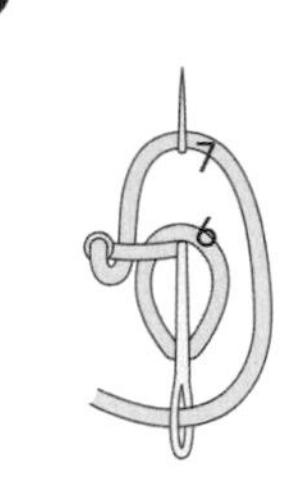

重複❶～❸步驟。

❺

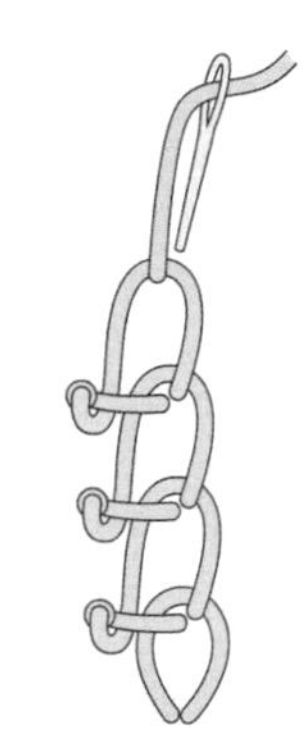

❻

匈牙利編帶鎖鍊針法

Hungarian braided chain stitch

❶

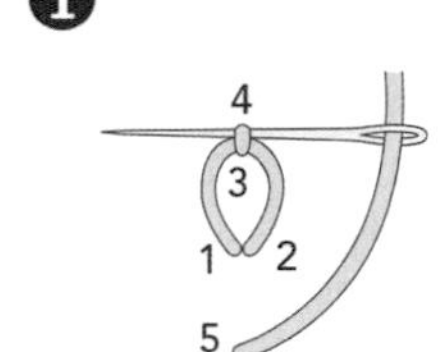

1、2 同針洞。

❷

5、6 同針洞。

❸

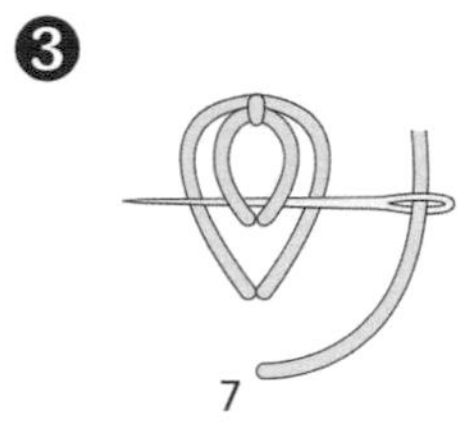

❹

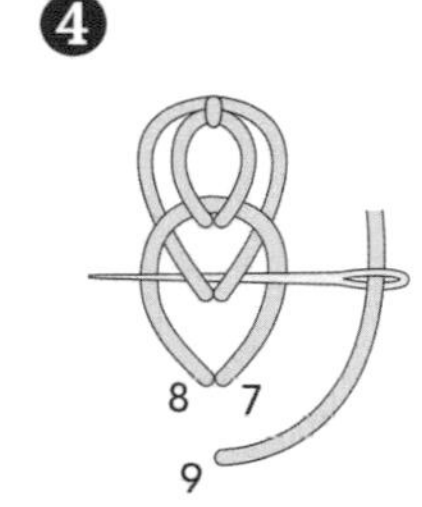

7、8 同針洞。

❺

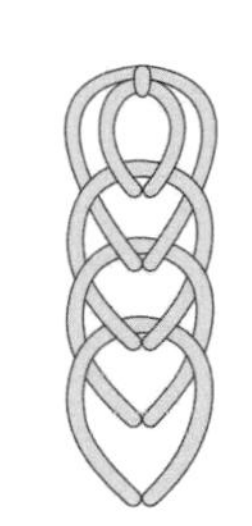

小花洋裝 / 刺繡針法解說〈3〉

刀鋒針法

Sword edge stitch

❶

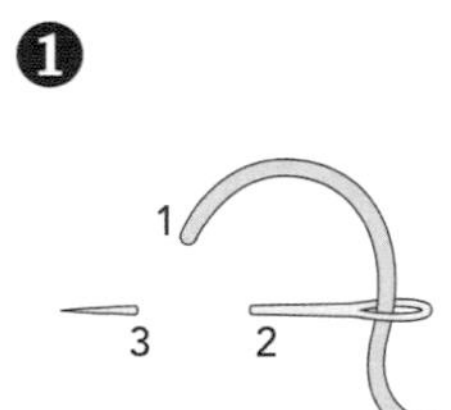

❷

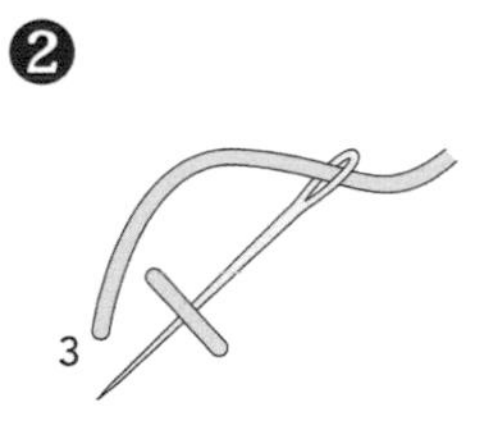

❸

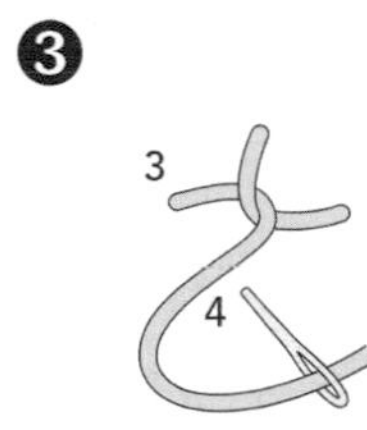

❹

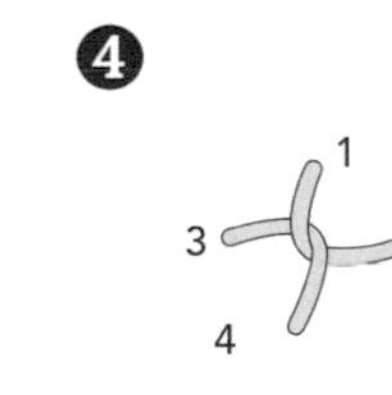

交織鎖鍊變形針法

Interlaced chain

❶

❷

❸

❹

刺繡針插

剪影，線條簡單卻令人充滿想像。這件作品以浮凸緞面針法表現，呈現出與剪影同樣精彩又耐人尋味的效果。

浮凸緞面針法
Padded satin stitch

❶
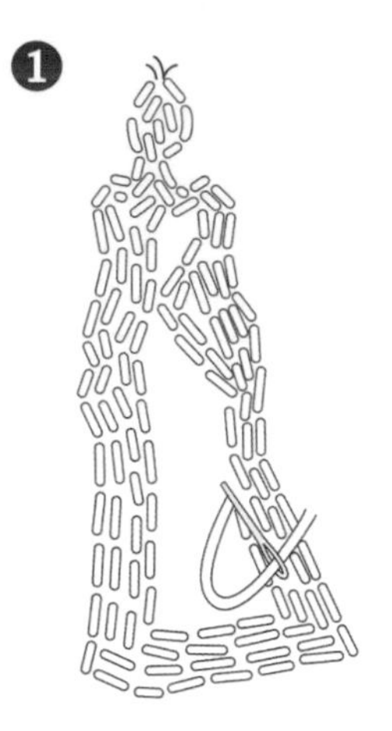
沿圖形周圍平針一圈，內部平針填滿。

❷
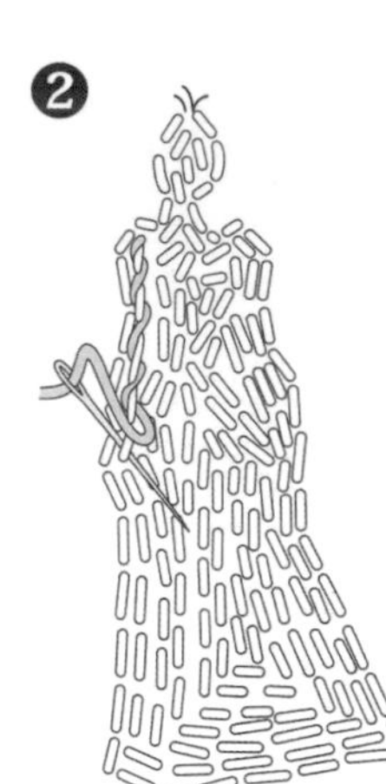
內部平針進行繞線填滿。

❸
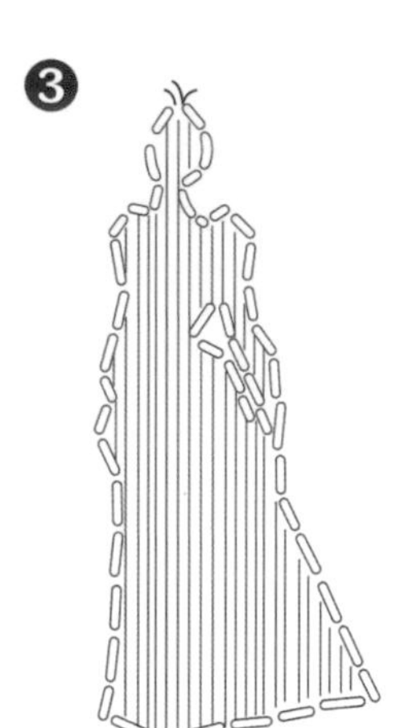
在圖形周圍平針內，直線填滿。

❹
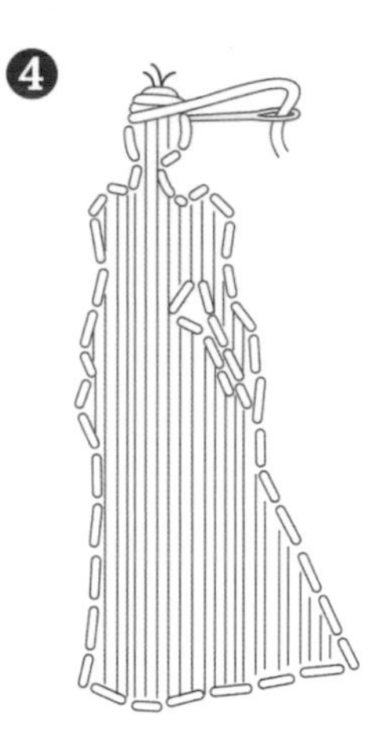
包覆周圍平針，橫線填滿。

製作針插步驟

作法摘自《紅藍白色刺繡》一書

1. 左為圓形鋁片。剪兩片比圓形鋁片周圍進來〈小〉0.2cm 的紙片，以棉布縮縫包覆此兩紙片，備用。

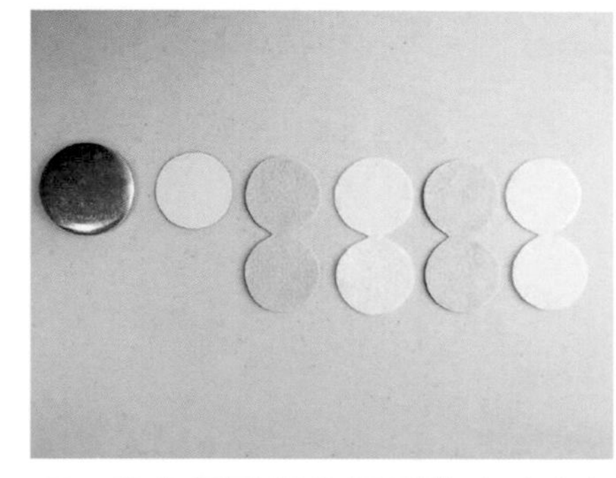
2. 剪比圓形鋁片周圍進來〈小〉0.5cm 的紙片做為紙型。將不織布對摺，利用紙型剪出相連的兩個圓形共 4 組，備用。

3. 拉鍊一條。

4. 拉鍊圍鋁片圓周一圈抓出尺寸，如圖反面縫製。

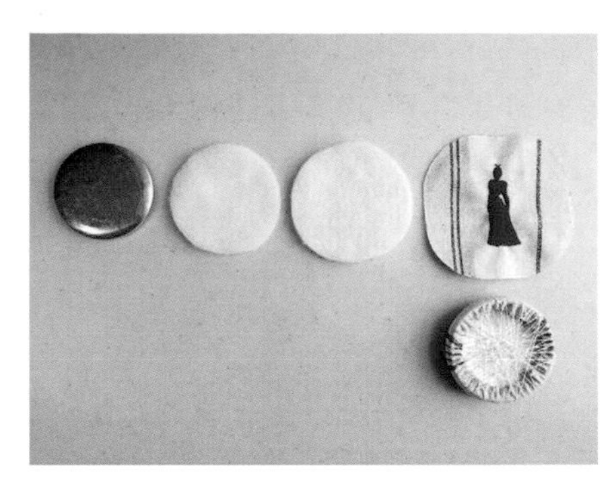

5. 左起依序：鋁片、較小鋪棉、較大鋪棉、表布。

6. 依序排放好，進行縮縫。

7. 縮縫完成。

8. 準備縫合。

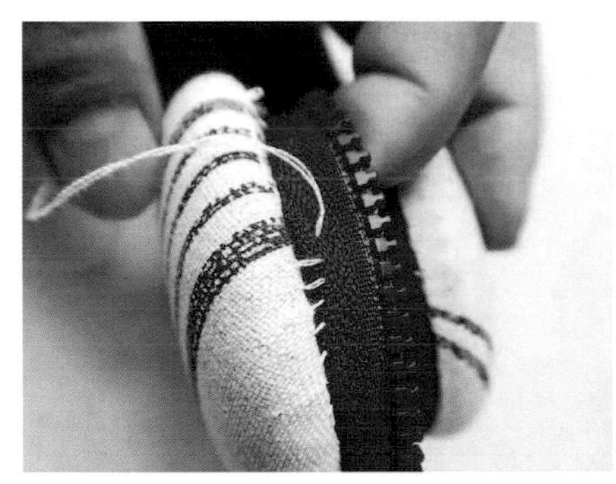

9. 對針縫〈藏針縫〉將拉鍊與上下蓋縫合。

10. 縫合完成。

11. 如圖。

12. 如圖在白線內，將步驟 1 備用紙片在拉鍊內側對針縫〈藏針縫〉縫合。

13. 內側紙片固定完成。

14. 將步驟 2 備用不織布 2 組，如圖與內部紙片縫合。

15. 完成。

小花洋裝

圖稿 100%
底布：一般
線材：cotton a broder #25〈1〉
〈 〉內數字表示用線股數

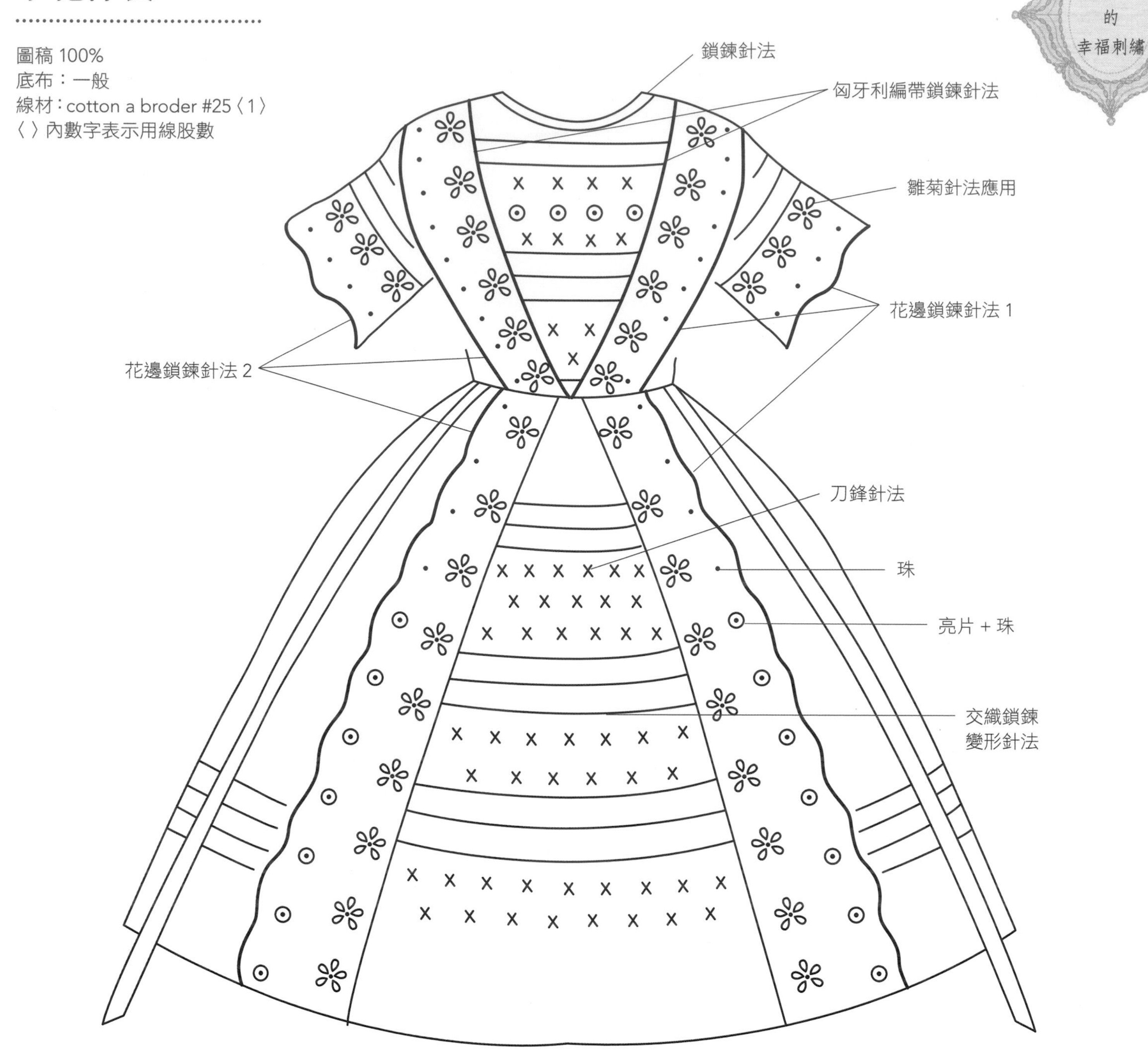

Stitch 刺繡誌

vol.17

附錄刺繡圖案集

01 P.4

××××

花與葉的刺繡

原寸圖案

全部使用Olympus25號繡線。除了指定處之外，皆為3股線
除了指定處之外，皆為輪廓繡

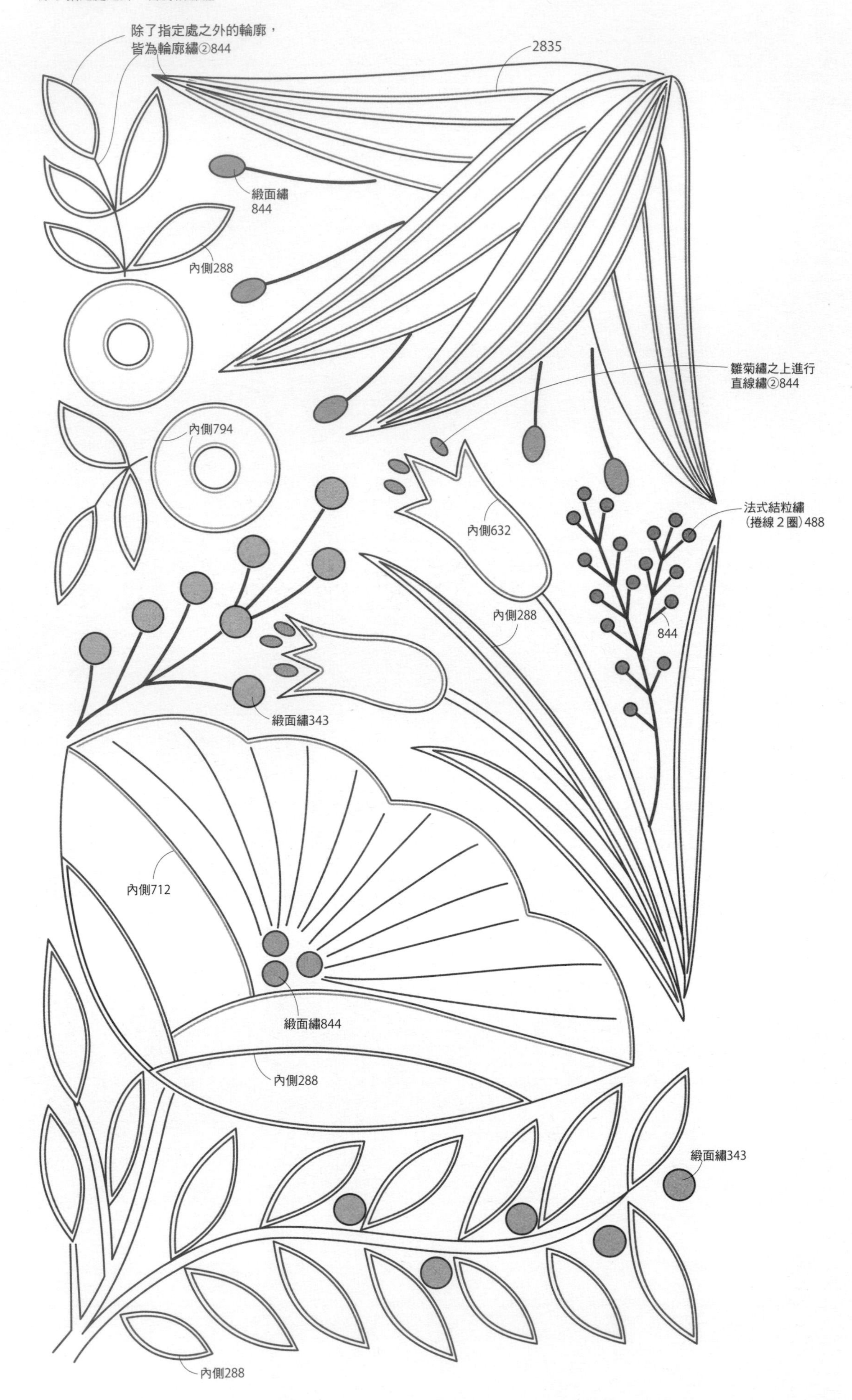

02 P.5

××××

含羞草花圈

原寸圖案

全部使用Fujix繡線
So=Soie et・除了指定處之外，皆為３股線・法式結粒繡捲線２圈
M=moco・１股線・法式結粒繡捲線３圈

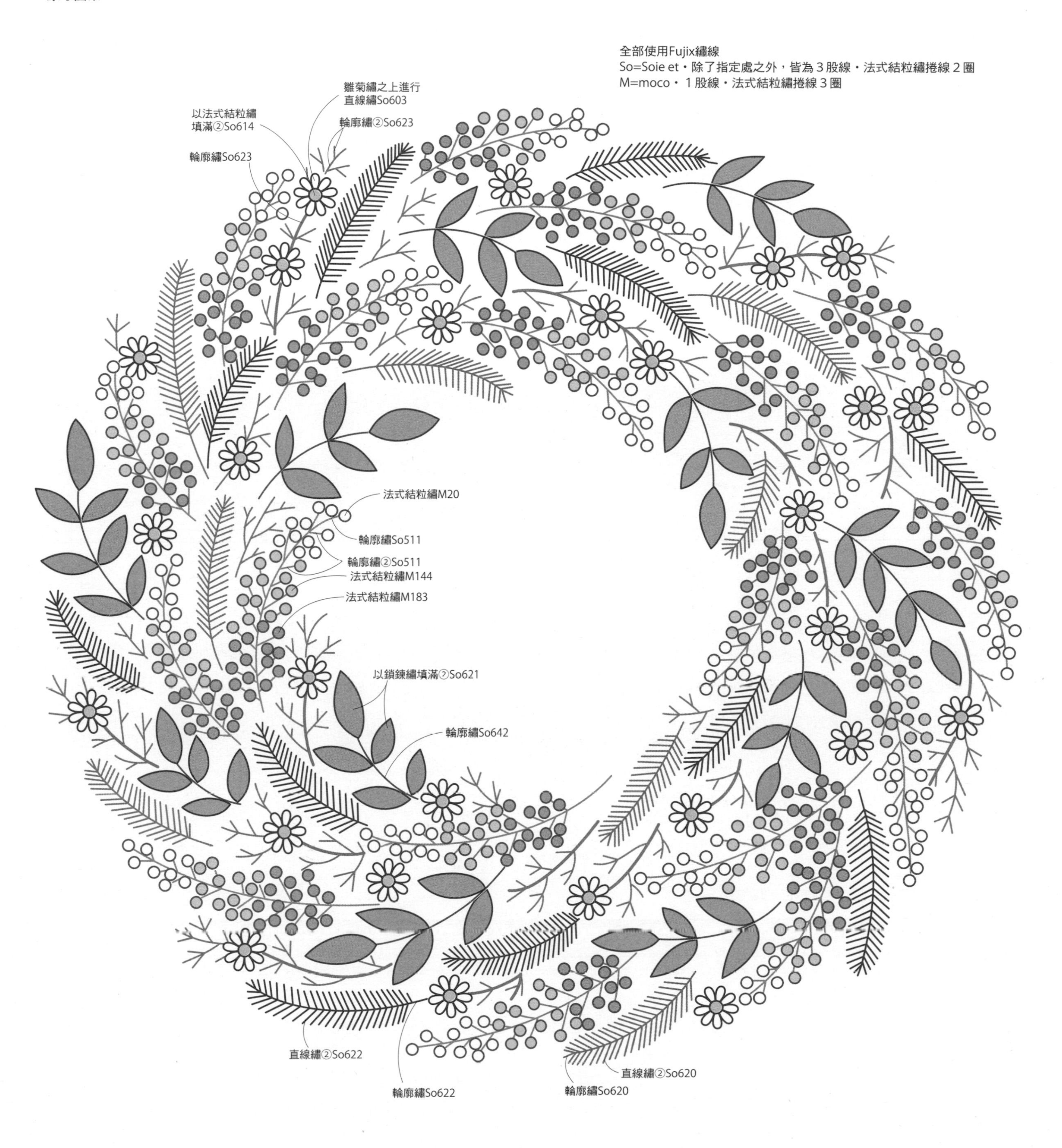

05 P.8

×××××

對稱的花朵

原寸圖案

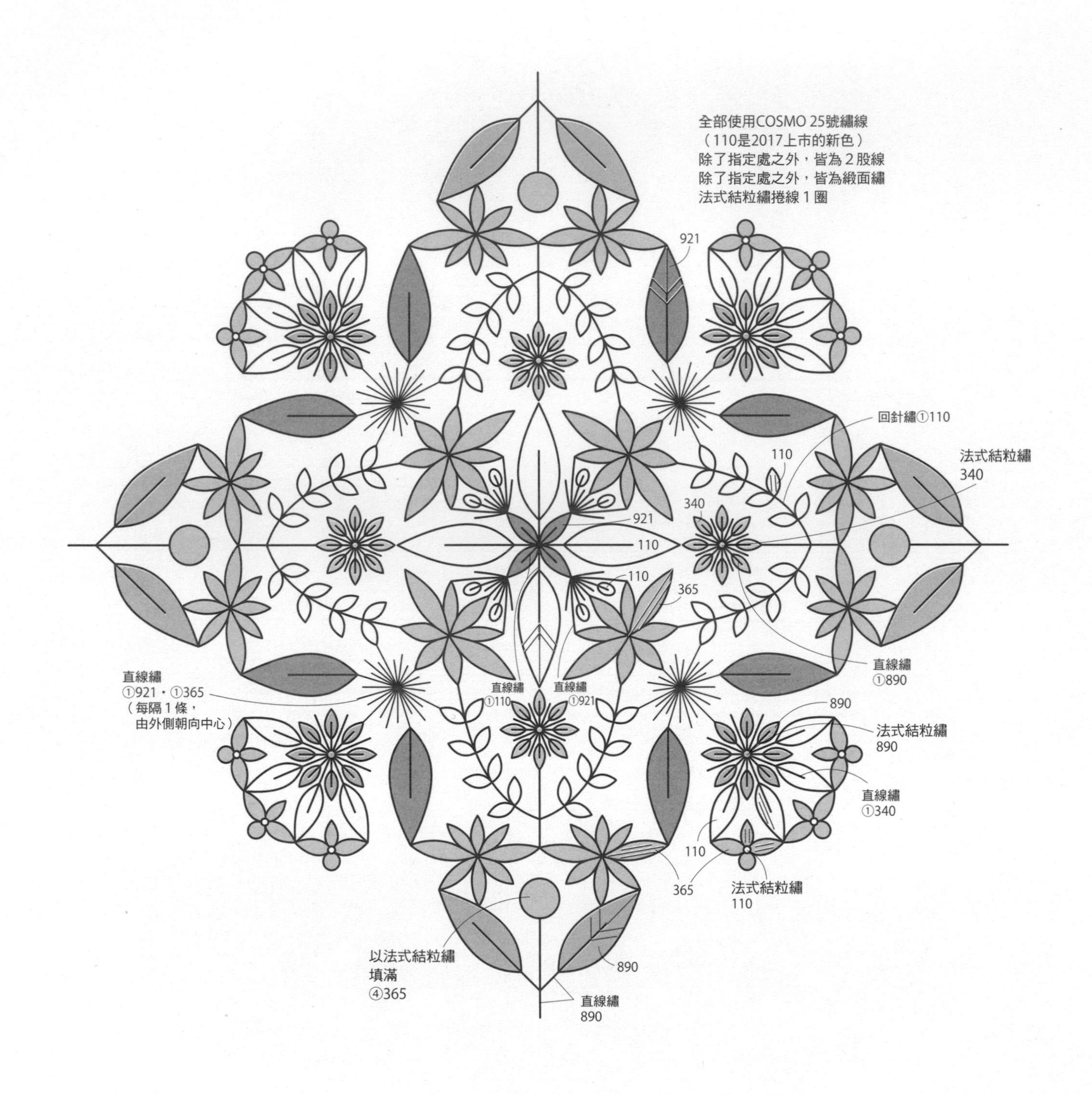

26・27 P.16

刺繡時間

原寸圖案

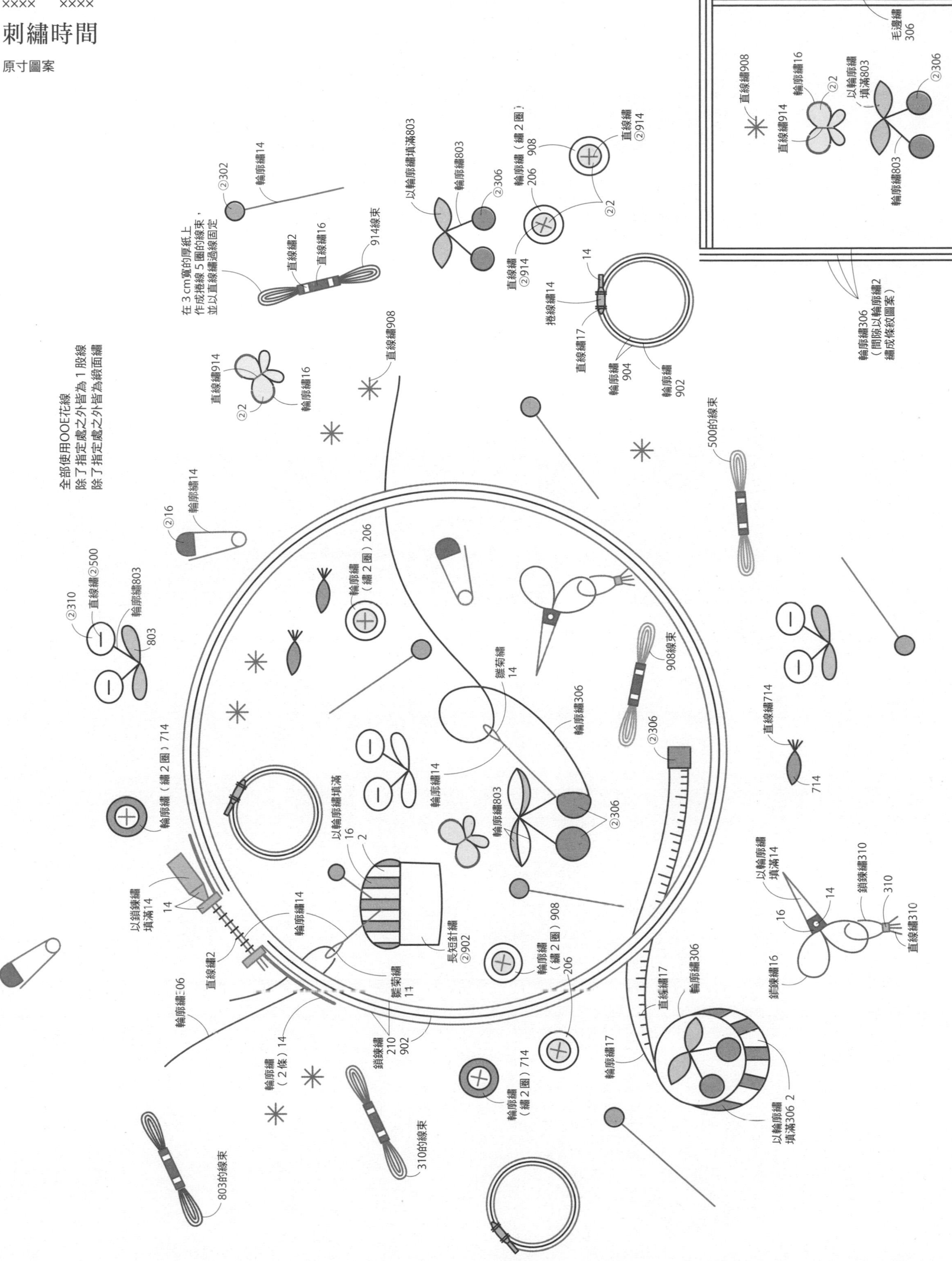

14・15 P.13
××××　××××

花與鳥手袋吊飾

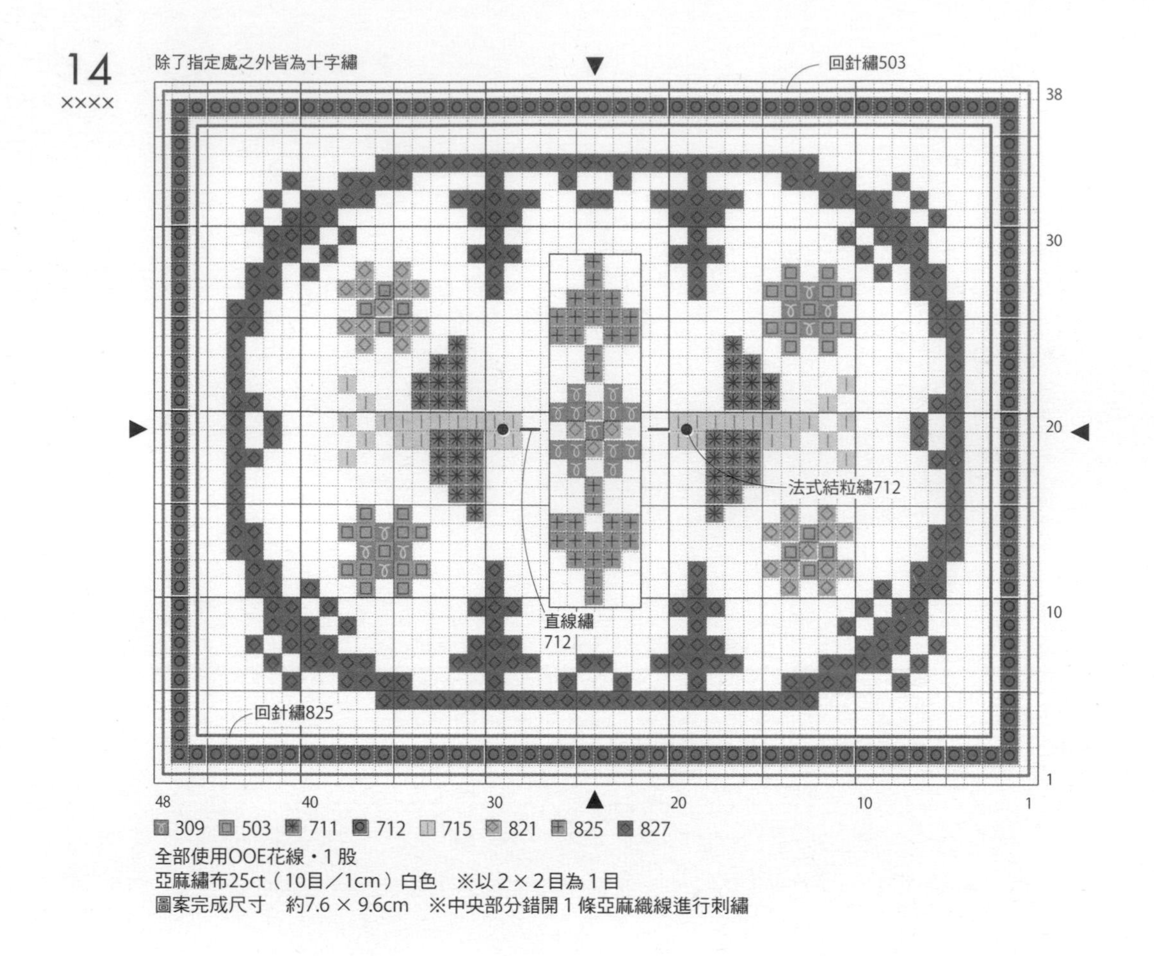

309　503　711　712　715　821　825　827

全部使用OOE花線・1股
亞麻繡布25ct（10目／1cm）白色　※以2×2目為1目
圖案完成尺寸　約7.6 × 9.6cm　※中央部分錯開1條亞麻纖線進行刺繡

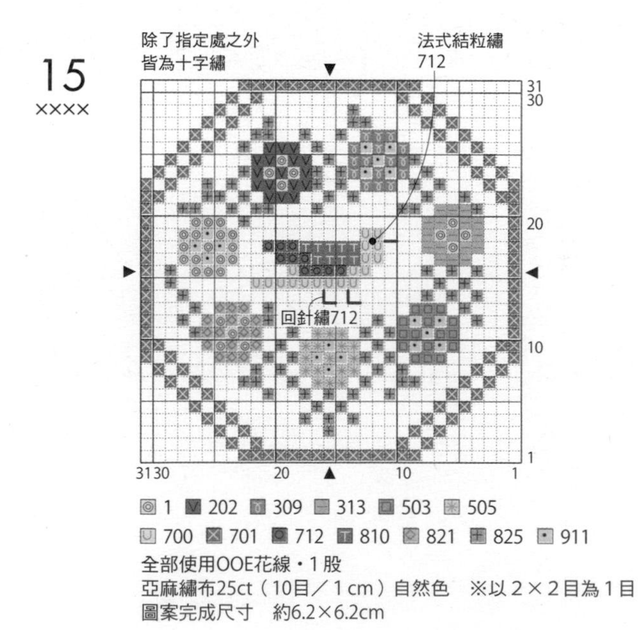

1　202　309　313　503　505
700　701　712　810　821　825　911

全部使用OOE花線・1股
亞麻繡布25ct（10目／1cm）自然色　※以2×2目為1目
圖案完成尺寸　約6.2×6.2cm

18～20 P.14

尋找青鳥收納盒・繡框磁鐵

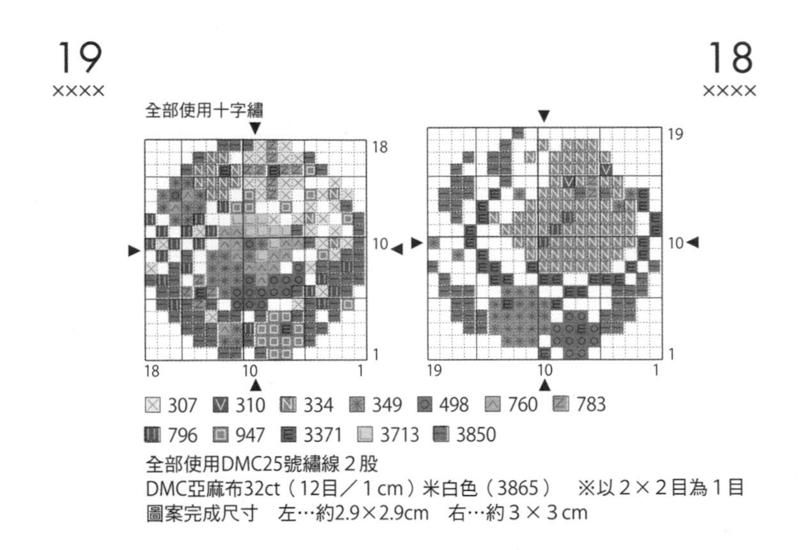

☒ 307 ▣ 310 ▣ 334 ▣ 349 ▣ 498 ▣ 760 ▣ 783
▣ 796 ▣ 947 ▣ 3371 ▢ 3713 ▣ 3850

全部使用DMC25號繡線２股
DMC亞麻布32ct（12目／1 cm）米白色（3865） ※以２×２目為１目
圖案完成尺寸 左…約2.9×2.9cm 右…約３×３cm

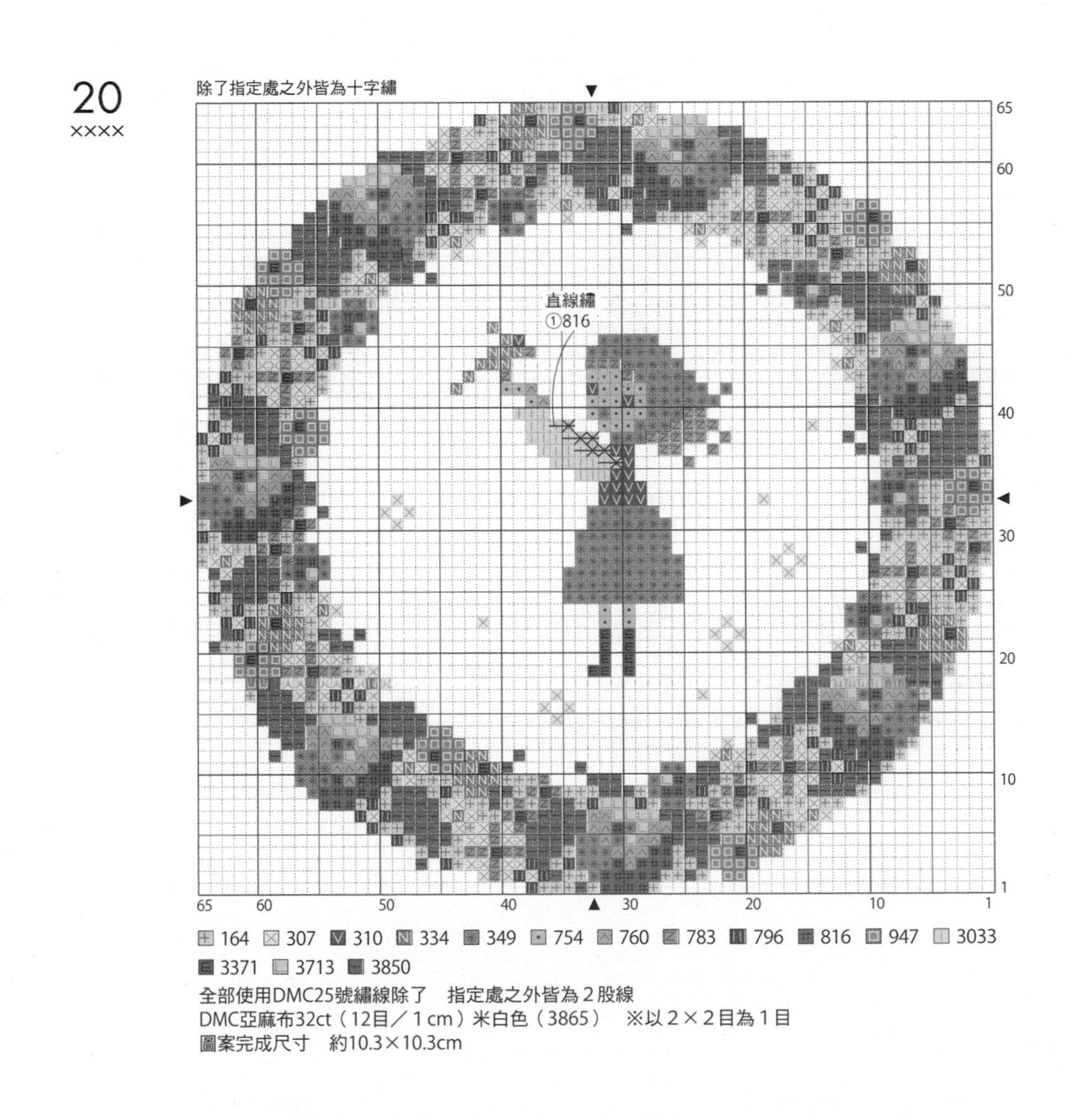

⊞ 164 ☒ 307 ▣ 310 ▣ 334 ▣ 349 ▣ 754 ▣ 760 ▣ 783 ▣ 796 ▣ 816 ▣ 947 ▢ 3033
▣ 3371 ▢ 3713 ▣ 3850

全部使用DMC25號繡線除了 指定處之外皆為２股線
DMC亞麻布32ct（12目／1 cm）米白色（3865） ※以２×２目為１目
圖案完成尺寸 約10.3×10.3cm

24・25 P.15

×××× ××××

木碗針插

原寸圖案

24

××××

全部使用COSMO25號繡線
（2301是2017年上市的新色）
除了指定處之外，皆為２股線
除了指定處之外，皆為釘線繡
（芯線與固定線同色）
使用COSMO No.650-2木碗
（直徑約６×高３cm）

以輪廓繡填滿
837

平針繡
①155

直線繡
①155

以輪廓繡
填滿
2307

サテンst.
①155

108
①以①固定

155
①以①固定

緞面繡
833

以輪廓繡填滿
1000

215
①以①固定

215・155
①以①固定

緞面繡
2301

法式結粒繡
（捲線２圈）
2301

縮縫位置

縫份１cm

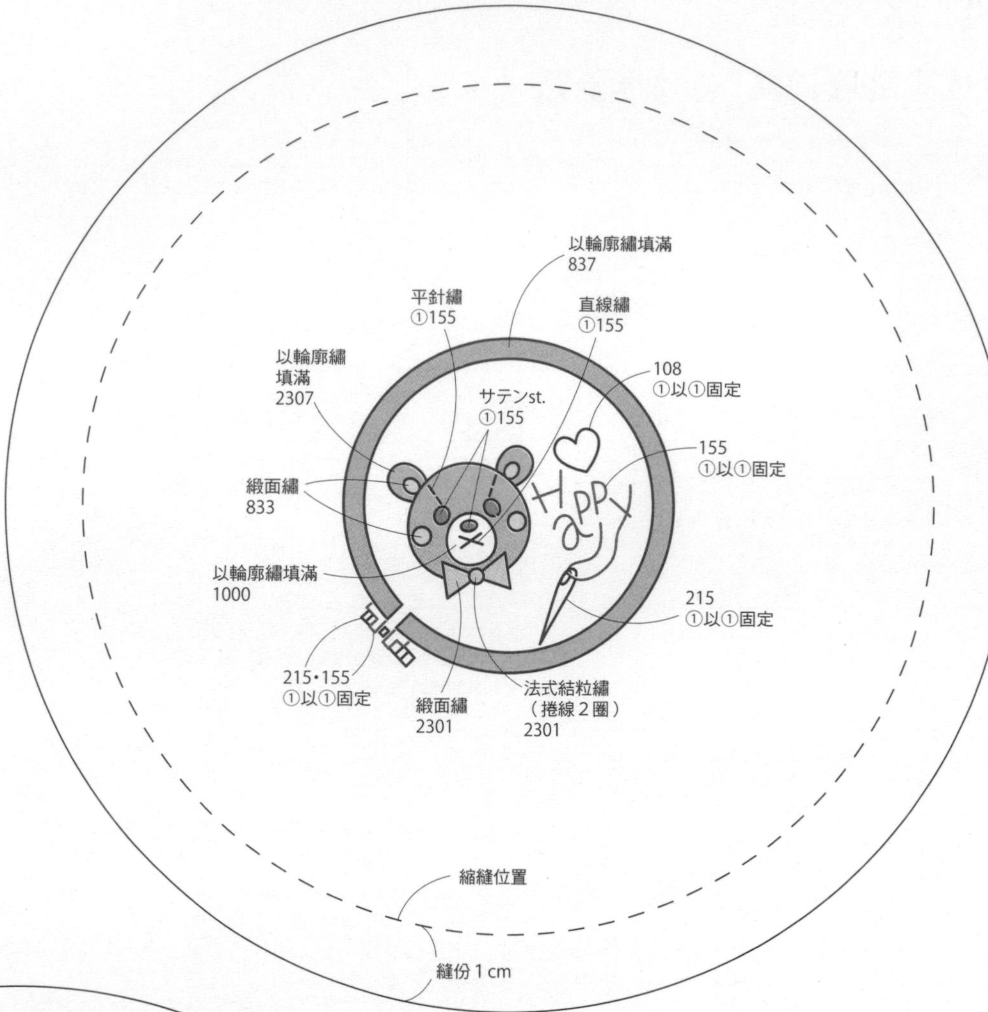

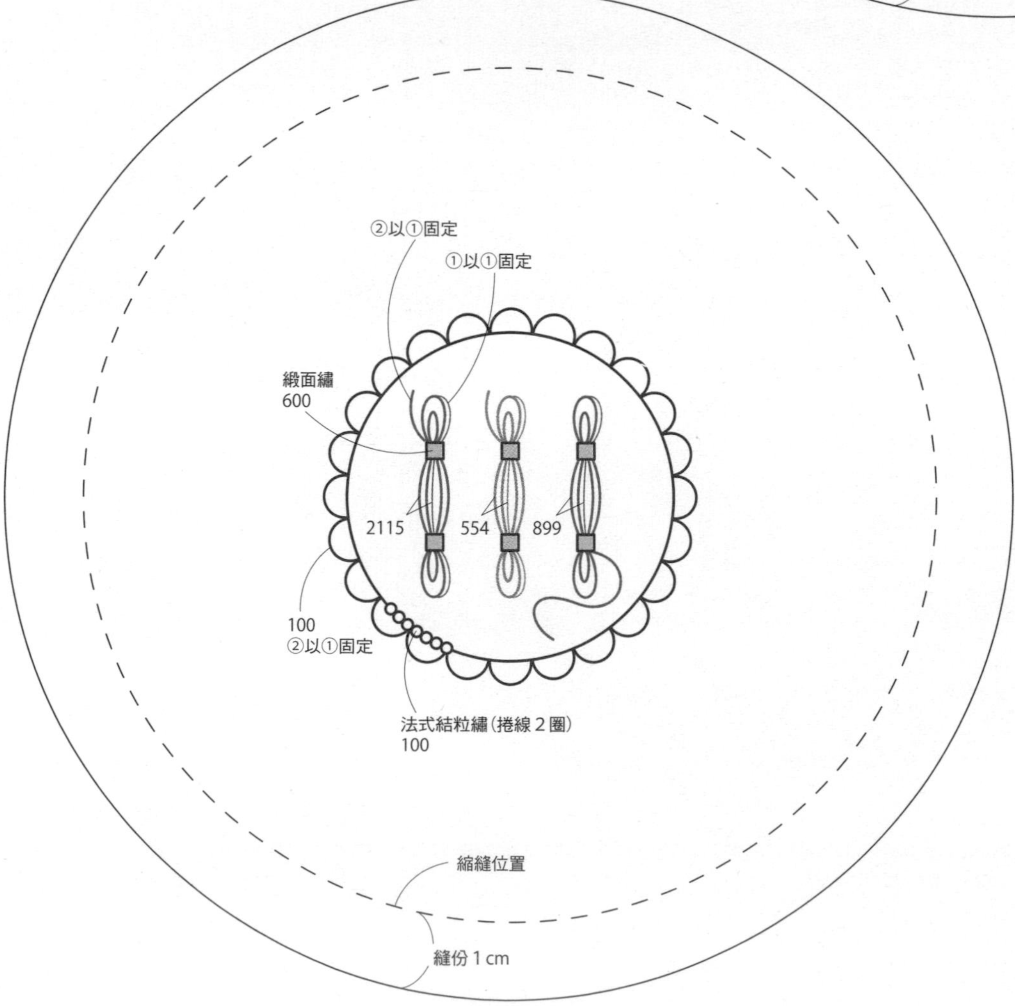

25

××××

全部使用COSMO25號繡線
除了指定處之外，皆為２股線
除了指定處之外，皆為釘線繡
（芯線與固定線同色）
使用COSMO木碗
（直徑約６×高３cm）

②以①固定

①以①固定

緞面繡
600

2115　554　899

100
②以①固定

法式結粒繡（捲線２圈）
100

縮縫位置

縫份１cm

31 P.24
××××

「騎鵝歷險記」瑞典GEFLE彩繪餐盤

原寸圖案

除了指定處之外，皆為DMC25號繡線・2股
A・F・E= Art Fiber Endo麻線・1條
除了指定處之外，皆為緞面繡
※房屋牆壁是鏤空貼布繡
（挖空底布，在下方重疊上白色配布）

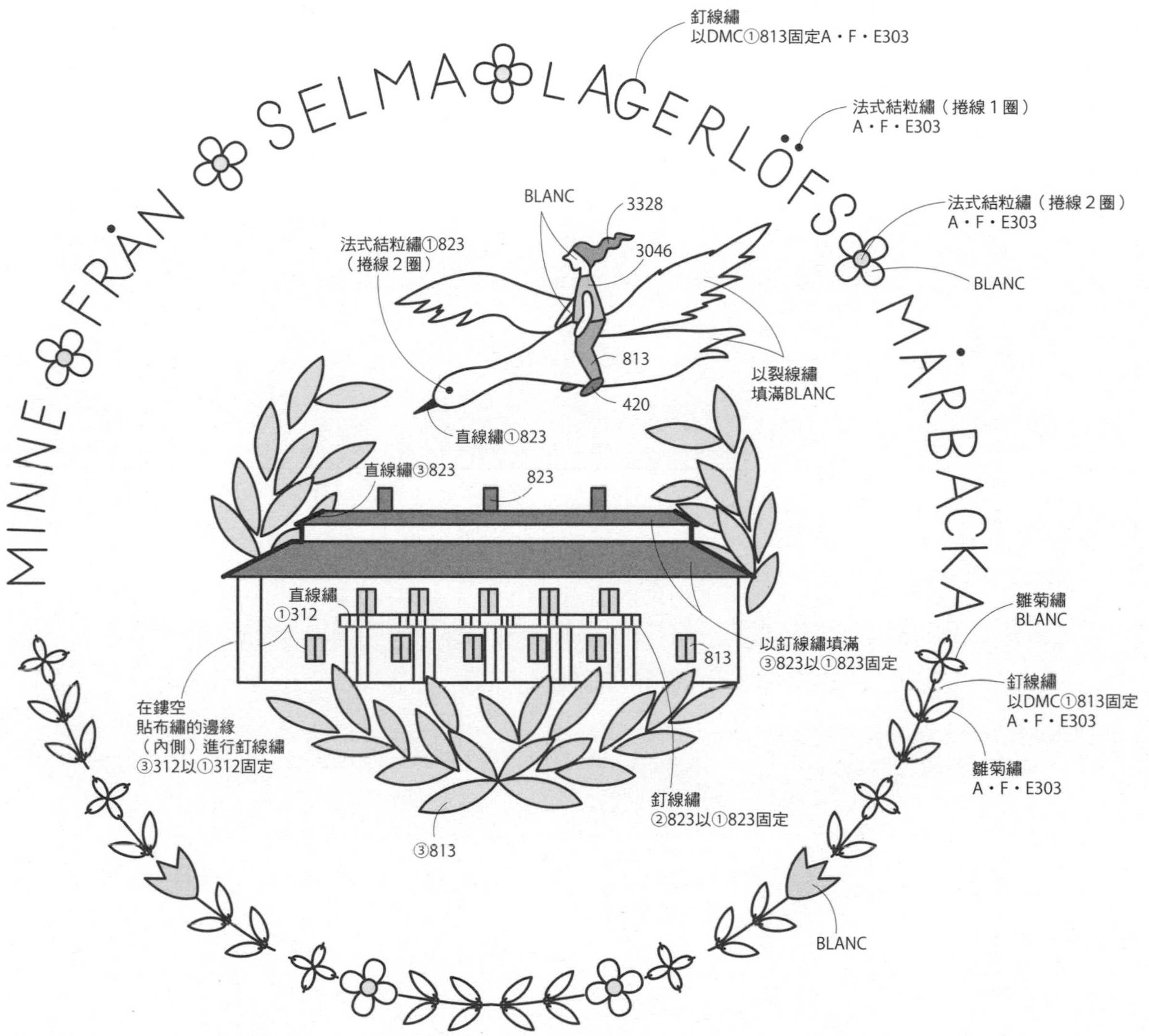

釘線繡
以DMC①813固定A・F・E303

法式結粒繡（捲線1圈）
A・F・E303

法式結粒繡（捲線2圈）
A・F・E303

BLANC

MINNE FRÅN SELMA LAGERLÖFS MÅRBACKA

BLANC
3328
3046
法式結粒繡①823
（捲線2圈）
813
420
以裂線繡
填滿BLANC
直線繡①823
直線繡③823
823
直線繡
①312
813
以釘線繡填滿
③823以①823固定
雛菊繡
BLANC
釘線繡
以DMC①813固定
A・F・E303
雛菊繡
A・F・E303
在鏤空
貼布繡的邊緣
（內側）進行釘線繡
③312以①312固定
釘線繡
②823以①823固定
③813
BLANC

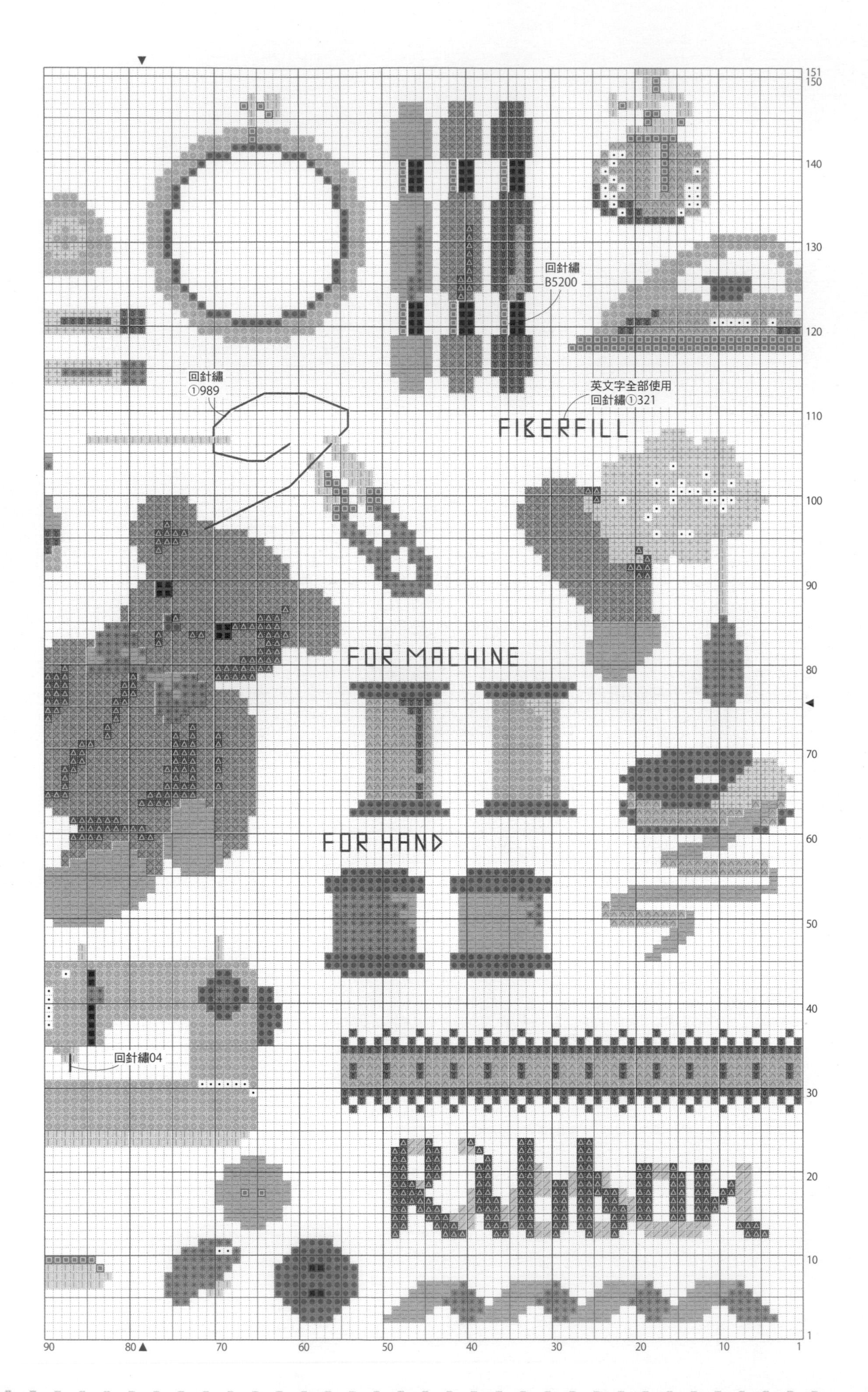
回針繡
B5200
回針繡
①989
英文字全部使用
回針繡①321
FIBERFILL
FOR MACHINE
FOR HAND
回針繡04
Ribbon
151
150
140
130
120
110
100
90
80
70
60
50
40
30
20
10
1
90
80
70
60
50
40
30
20
10
1

28 P.17

×××××

來作泰迪熊吧！

除了指定處之外皆為十字繡

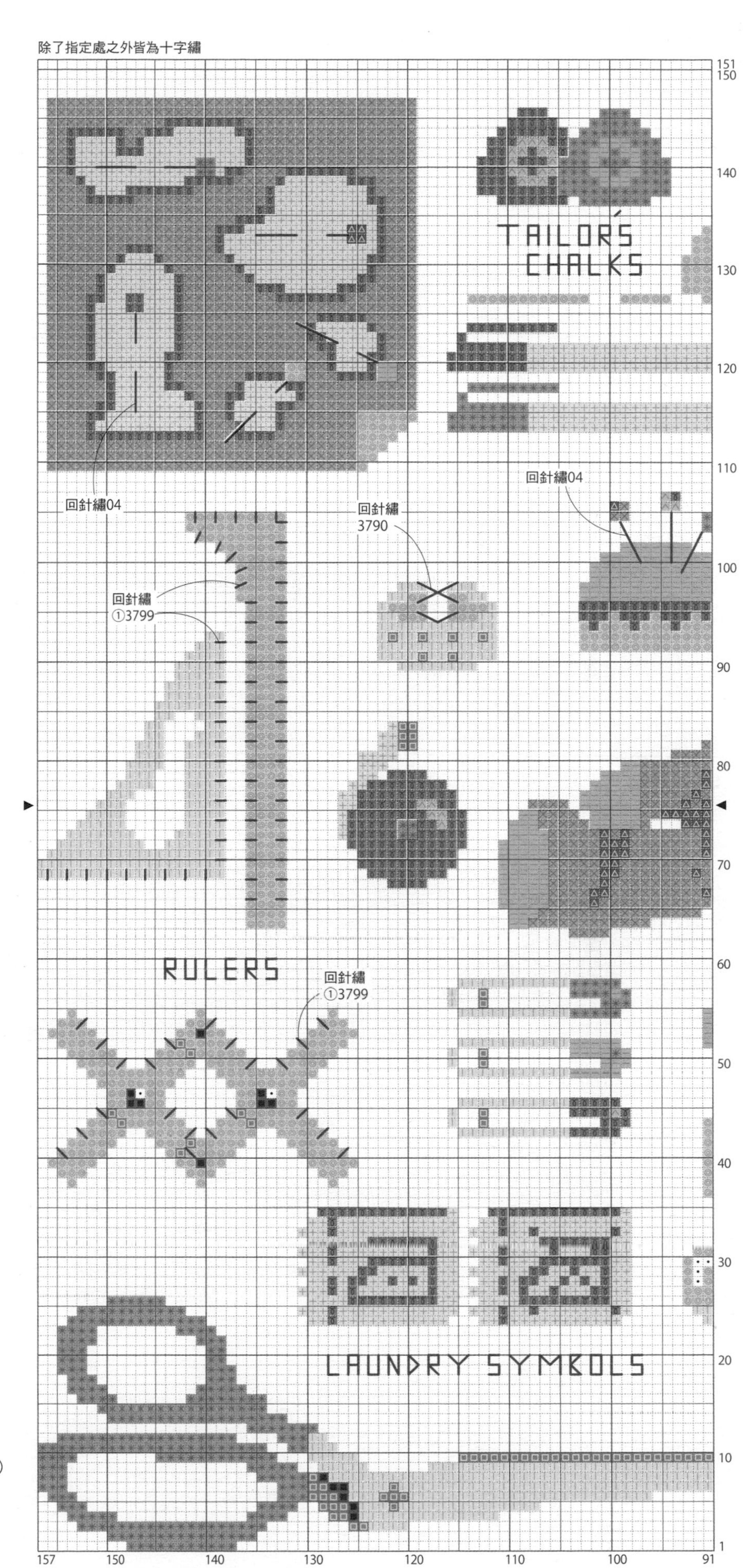

⊡ B5200 ▥ 02 ▣ 04 ◩ 162
▧ 164 ◪ 164（糸1本） ⊞ 822
◭ 989 ▩ 3688 ▤ 3689 ▦ 3755
◙ 3790 ■ 3799 ◎ 3821

全部使用DMC25號繡線（02・04是2017上市的新色）
除了指定處之外皆為2股
DMC32ct亞麻布（12目／1cm）米白色（3865）
※以2×2目為1目
圖案完成尺寸 約24×24.9cm

29 P.20

××××

春日歡樂會

除了指定處之外皆為十字繡

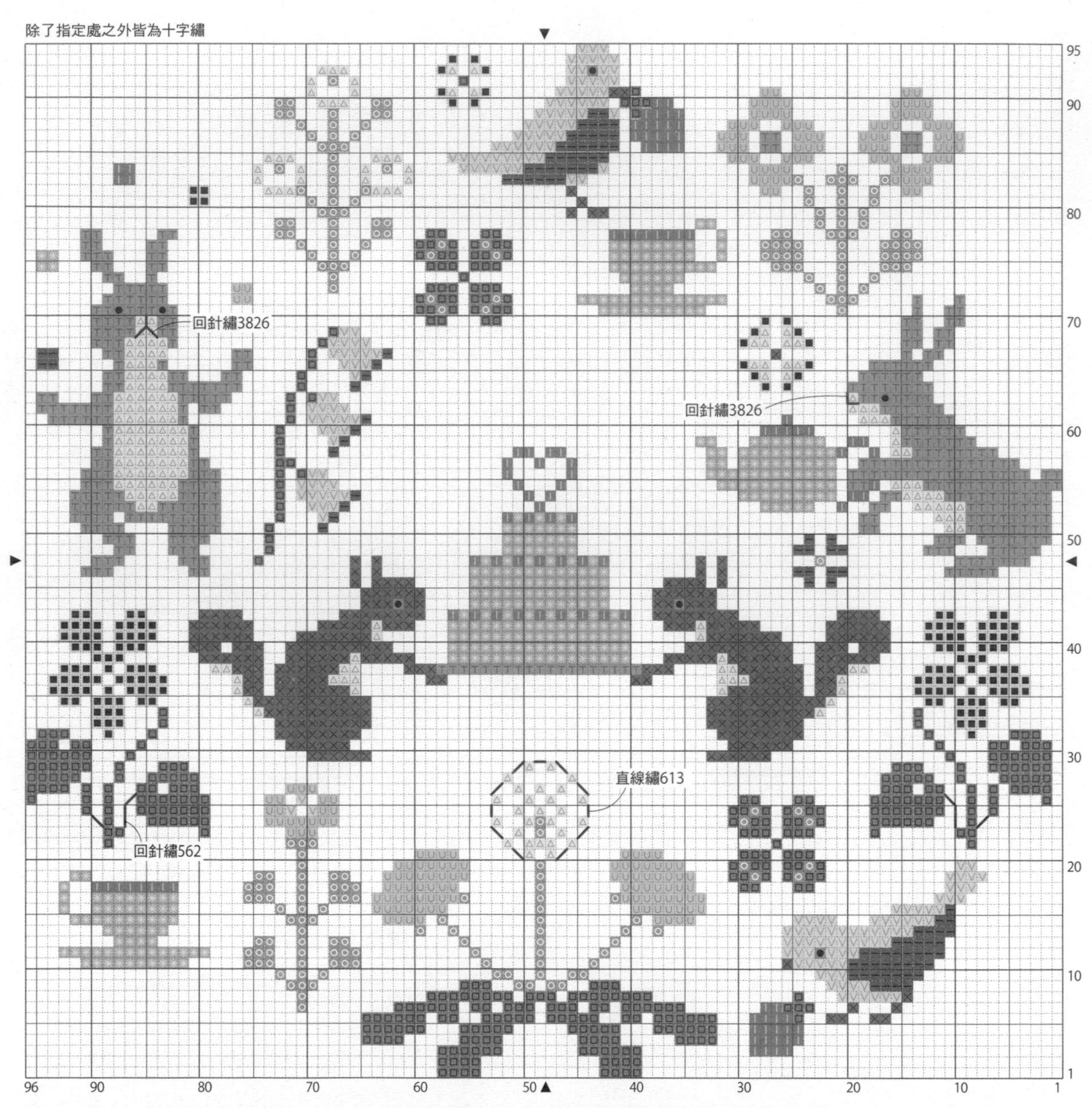

全部使用DMC25號繡線２股

DMCAida14ct（55目／10cm）米白色（712） 圖案完成尺寸 約17.3×17.5cm

30 P.21

夏日海邊

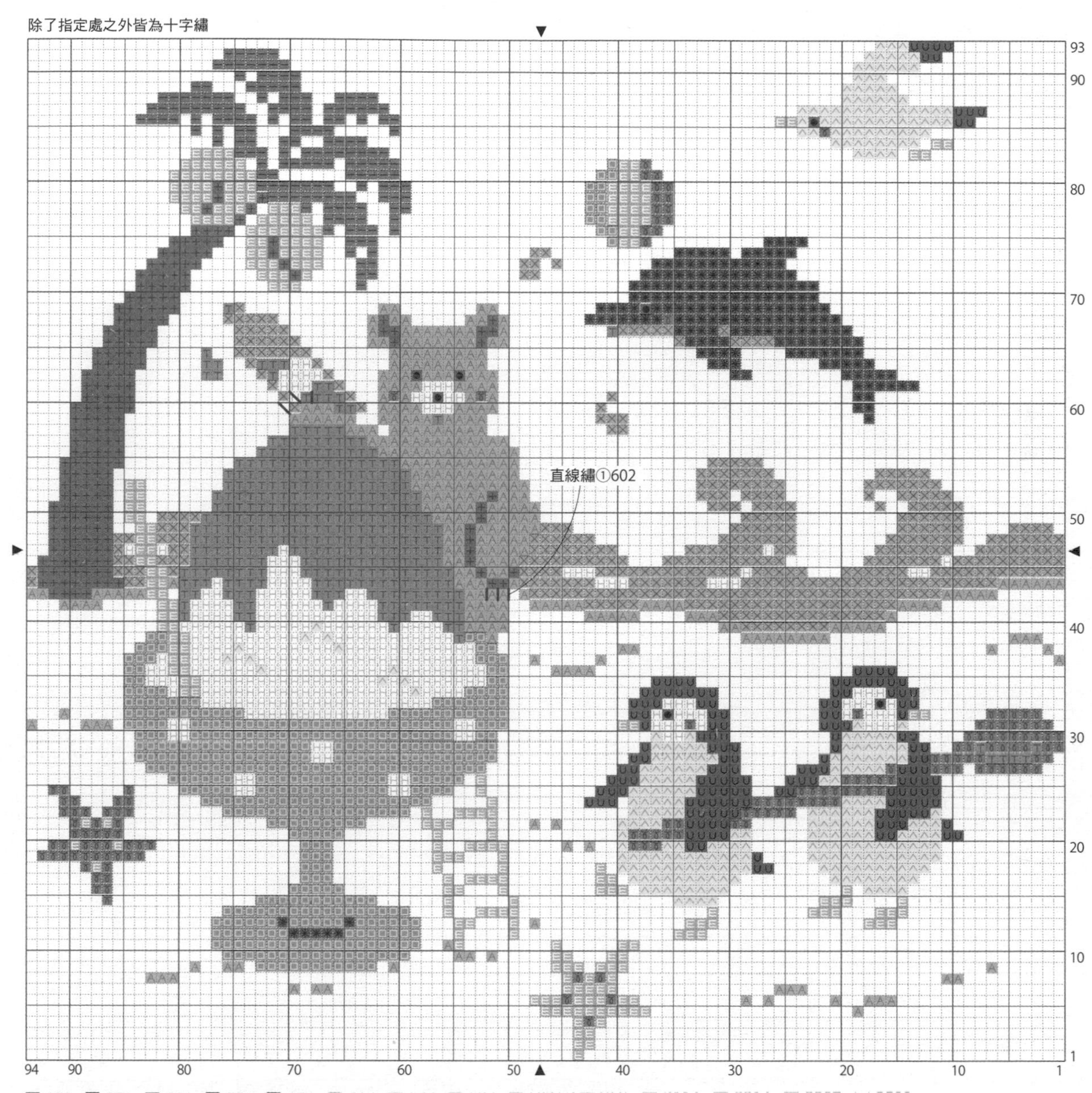

151 274 301 334 403 412 573 602 602（3本どり） 2114 2214 2307 2500

全部使用COSMO25號繡線（602是2017上市的新色） 除了指定處之外皆為２股線
COSMO Java Cloth55（14ct・55目／10cm）米白色（11）
圖案完成尺寸 約16.9×17.1cm

32

××××

全部使用COSMO繡線・1股
除了指定處之外皆為Seasons 5號線　ni=nishiki線（金蔥線）

毛邊繡
112

輪廓繡
112

緞面繡101

毛邊繡
101

輪廓繡
102

雛菊繡前端以
法式結粒繡固定102
（間隙以直線繡102填滿）

輪廓繡20

籃紋繡
103

輪廓繡103

緞面繡104

輪廓繡
104

十字魚骨繡111

回針繡111

輪廓繡111

緞面繡111

三重雛菊繡110

輪廓繡
110

籃紋繡的應用
（依照織目挑線）105

飛行繡107

輪廓繡
107

長短針繡
109

輪廓繡
109

以平針繡
填滿108

輪廓繡108

魚骨繡
106

輪廓繡
106

32・33 P.30

夏威夷樣本繡

原寸圖案

全部使用COSMO繡線・1股
除了指定處之外皆為Seasons 5號線・長短針繡

ni=nishiki線（金蔥線）・除了指定處之外皆為輪廓繡

33

50～53 P.45

繽紛壓克力杯墊

原寸圖案

全部使用COSMO 25號繡線（110是2017年上市的新色）
除了指定處之外，皆為2股線
除了指定處之外，皆為緞面繡
法式結粒繡全部繞線2圈
使用COSMO No.644杯墊（四角形・內徑約8.5cm）

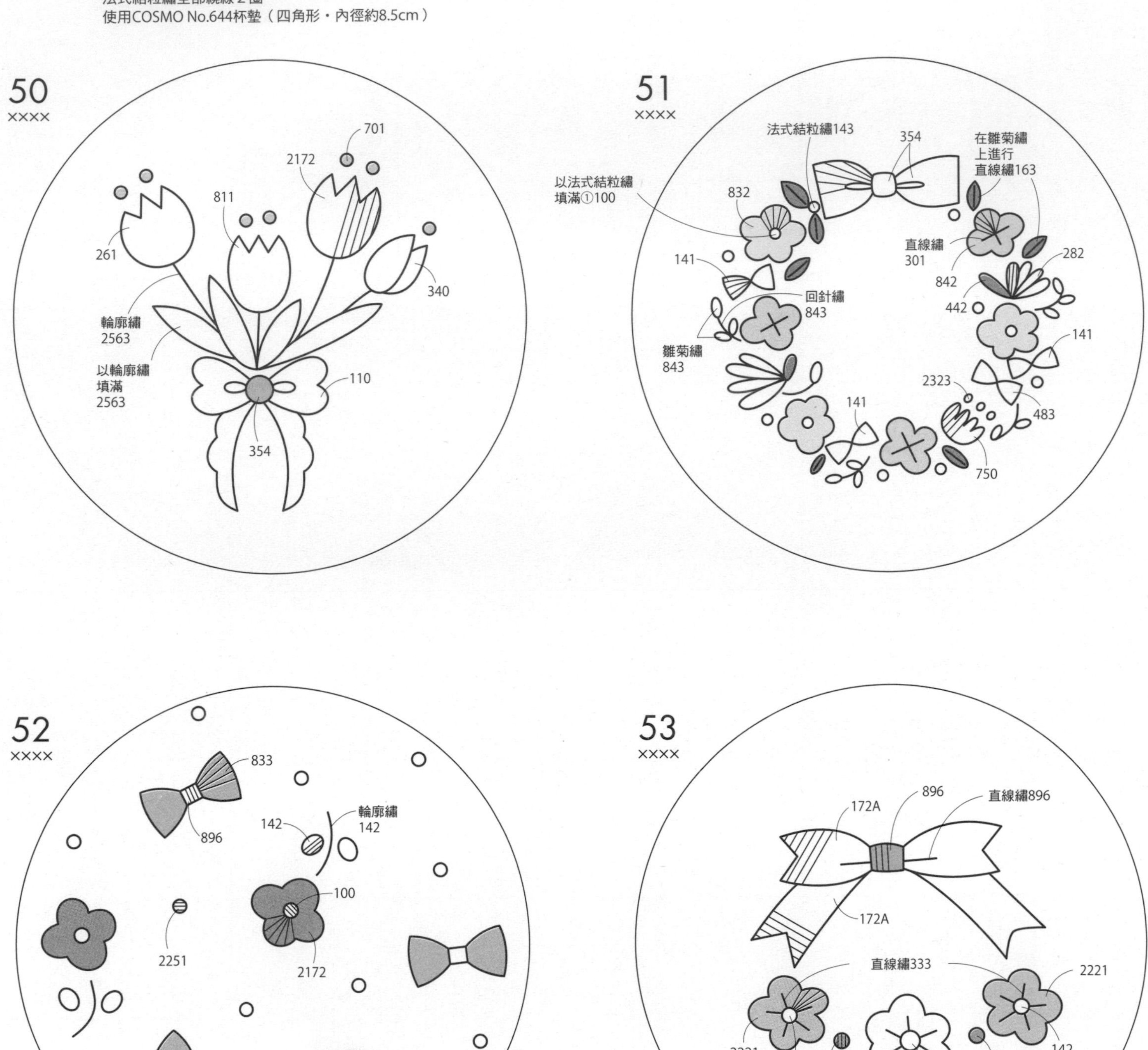

一定要學會の刺繡基礎&作法

準備材料&工具

針 → 2 請參考「關於繡針」

布 → 3 請參考「關於布料」

線 → 4 請參考「關於繡線」

剪刀

刺繡用的線剪與布剪是必要的工具，
製作時請選用尖端為細規格的線剪較為方便。

繡框

用來將布撐開的工具。如果是使用硬質的布刺繡，不使用繡框也可以，隨著圖案大小，框的尺寸需變換使用。

描圖工具 → 1 請參考「關於圖樣」

描圖紙、細字筆、勾邊筆或鐵筆（沒水的原子筆亦可）、手工藝專用複寫紙、珠針、玻璃紙
※製作十字繡時則不需要。

3 關於布

○布料的種類

十字繡	適合一邊數織目一邊製作刺繡的布　※（　）內為織目的算法

粗  十字繡用布　 平織布  細

Java Cloth

有規則性的方形格排列孔，可以讓針刺入，專門用作十字繡的布。織目較粗容易計算，初學者可安心使用。
（粗目・中目・細目）

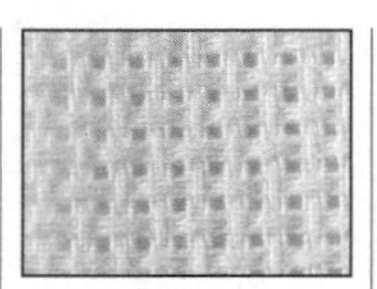

Aida

與Java Cloth的織法不同，請依個人喜好使用，還有Indian Cloth等種類。
（○ct・○目／10cm）

Congress

將經線與緯線有規則地織成的布，織線較粗，容易計算織目。還有Etamin等種類。
（○目／10cm）

刺繡用亞麻布

因為繡線的粗細平均，選擇時請挑選在一定面積內經緯織線數目相同者較為適當。
（○ct・○目／1cm）

布目規格表

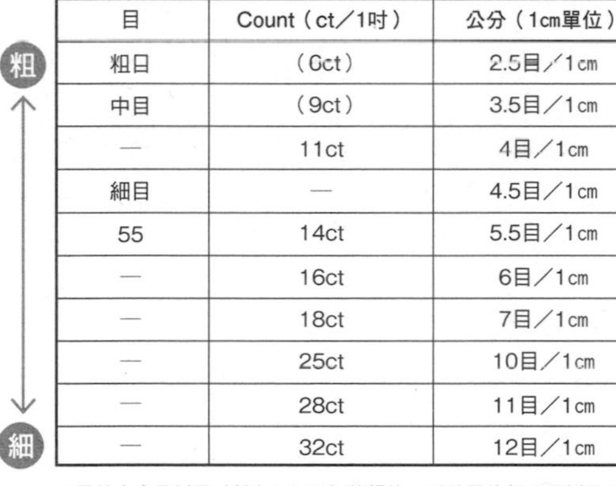

目	Count（ct／1吋）	公分（1cm單位）	公分（10cm單位）
粗日	（6ct）	2.5目／1cm	25目／10cm
中目	（9ct）	3.5目／1cm	35目／10cm
—	11ct	4目／1cm	40目／10cm
細目	—	4.5目／1cm	45目／10cm
55	14ct	5.5目／1cm	55目／10cm
—	16ct	6目／1cm	60目／10cm
—	18ct	7目／1cm	70目／10cm
—	25ct	10目／1cm	100目／10cm
—	28ct	11目／1cm	110目／10cm
—	32ct	12目／1cm	120目／10cm

（粗 ↕ 細）

※目的大小是採用（株）LECIEN的規格，吋的單位部分是採用DMC（株）的規格。
依據品牌的不同，布的名稱或目數也會有所差異，買布的時候請向店家確認。

如果遇到這種情況…想製作十字繡，布目卻無法計算時，可利用可拆式轉繡網布。

法國刺繡	基本上，許多布都可以製作。建議使用織目緊密的薄平織麻布，較為容易製作刺繡。絨布質地或太厚的布料，以及有彈性的布料、刷毛的布料都不適合刺繡。

○布的直橫・正反

為防止作品變形，請以直布紋的方向製作。購買時若附有布邊，則布邊的方向為直布紋；如果沒有布邊，請以直橫方向拉拉看，無法伸縮的方向就是直布紋。在素色的平織布上進行刺繡，不用特意在意布的正反面。

有布邊

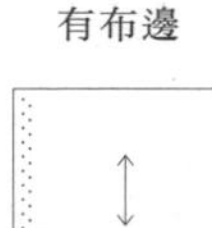

沒有布邊

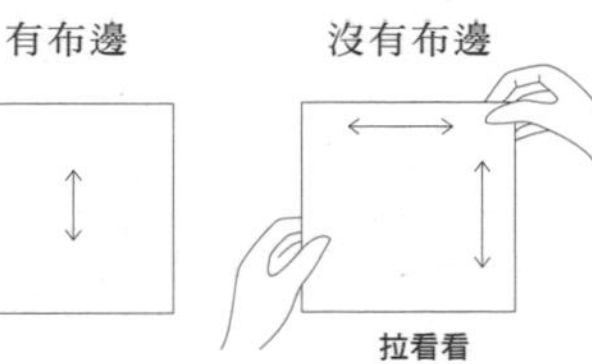

1 刺繡的開始&結束

縱向藏線時

橫向藏線時

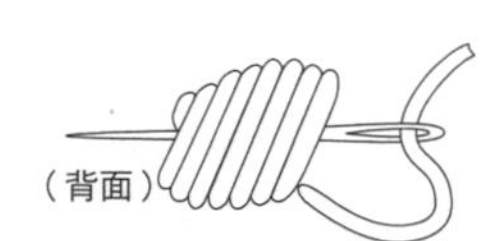

基本上，刺繡不打結。開始刺繡時，要先預留繡針兩倍長的線段，刺繡結束後，再將針線穿過背面針目的下方進行處理。刺繡結束後也一樣不打結，依圖示方法處理。若是覺得困難也可以打結，但必須先在背面將線穿好後再剪斷，最好能學會讓背面看起來也漂亮的正確方法。

2 關於繡針

○針の種類

雖然想一次備齊，但最先需具備的是十字繡針與法國刺繡針。各有不同的用途。

十字繡針

針頭經加工呈圓形，用於十字繡等這類粗平織布的刺繡。在製作法國刺繡失敗，必須拆線時，使用十字繡針處理便不易破壞繡線。

法國刺繡針

針頭尖，製作法國刺繡時使用。

還有其他種類喔！	如緞帶刺繡針或瑞典刺繡針，根據用途或品牌的不同，種類也非常多樣，請多試試，並從中找出喜愛的針。

○繡針的號數&繡線的股數

圖表為參考基準。根據布料的厚薄也會影響刺繡的難易，實際繡繡看，再選擇自己覺得順手的針。

繡針		繡線	
法國刺繡針	十字繡針	25號繡線	花繡線
3號	19號	6股	3股（亞麻布18ct）
3・4號	19・20號	5・6股	
5・6號	21號	4股	2股（亞麻布25ct）
	22號	3股	
7～10號	23號	2股	—
	24號	1股	1股

※繡針號數採CLOVER（株）之規格，品牌不同，針孔大小也會有所差異。
※花線通常以布目的大小選擇針。

基礎指導＝公益財團法人　日本手芸普及協会

BASICS 刺繡基礎

※作法圖中有關尺寸的數字，無特別說明則替為cm。

1 關於圖案

共用部分 | 本書圖案記號的意義　※○內的數字代表繡線的股數

品牌名・線的粗細編號
全部使用DMC25號繡線
除了指定處之外，皆使用兩股・緞面繡
繡線股數

直線繡 ①926
繡線股數
3747
745
繡線色號（隨著品牌不同，相同色號的繡線顏色也會有所差異）
直線繡 ①928
法國結粒繡 3765

十字繡

十字繡不需要描圖。圖案是以不同顏色作記號區分，一格以一目計算。織目較粗的布（如十字繡用布等）以一織目為一目；織目較細的布（如亞麻布）則是以經緯線2×2股（目）當作一目刺繡。

圖案

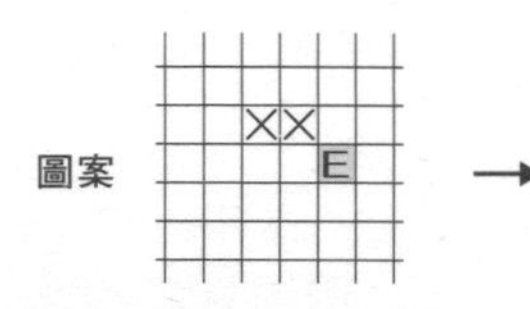

→

十字繡用布

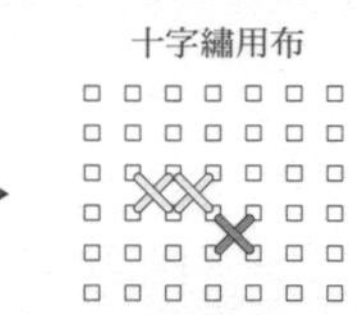

亞麻布

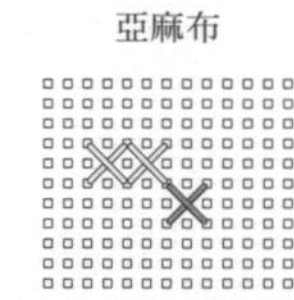

〈使用亞麻布製作十字繡時，將2×2目作為一目的記號〉

1 over 1（全針繡）

1／4格份大小的記號，
表示以亞麻布1×1為一目計算。

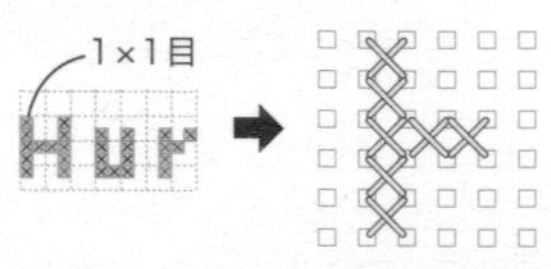

3/4 Stitch（3／4針繡）

在／與＼之間，每一個十字繡的其中一線皆是以2×2目的中心為入針處，為一單位作3／4繡。

〈十字繡完成尺寸〉

根據布目的大小，十字繡成品的尺寸也會有所不同，如果以手邊現有的布來刺繡，請先計算過成品尺寸以確認布料是否足夠。

刺繡作品完成尺寸的算法

使用織目為「○目／10cm」的布料時
刺繡成品尺寸的算法（cm）＝圖案的目數÷○目x10cm

使用「○ct」的布料時
刺繡成品尺寸的算法（cm）＝圖案的目數÷○ctx2.54cm

※繡布及繡線在刺繡實際完成後，因為變形等因素其大小也會有所不同。

小巾刺繡・挪威抽紗繡・直線繡

將圖案的方格視作織線。
進行刺繡時，
請確認跨過的織線數目。

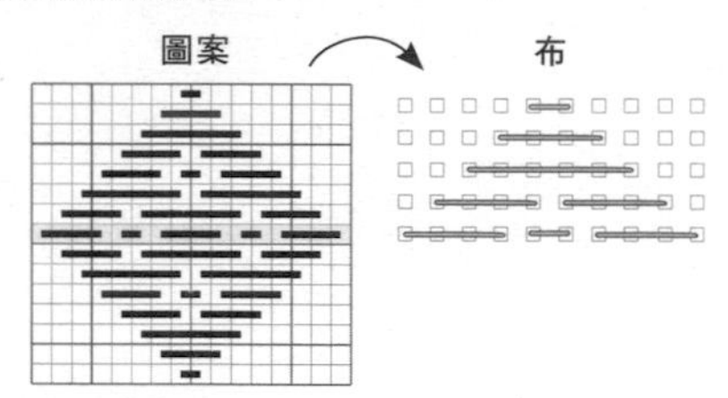

法國刺繡 | 在繡布描上圖案，沿著圖案線條刺繡。

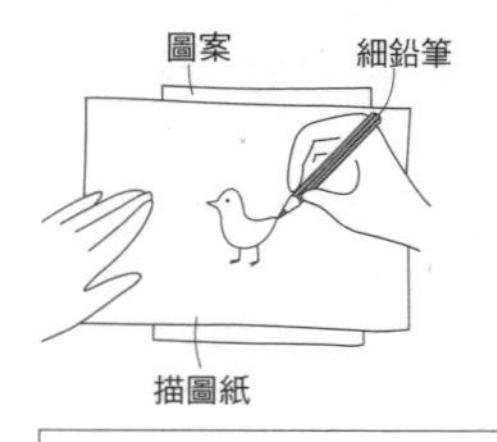

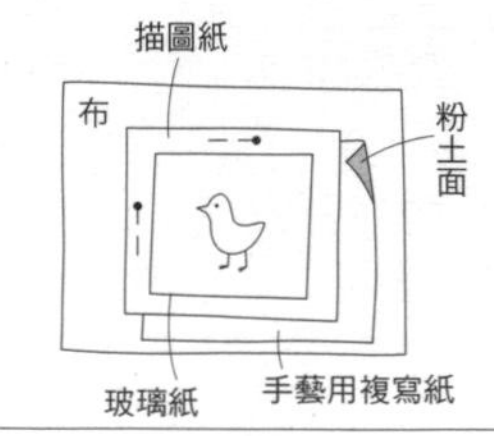

1.在圖案上放置描圖紙，以細鉛筆描繪圖案。
2.在布料上方將描圖紙以珠針固定，中間夾入手藝用複寫紙。最上方放玻璃紙，以手藝用鐵筆描出圖案。

Point

・描繪圖案前先噴水，再以熨斗整燙布紋。
・圖案沿著經線、緯線配置。
・中途不要翻動，一次畫完。
・若是描圖的顏色過深會把布弄髒或殘留痕跡，顏色太淺記號則可能會在中途消失。請先在不醒目的布邊試畫，找出剛剛好的筆觸力道。
・請以最簡略的方式描繪圖案，避免露出記號或殘留痕跡。

4 關於繡線

○繡線種類

25號繡線是最常被使用的。以一束＝一捲計算，一般來說，一捲的長度是八公尺。依據Anchor、Olympus、COSMO、DMC等品牌的不同，繡線色號也不同。
花線是100%純棉無光澤的繡線，入手稍困難，可以25號繡線兩股為基準來代替使用（隨品牌不同粗細多多少少有所差異），質樸又有深度的自然色系十分受到歡迎。

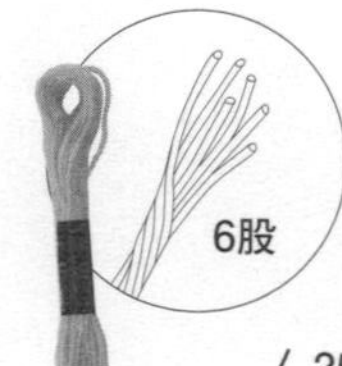

〈25號繡線〉

從一捲繡線抽出來之後，為六股繡線纏繞的狀態。將繡線每條以一股計算，按圖案標示的「○股」指示，抽出需要的股數使用。

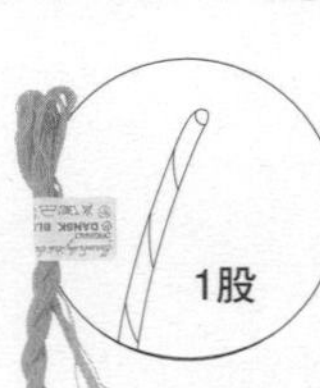

〈花線・5號繡線・8號繡線〉

從一捲繡線抽出就是一股，繡線的粗細為數字越小，繡線就越粗。其他像是à broder或金蔥繡線，除了25號繡線之外，基本上都是以相同的方式計算。

5 25號繡線的處理方式

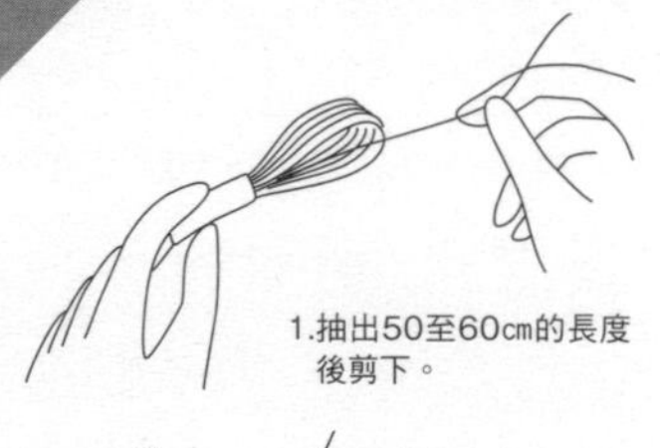

1.抽出50至60cm的長度後剪下。

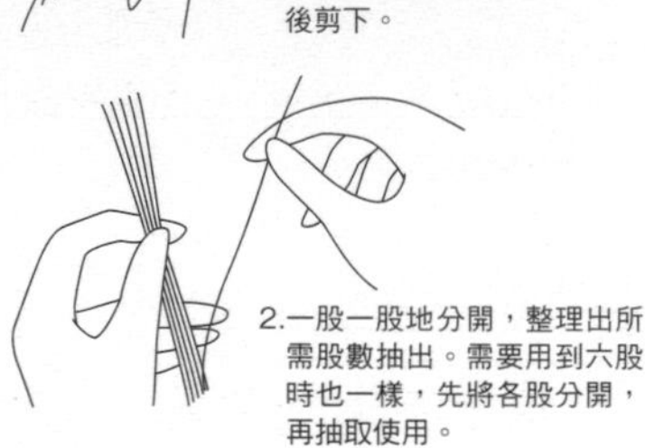

2.一股一股地分開，整理出所需股數抽出。需要用到六股時也一樣，先將各股分開，再抽取使用。

Point

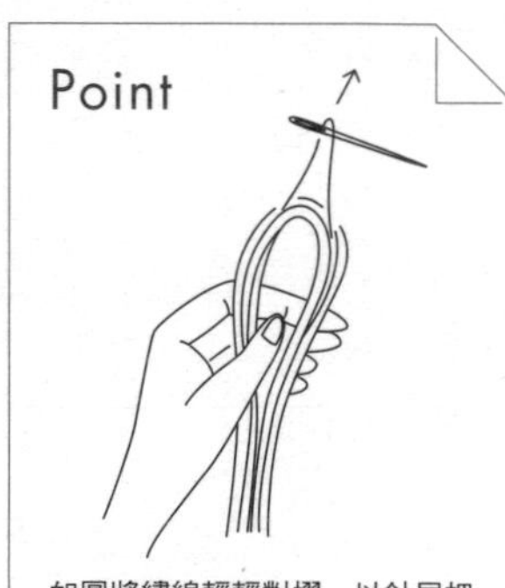

如圖將繡線輕輕對摺，以針尾把要使用的繡線一股一股地挑起，比較不會纏在一起。

6 關於整燙

掌握整燙的方法，作品美感可瞬間加分，
請注意力道，避免破壞刺繡的立體感。

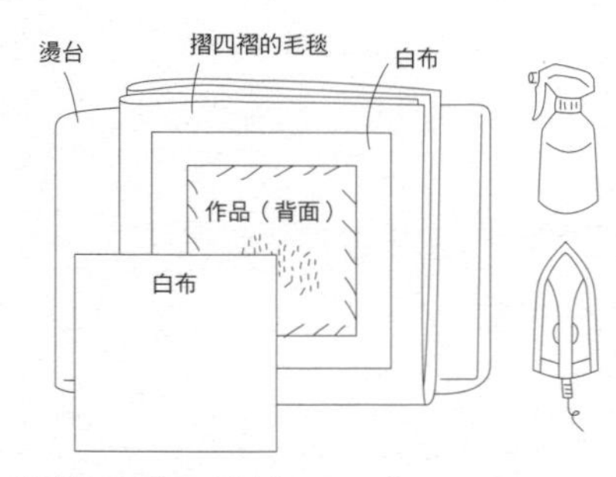

準備工具＆材料

熨斗（使用乾式）／燙台／噴水器／
毛毯（可以毛巾代替）／乾淨的白布兩條

1.依照圖示順序疊上，從作品背面噴水。
2.將白布覆蓋在作品上，注意熨燙時不要使作品變形。
3.使用熨斗的前端，熨燙刺繡品周圍。
4.將作品翻回正面，以白布覆蓋後，再輕輕熨燙。

Point

・要在圖案線消失後熨燙，有的手藝用複寫紙或描圖筆，屬於遇熱則痕跡無法消除的類型，需特別注意。
・要裝框等需要平整的作品時，可從作品背面噴上熨燙專用的膠。
・不要直接熨燙作品，蓋上白布可防止作品燒焦。
・有的繡線遇熱會褪色，請注意。

刺繡作品簡易裱裝法

裱框

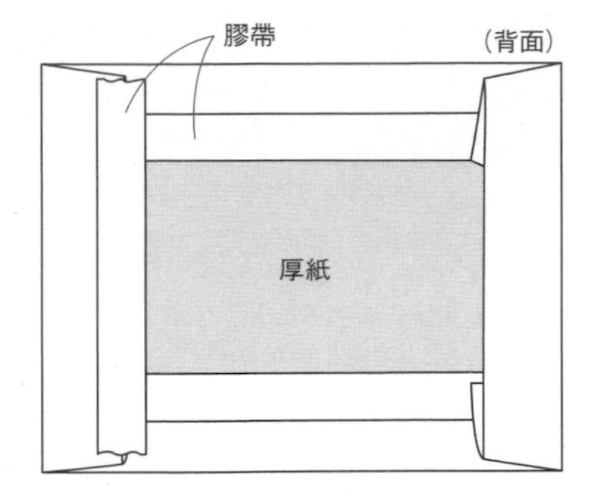

1 作品熨燙整理後，從正面確認是否放正，在背面以膠帶固定。將整個作品翻至背面，摺起四邊拉緊撐起作品後，布邊以膠帶固定。

2 以上圖的順序裝訂，依照喜好在玻璃與刺繡作品間放入無光澤紙，不放玻璃也ok！

Point

- 熨燙作品時應從布的背面熨燙，使用熨燙用噴霧膠效果更佳。
- 從背面固定時，以上下→左右的順序固定較不易移位。

刺繡框畫

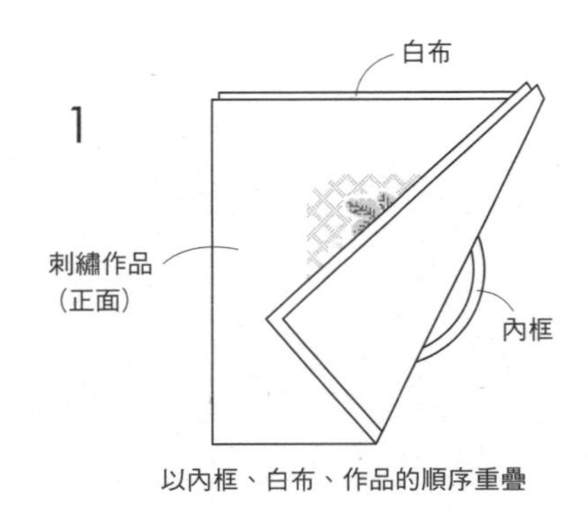

以內框、白布、作品的順序重疊

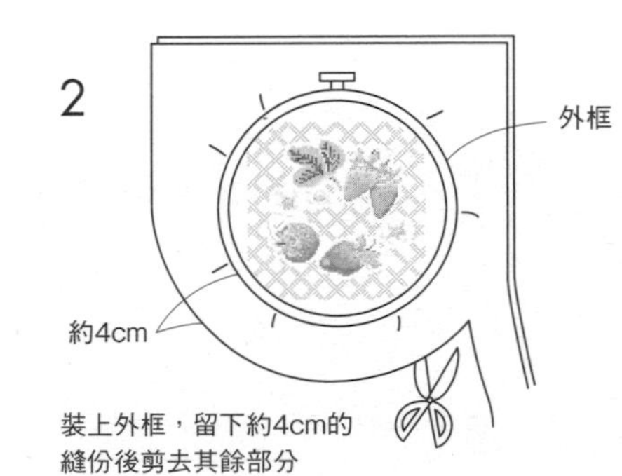

裝上外框，留下約4cm的縫份後剪去其餘部分

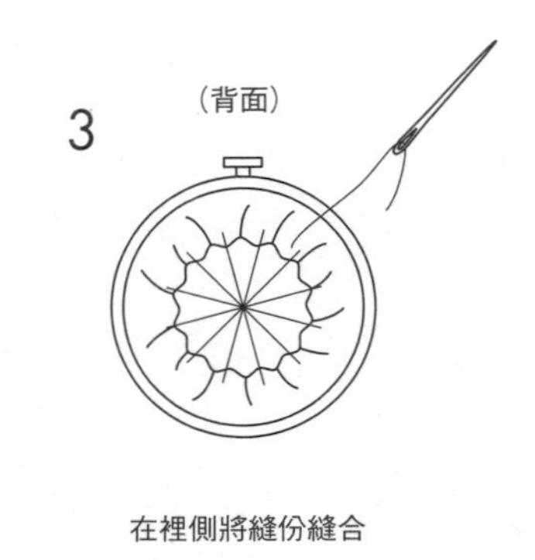

在裡側將縫份縫合

版裝

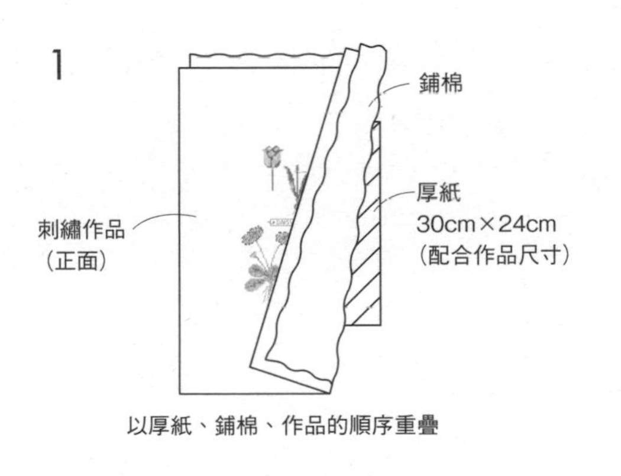

以厚紙、鋪棉、作品的順序重疊

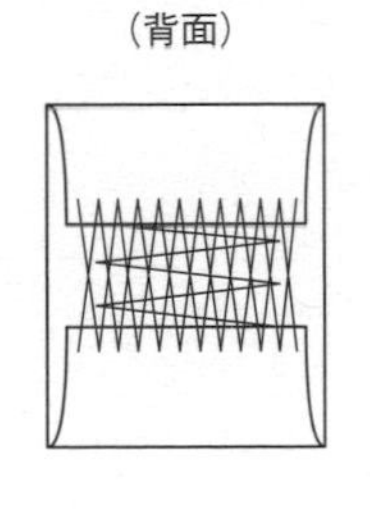

包起厚紙在背面縫合

長條亞麻繡布掛軸・繡帷

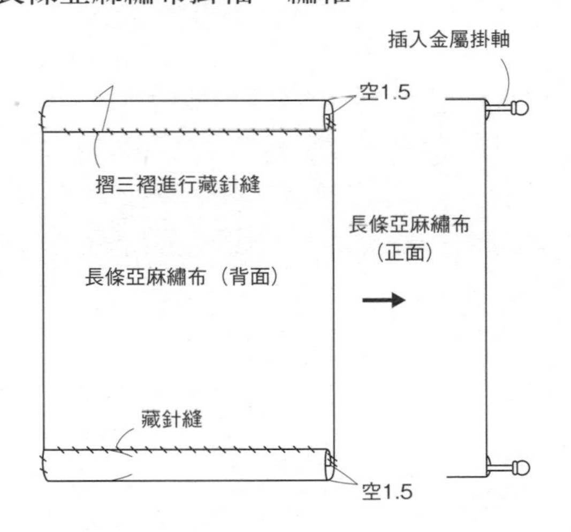

流蘇作法

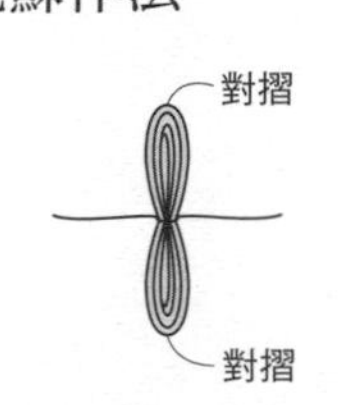

1 將繡線捲成一束，中間以別條線綁緊，並繞至另一端再打一次結。

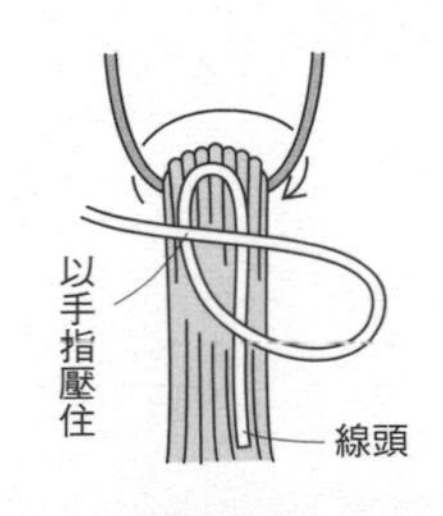

2 將繡線穿過作為掛繩的線並對摺，將打結處藏起來。

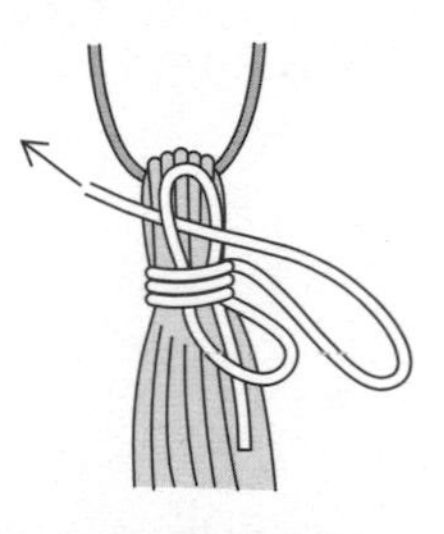

3 取另一條線作一個圓圈，緊緊地繞4至5圈。

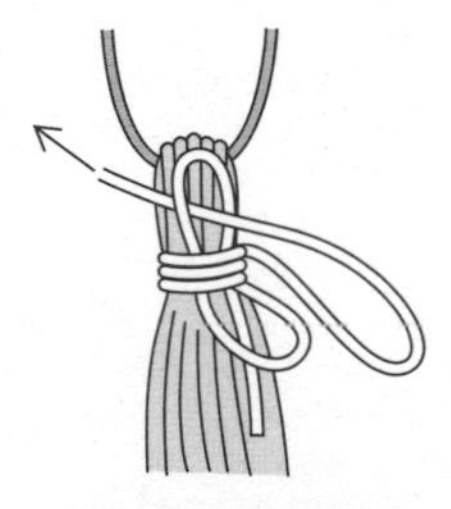

4 從圓圈上方穿過線頭。

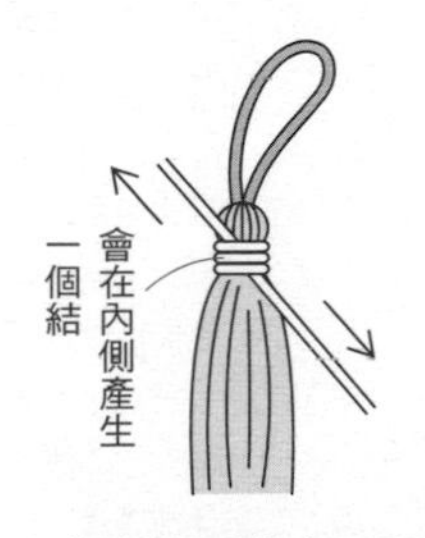

5 將線的兩端往上下反向拉後，儘量將兩側線頭剪短。

6 修剪成想要的長度。

本書介紹的繡法

直線繡
Straight Stitch

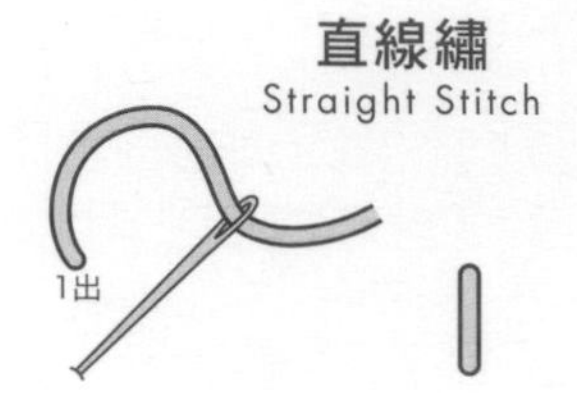

釘線繡
Couching Stitch

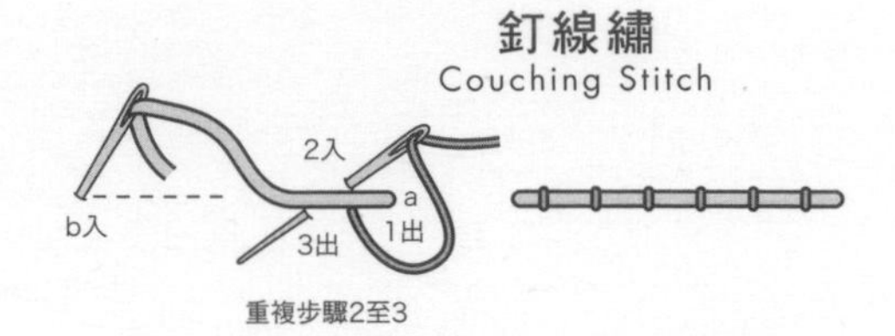

輪廓繡
Outline Stitch

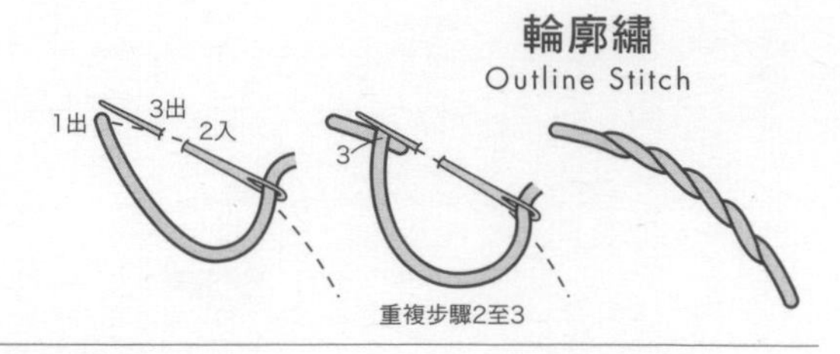

平針繡
Running Stitch

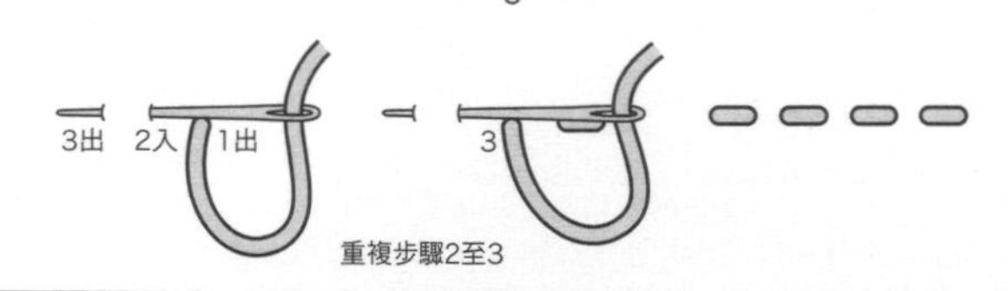

回針繡
Back Stitch

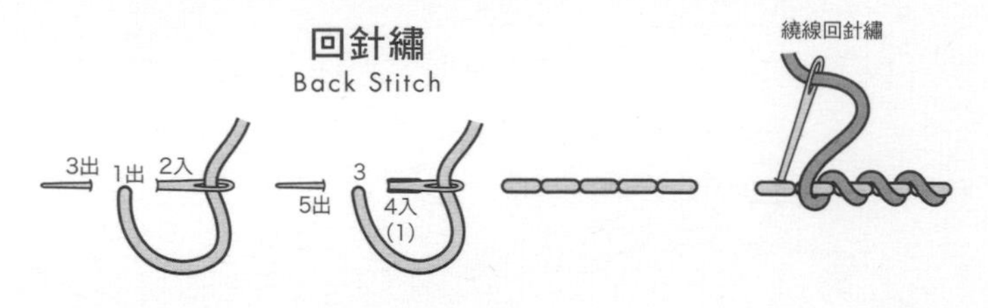

雙面繡
Holbein Stitch

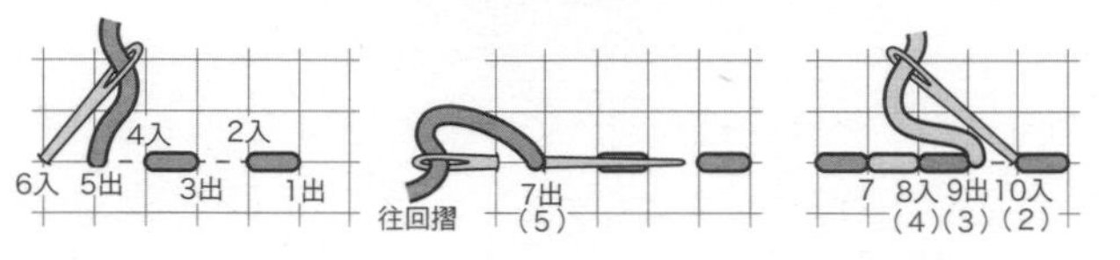

飛行繡
Fly Stitch

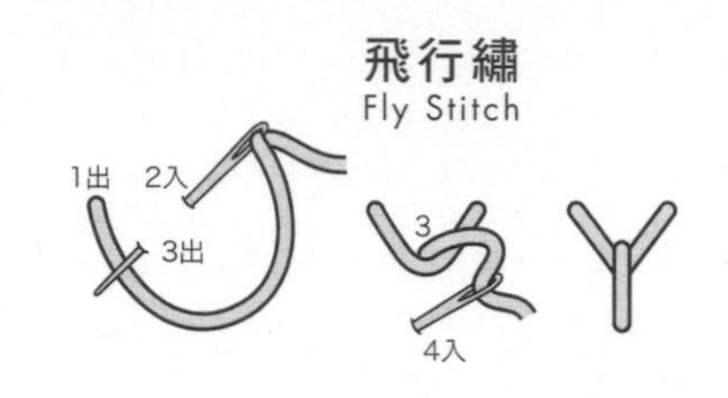

飛行繡＋直線繡

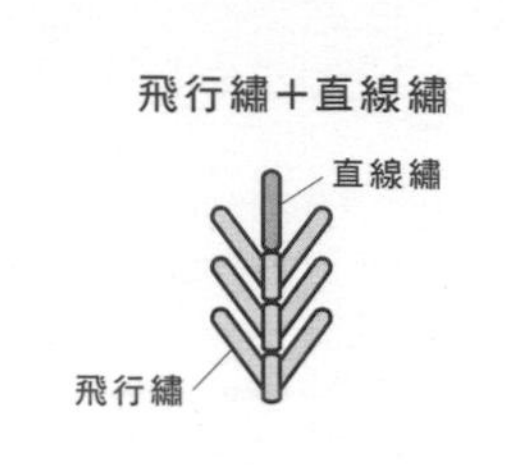

十字繡
Cross Stitch

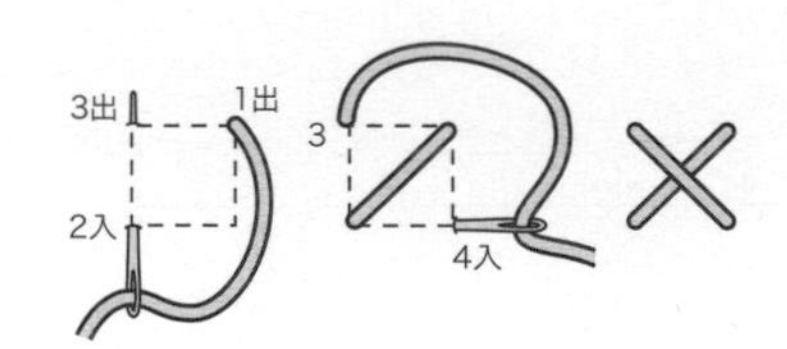

雙十字繡
Double Cross Stitch

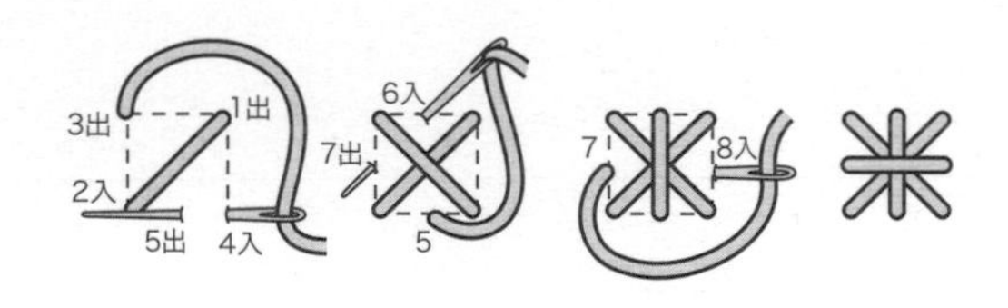

雛菊繡
Lazy Daisy Stitch

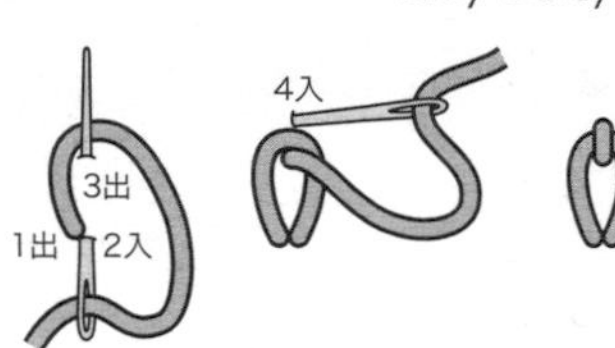

在雛菊繡上
進行直線繡

三重雛菊繡
Triple Lasy Daisy Stitch

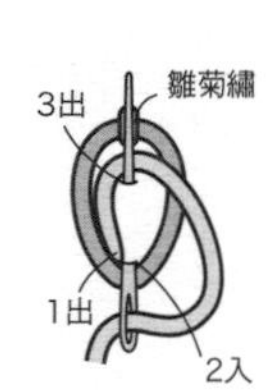

鎖鍊繡
Chain Stitch

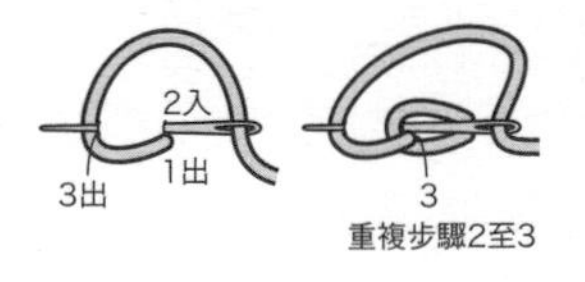

裂線繡（2股線的作法）
Split Stitch

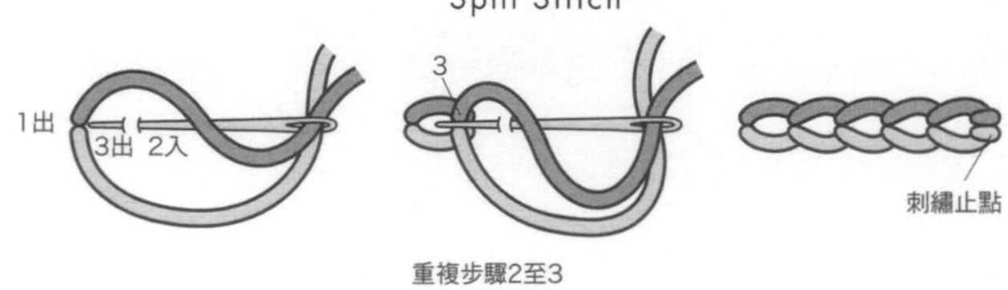

扭轉鎖鍊繡
Twisted Chain Stitch

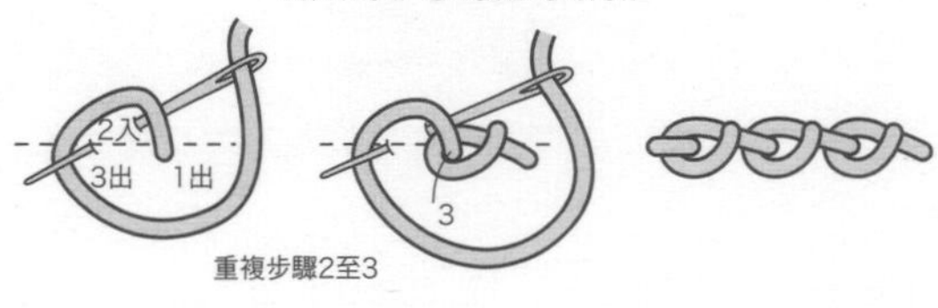

法式結粒繡
French Knot Stitch

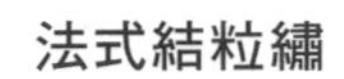
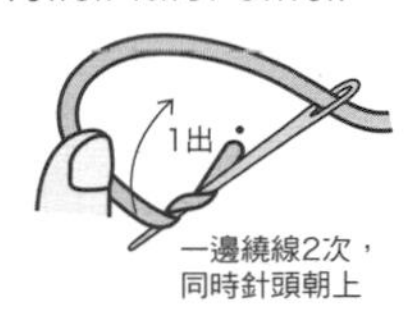

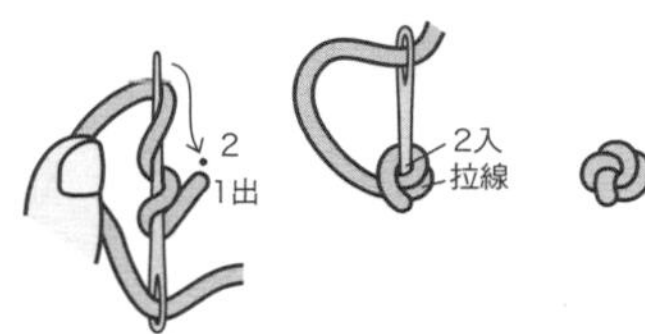

珊瑚繡
Coral Stitch

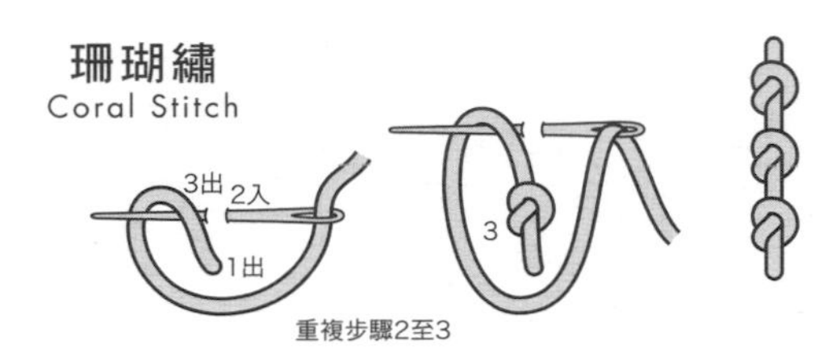

捲線繡
Bullion Stitch

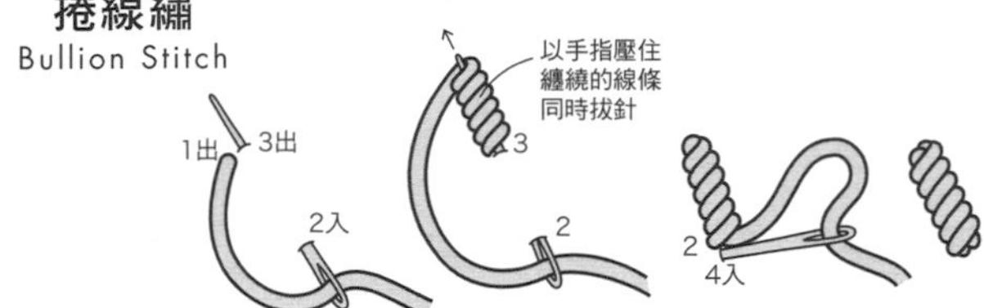

釦眼（毛邊）繡
Buttonhole Stitch (Blanket Stitch)

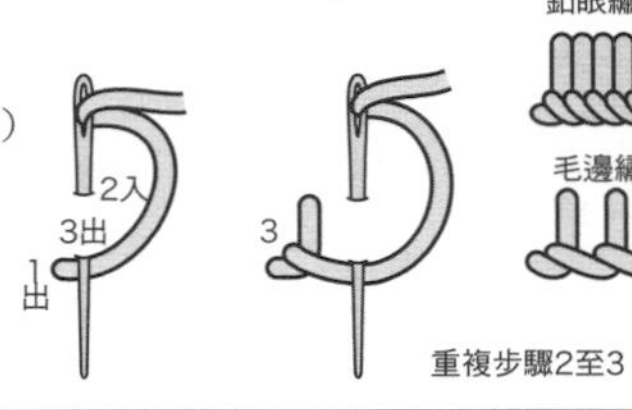

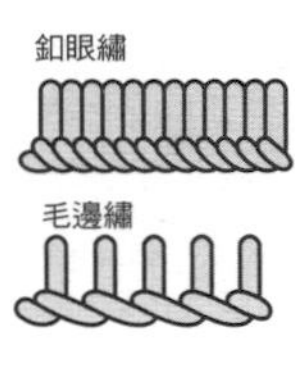

羽毛繡
Feather Stitch

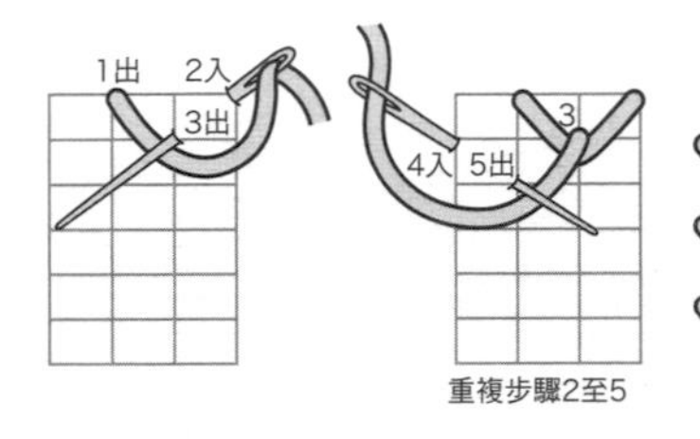

纜繩繡
Cable Stitch

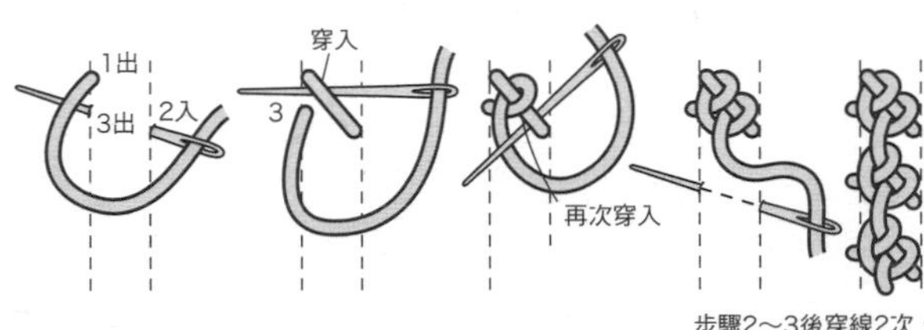

織補繡 A
German Knot Stitch A

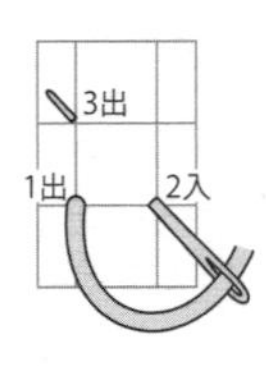

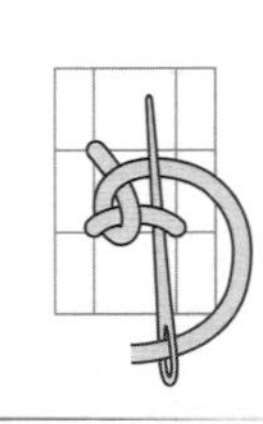
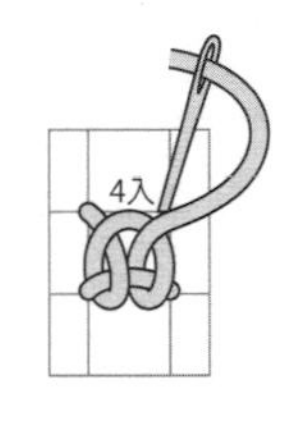

德國結粒繡 B
German Knot Stitch B

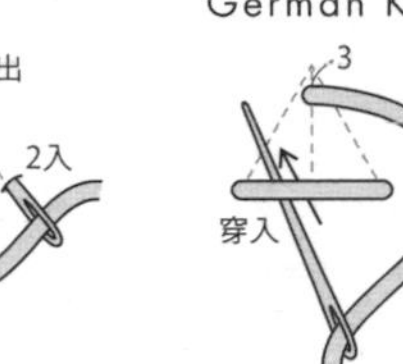

人字繡
Herringbone Stitch

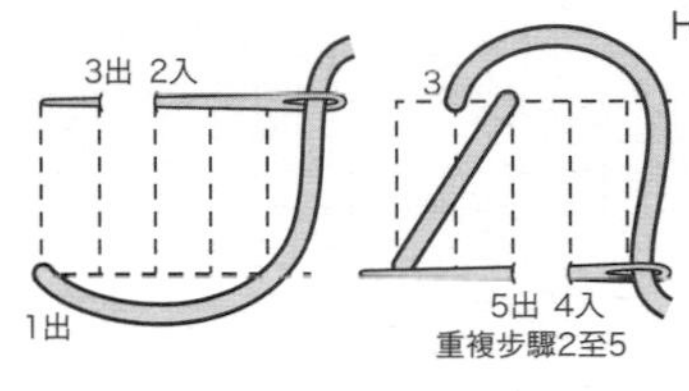

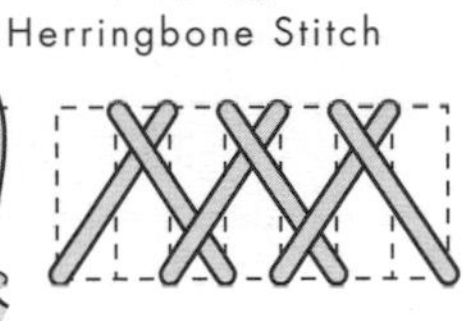

封閉人字繡

德國結粒繡

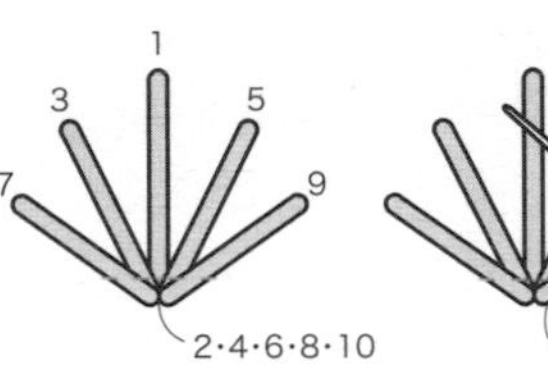

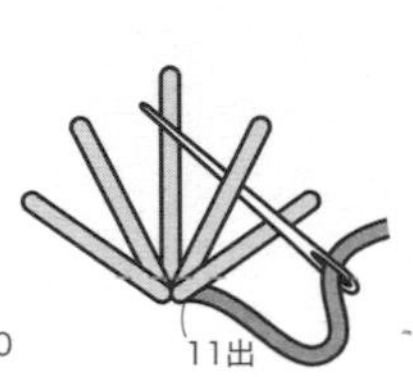

長短針繡
Long & Short Stitch

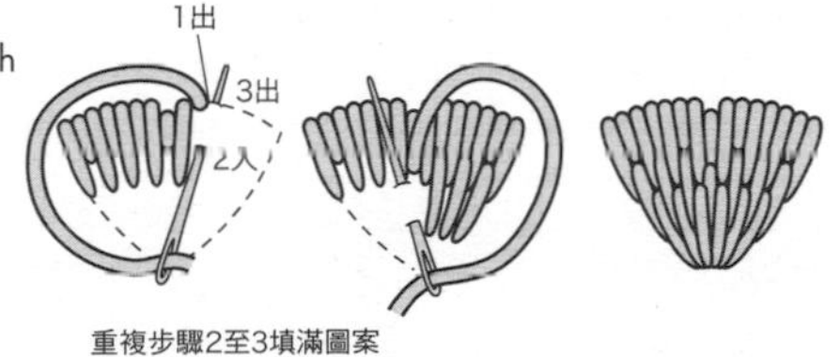

籃紋繡
Basket Stitch

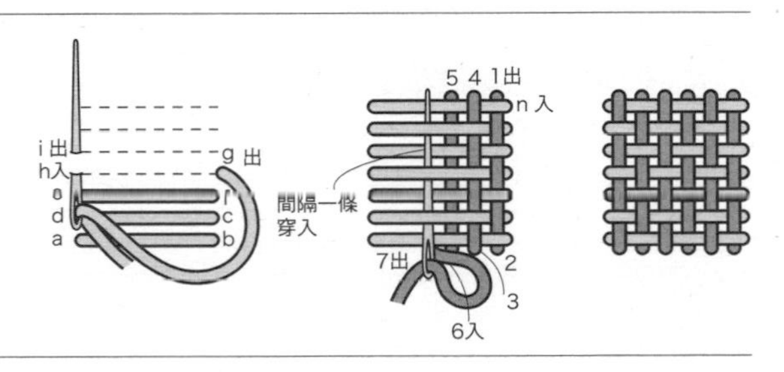

緞面繡
Satin Stitch

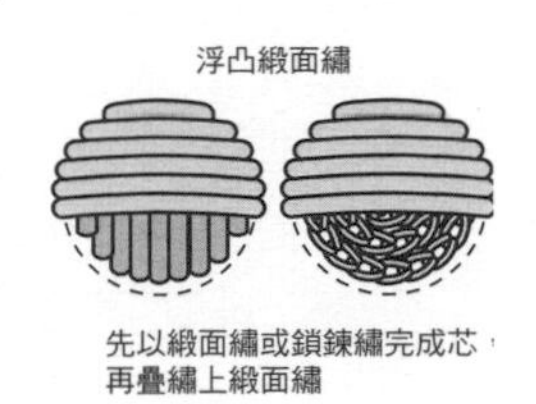

浮凸緞面繡

先以緞面繡或鎖鍊繡完成芯，
再疊繡上緞面繡

魚骨繡
Fishbone Stitch

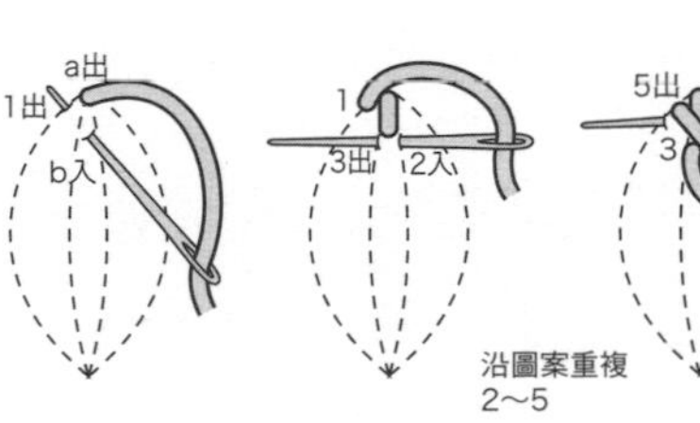

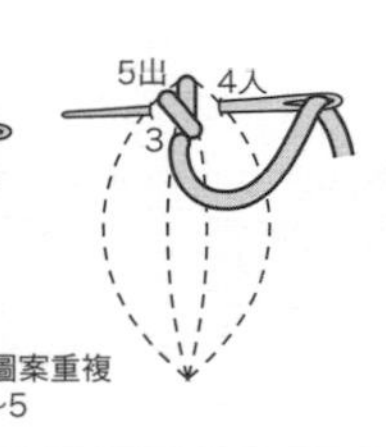

刺子繡的基礎技法

盡可能讓針目一致運針刺繡。在此說明工整縫製的重點。

課程指導／川上成子

開始刺繡之前・布料準備

以不過厚（織紋通暢）的平織木棉布最適合。為了避免完成後布料縮水或針目歪斜，先順過底布之後再使用，使人更加放心。將蒸汽噴在布料背面，將布料往直向橫向拉，使經線、緯線垂直交錯，整理布紋同時乾燙。待完全冷卻之後再使用。

刺子繡用針

推薦針孔較大，且針頭尖銳的刺子繡專用針。較長的針適用於長直線。

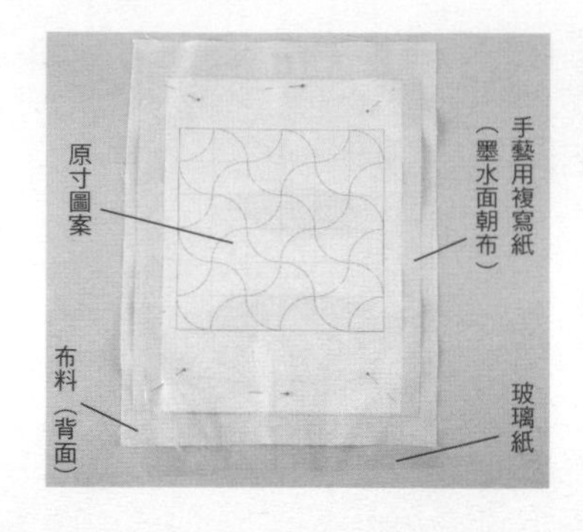

在布料上描圖

在布料上依序疊上手藝用複寫紙，並使用珠針固定，以避免跑掉。接著在玻璃紙上以鐵筆描圖。

※當使用紙型，或以尺測量直接在布料上作記號時，可使用水消筆。需要畫引導線時，則以氣消款較為便利。

繡直線

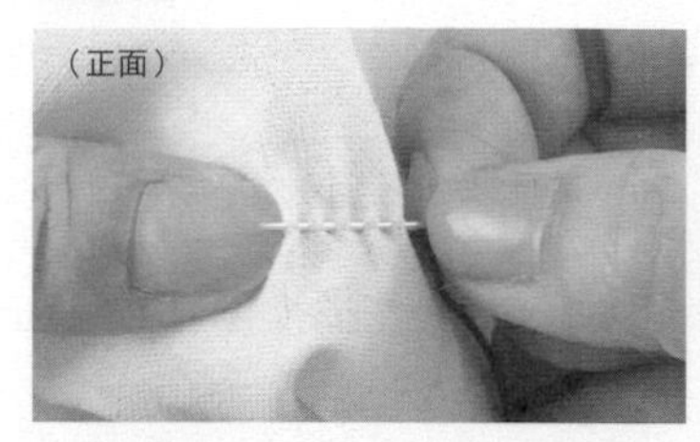

1 依照運針的訣竅，盡可能以相同針目長度刺繡。直線處若活用繡針的長度，盡可能一次繡好，就能夠繡得很漂亮，但若還不熟練，可分成大約5～6針。

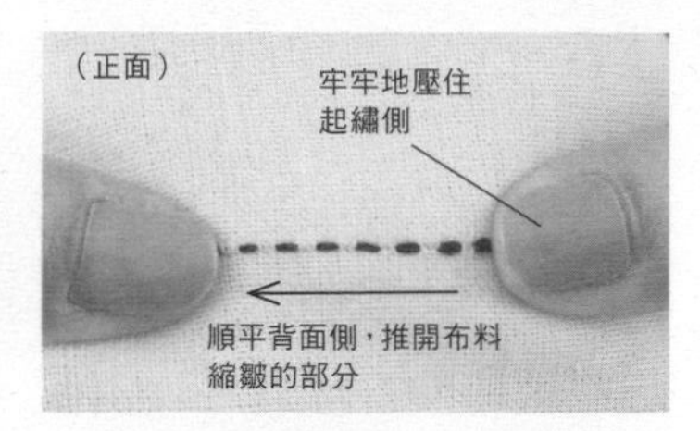

2 為了讓刺繡縮皺的布料復原，每拔一針就在針目背面以左手中指指腹，朝刺繡方向仔細地順布推開。注意避免使用指甲推開，拉扯布料。

繡曲線

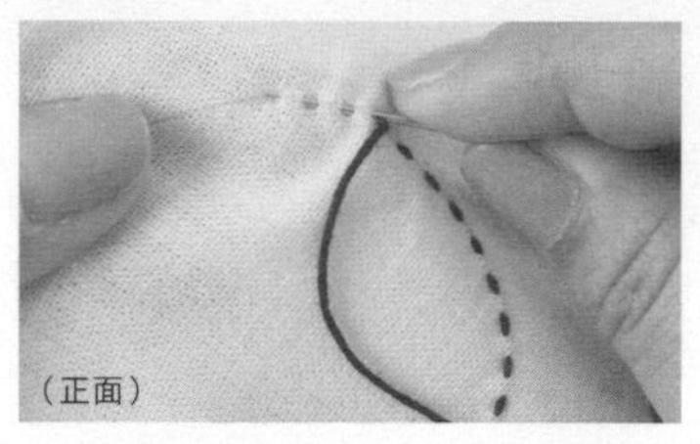

1 曲線部分無法一口氣完成，因此每2、3針出針並拉線。

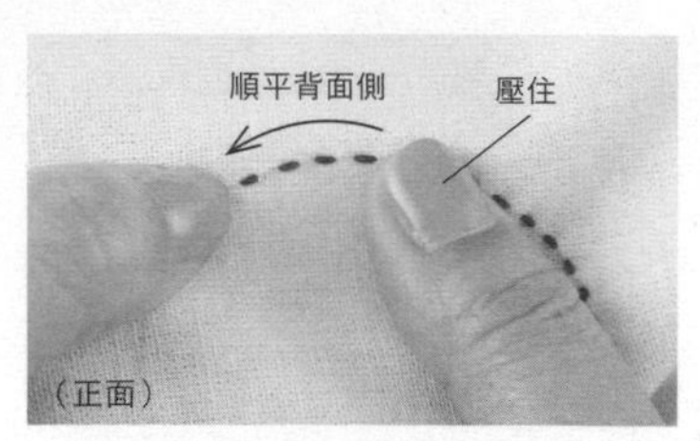

2 每次拔針就仿照繡直線的方式，在背面以左手中指指腹順平布料。由於布料呈斜向容易延展，因此要十分注意避免布料變形。

刺繡起點＆刺繡止點（不接合裡布的情況，圖片為原寸大小）

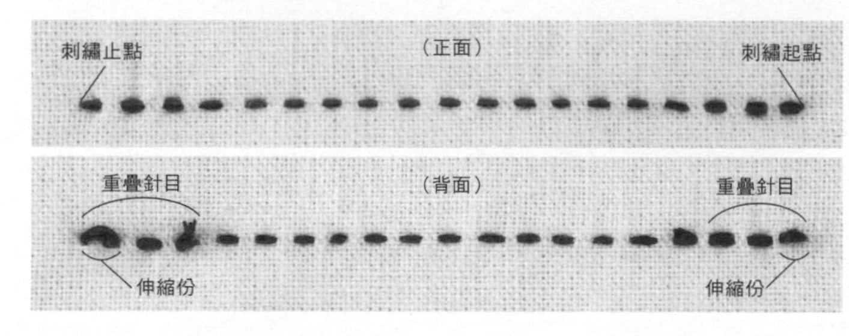

此為長度與間隔一致的工整針目範例。在製作花布巾、餐桌飾布這類無需接縫裡布的作品時，線頭不打結，以重疊針目的方式收尾。

起繡

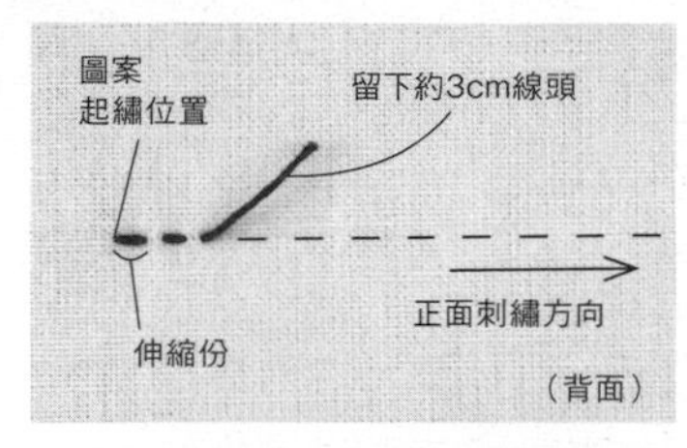

1 從布料背面，以小針目在圖案起繡位置稍微內側處挑縫2、3針。拉線，從刺繡起點處的正面出針。並在邊緣1針保留之後，順平針目時的伸縮份。

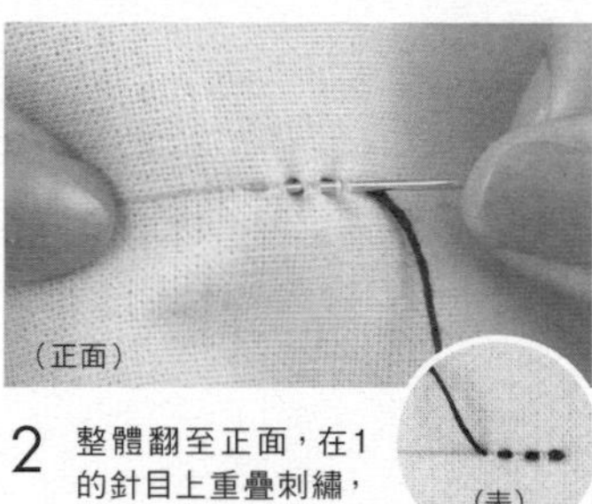

2 整體翻至正面，在1的針目上重疊刺繡，以此作法繼續刺繡。

（背面）
剪斷
刺繡起點・伸縮份

3 從2開始持續刺繡的背面。之後起始線頭保留離布料0.2cm的長度剪斷。

終繡

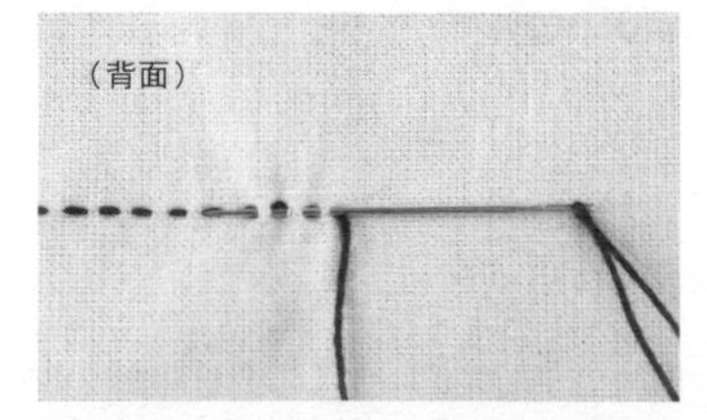

朝背面出針並順平針目，在針目凸起的布料背面挑縫2、3針。圖案刺繡止點的末端比照起繡處保留伸縮份，留下約0.2cm的線頭剪斷。

接合裡布的情形

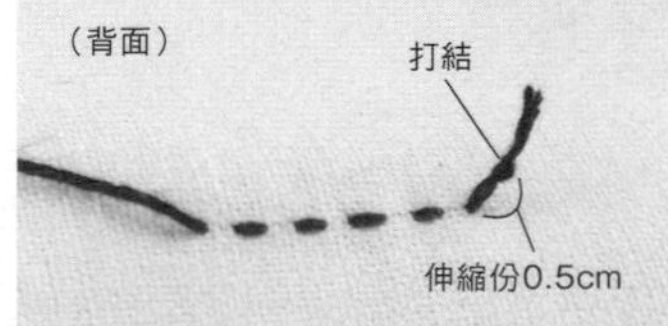

接合裡布或裡袋進行收尾時，起繡處及止繡處皆打結即可。打結處預留距離布料0.5cm的伸縮份。

要在過程中添加線條時…

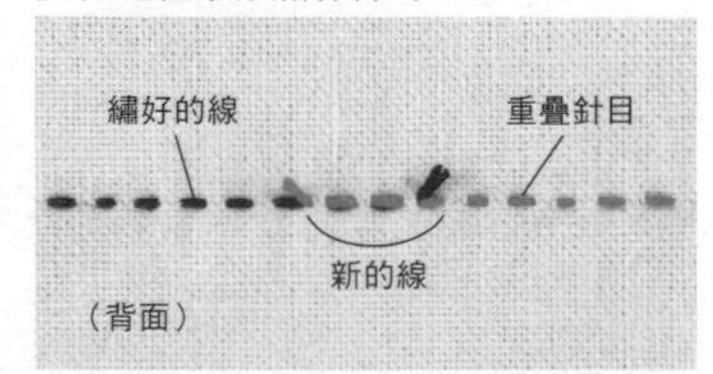

將新的繡線穿入繡針，在繡好的針目背面挑縫2、3針重疊刺繡，接著就直接繼續刺繡。多出的線頭留下約0.2cm長度後剪掉。

角落匯集處

◎ （正面）

△ （正面）

十字中心

直向、橫向線條的交叉點不重疊針目，以露出底布的狀態呈現清爽效果。

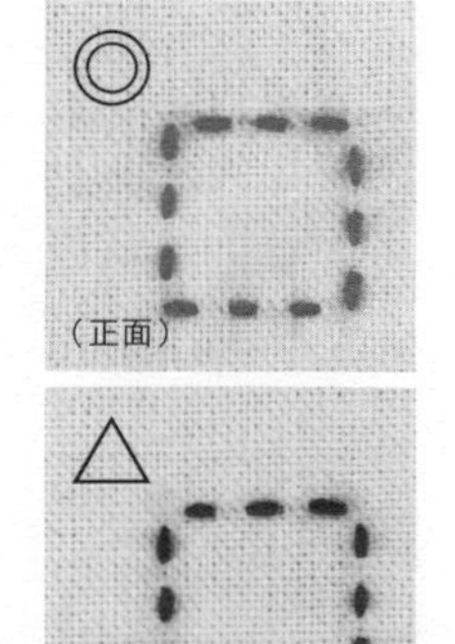

直線相互交會的角落

在製作角落兩邊時，其中一定要有一邊在正面角落頂點入針，如此一來就能清楚呈現角落形狀。

09・10 P.12

夏日小貓胸針

材料（1個的用量）

原色亞麻布・原色棉麻布各10×10cm、化纖棉適量、長2cm胸針1個、DMC25號繡線各色適量

作法

參照圖片。

★原寸圖案・紙型 ››› 作品圖案A面

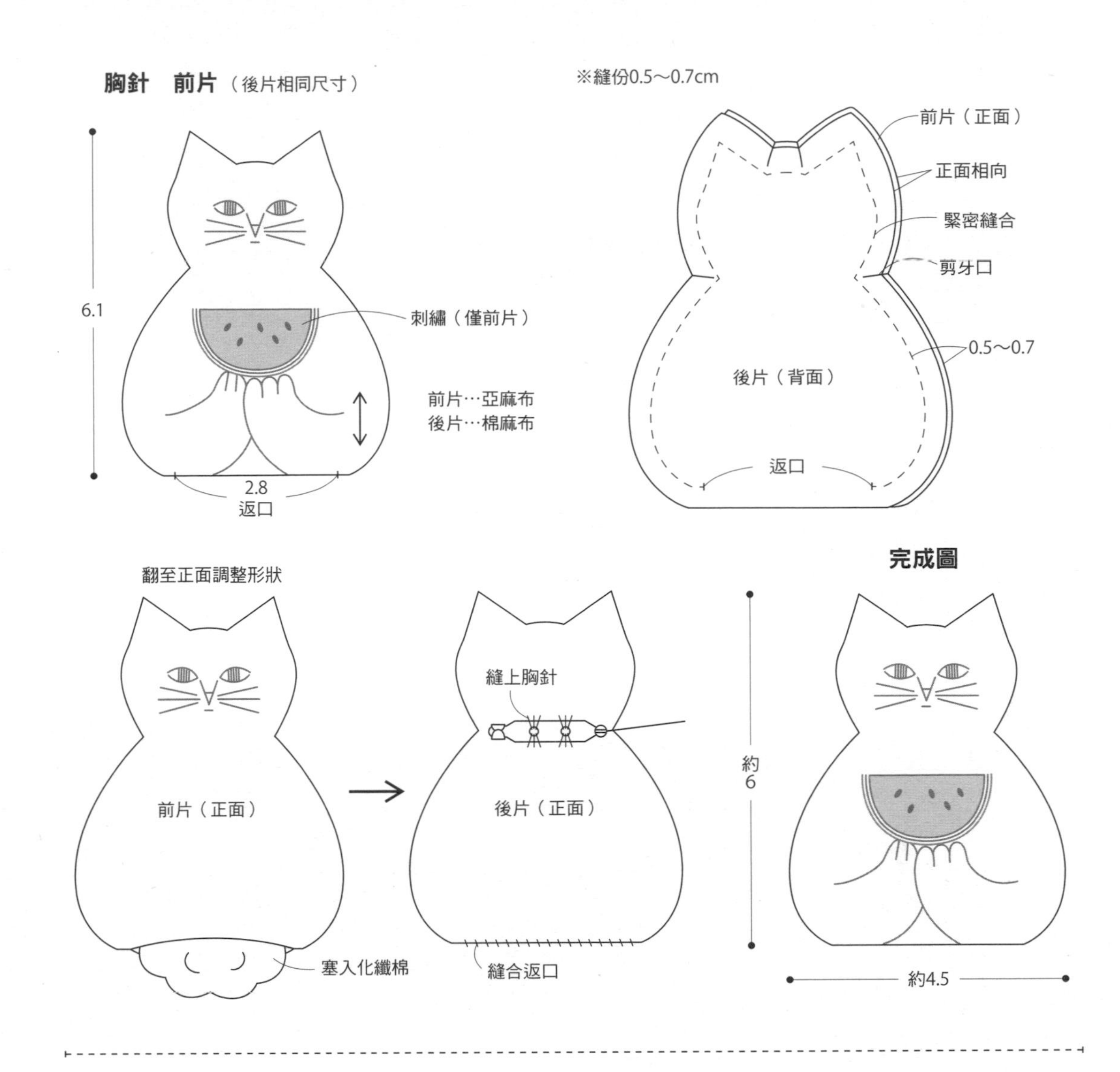

14・15 P.13

花與鳥手袋吊飾

材料（1個的用量）

白色或自然色亞麻布25ct（10目／1cm）適量、花朵印花布適量、寬1cm亞麻布10cm、化纖棉適量、包包吊飾用零件1組、OOE花線各色適量

作法（2件相同）

在前片亞麻布繡十字繡，暫時車縫固定對摺的緞帶。將後片正面相向留下返口縫合四周。縫份沿縫線摺疊，翻至正面調整形狀。塞入化纖棉，挑縫返口閉合。在緞帶環安裝包包吊飾用的零件。

★圖案 ››› 附錄刺繡圖案集 P.86

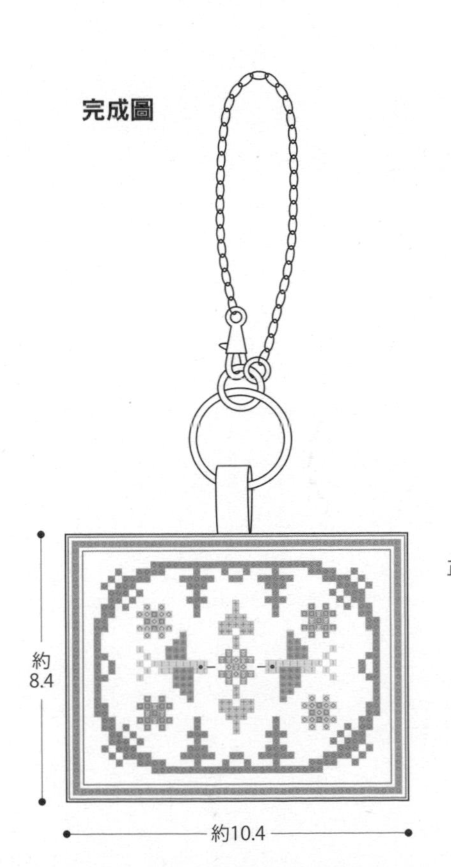

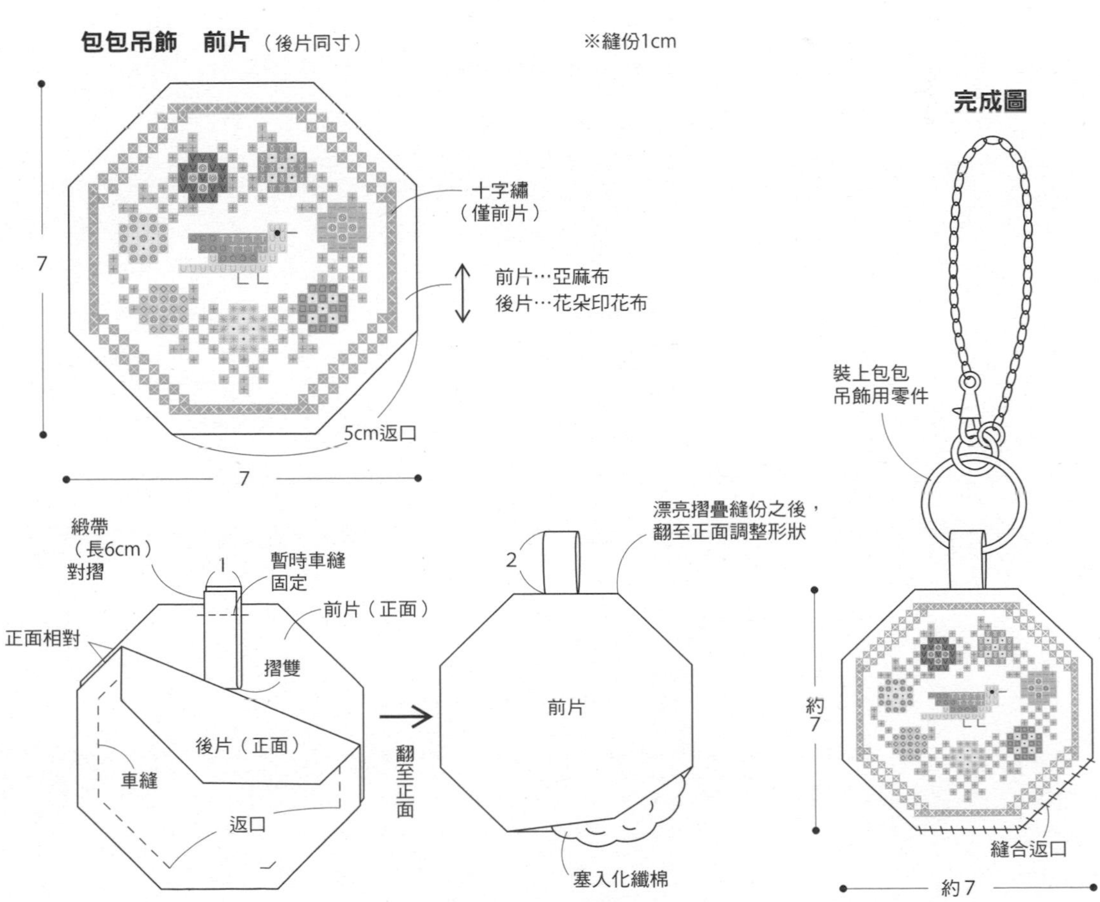

20 P.14
××××

尋找青鳥收納盒

材料

DMC亞麻布32ct（12目／1cm）米白色（3865） 20×20cm、印花棉布10×45cm、不織布、鋪棉襯各15×15cm、寬4cm蕾絲50cm、蓋子直徑12.5×本體高4cm鐵盒1個、DMC25號繡線各色適量

作法重點

各部分尺寸與蕾絲依照所使用的鐵盒調整。在鐵盒黏貼布料時，最好使用能夠黏合布料與金屬類型的白膠。鐵盒側面在確認能夠蓋上蓋子的高度之後，再進行黏貼。

★圖案 ››› 附錄刺繡圖案集 P.87

※全部都直接裁剪不加縫份

盒蓋

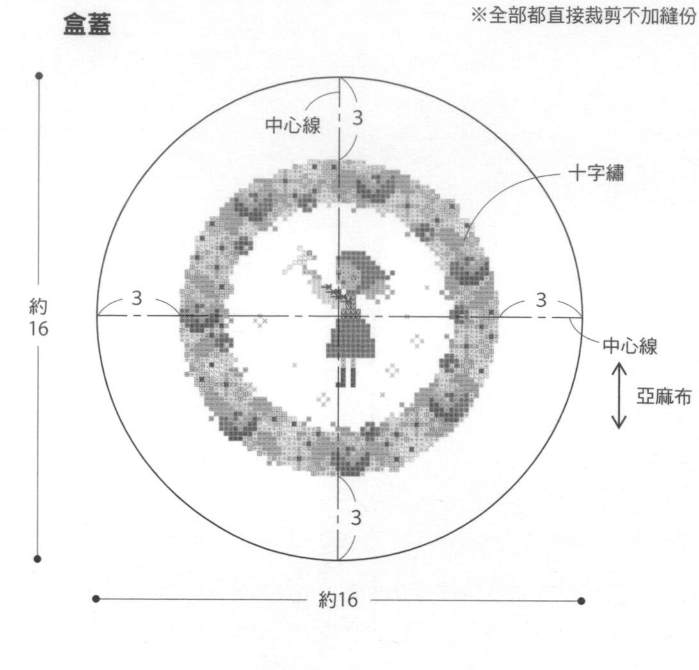

底部

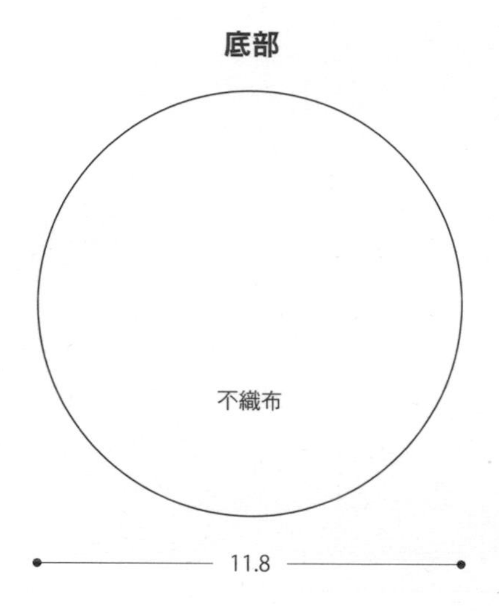

側面

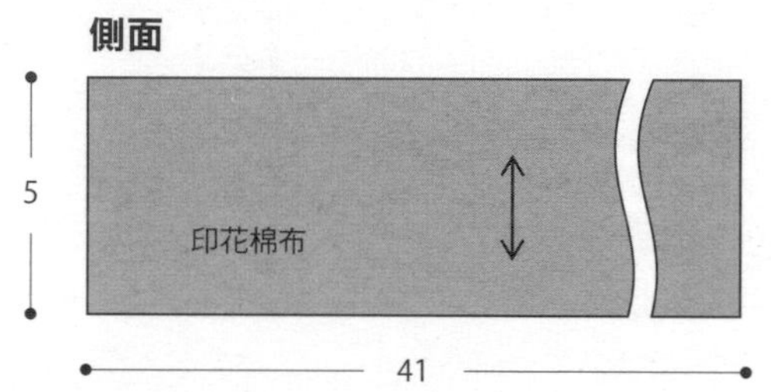

製作蓋子

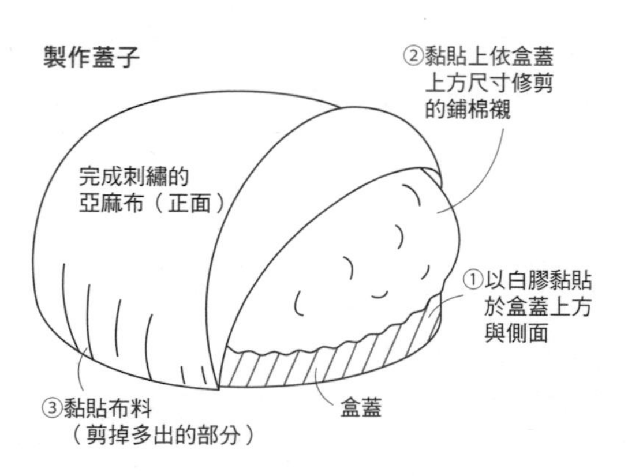

在鐵盒側面貼布

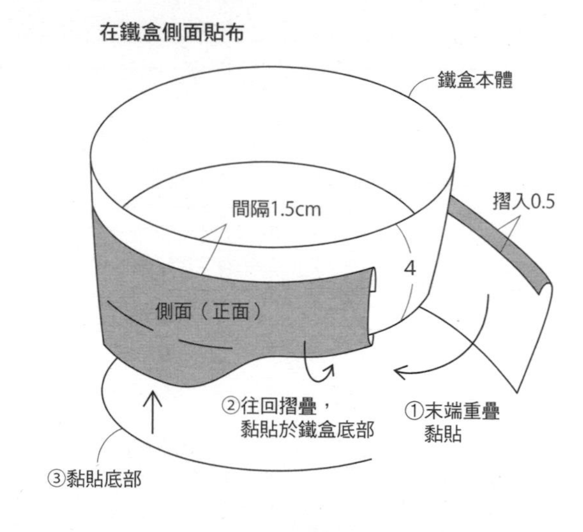

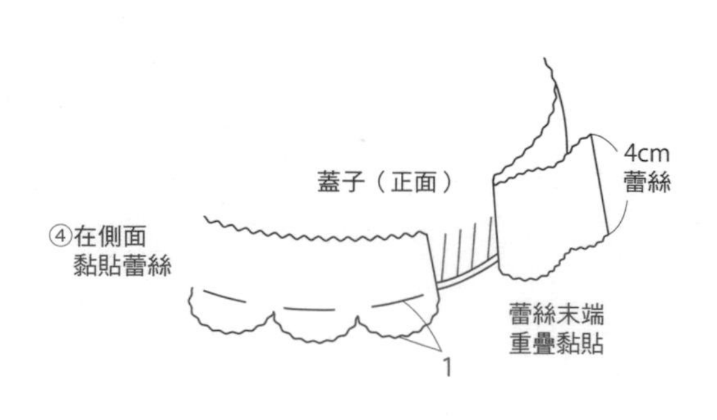

完成圖

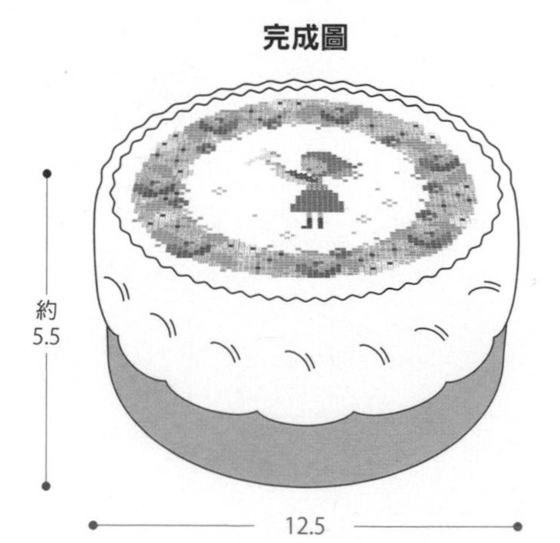

18・19 P.14

繡框磁鐵

材料（1個的用量）

DMC亞麻布32ct（12目／1cm）米白色（3865）適量、4.5×4cm圓形迷你繡框1組、直徑約1.5cm強力磁鐵1個、鋪棉襯・厚紙各適量、DMC25號繡線各色適量

作法重點

將厚紙與鋪棉襯修剪成與迷你繡框隔板同寸。厚紙中央挖洞以放置磁鐵，依照隔板・厚紙（中央放置磁鐵）・鋪棉襯的順序重疊，製作內容物。

在繡上十字繡的亞麻繡布四周縮縫並拉線，收縮以包覆內容物。

★圖案 ››› 附錄刺繡圖案集 P.87

磁鐵　※全部都直接裁剪不加縫份

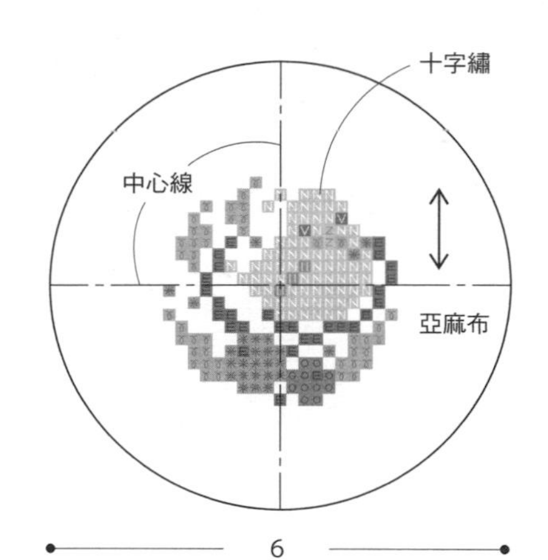

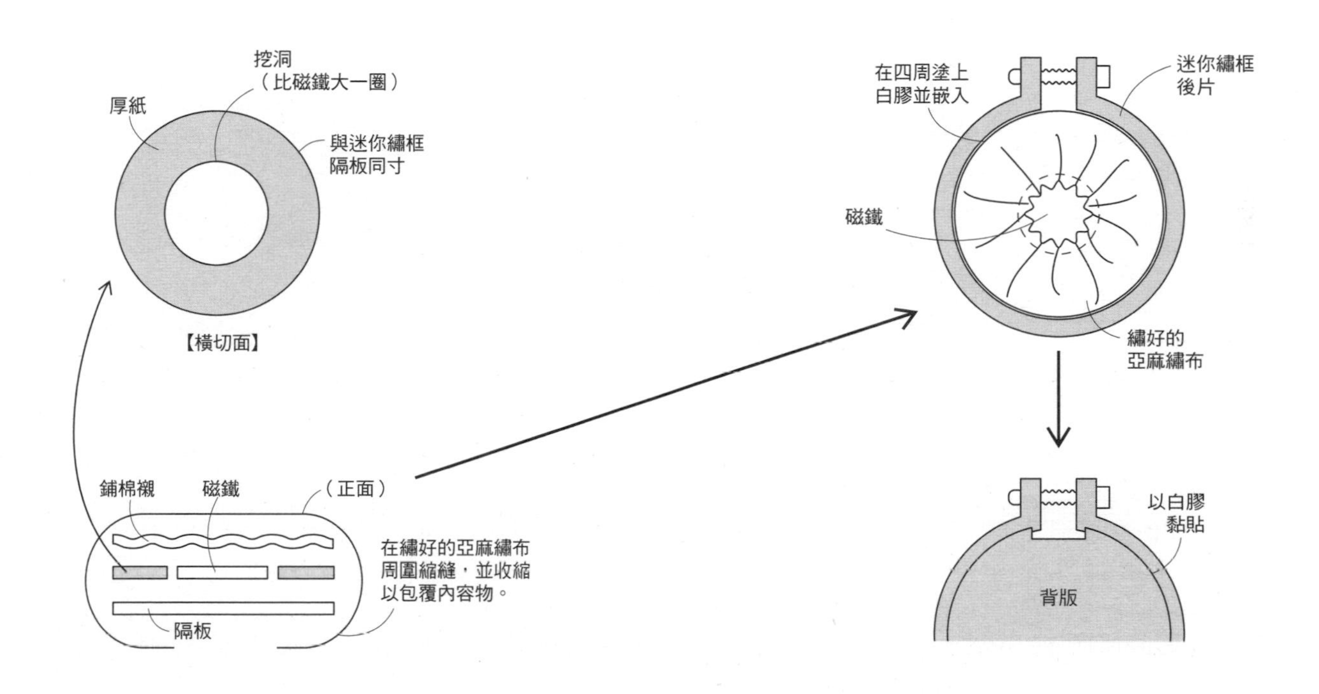

完成圖

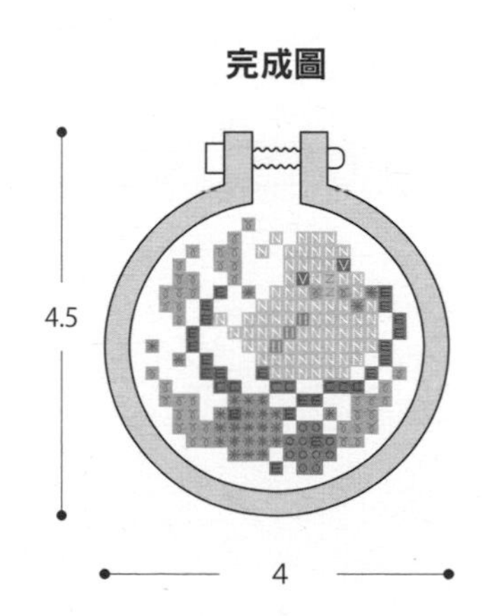

23 P.15

刺蝟捲尺

材料

DMC亞麻布32ct（12目／1cm）自然色（3782）15×30cm、寬1cm緞帶咖啡色15cm・米色10cm、寬0.7cm咖啡色蕾絲30cm、不織布淺咖啡色・米色各適量、直徑0.5cm木珠3個、鋪棉襯、羊毛各適量、Clover圓形捲尺（直徑約5.5×厚約1.5cm）1個、DMC25號繡線各色適量

作法

1. 在亞麻布上進行十字繡與回針繡，製作前片・後片（不在各自的拉出口位置進行回針繡）。在拉出口剪牙口往背面黏貼，四周縫份在回針繡邊緣往背面摺疊。
2. 在捲尺兩面黏貼鋪棉襯，以前片・後片夾住。挑縫回針繡針目進行捲針縫。
3. 為了隱藏捲針縫的縫線，在側面黏貼緞帶及蕾絲（一側末端往拉出口背面摺入黏貼，另一側則重疊縫合固定）。
4. 以不織布裁剪臉部・耳朵2片・足部4片・尾巴2片，分別製作形狀。接合於本體，並在臉部縫上作為眼睛及鼻子的木珠。

★圖案・原寸紙型 >>> P.107

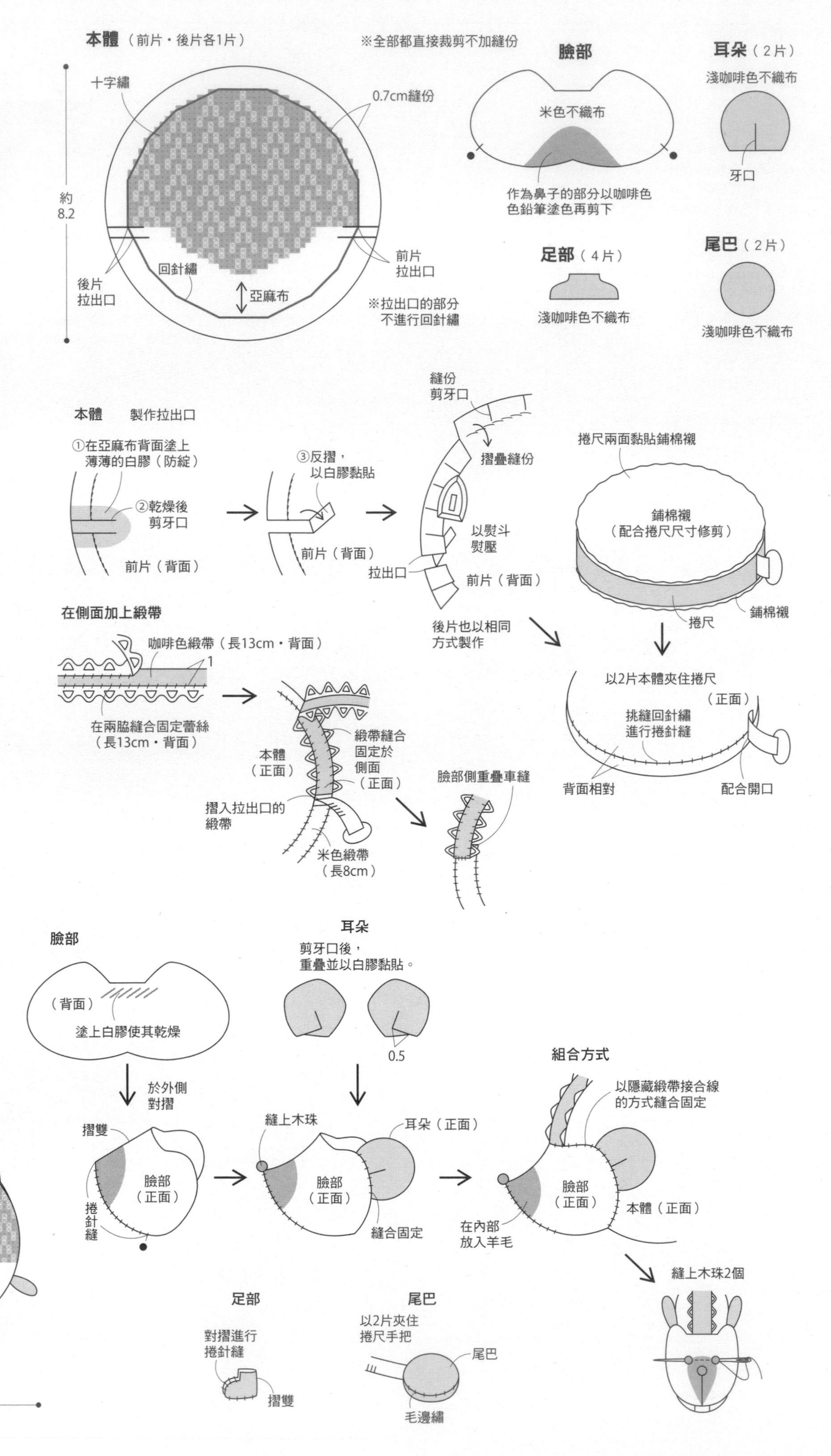

21・22 P.15

剪刀吊飾

材料（1個的用量）

DMC亞麻繡布32ct（12目／1cm）自然色（3782）適量、寬0.4cm緞帶適量（作品21）、直徑0.5cm木珠2個（作品22）、羊毛適量、DMC25號繡線各色適量

作法（相同）

在亞麻布繡十字繡及回針繡，製作前片・後片。在回針繡邊緣將縫份往背面摺，作出形狀。前片・後片背面相向夾入捻繩。過程中一邊塞入羊毛，一邊挑回針繡針目進行捲針縫。

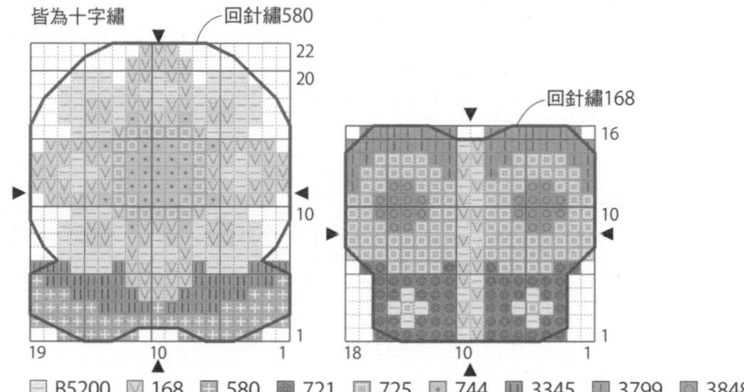

全部使用DMC25號繡線2股
DMC亞麻布32ct（12目／1cm）自然色（3782）　※以2×2目為1目
圖案完成尺寸　左…約3.5×3cm　右…約2.5×2.9cm
捻繩（各色6股）…左580・3345各30cm　右168・B5200各20cm
※製作前片・後片2片

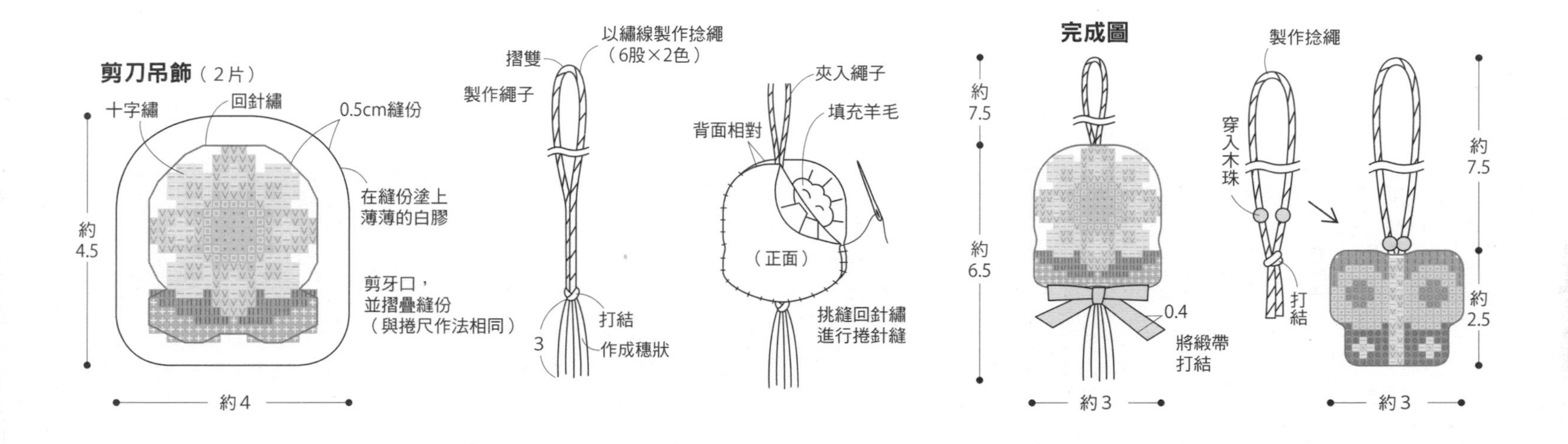

23 P.15

刺蝟捲尺

圖案・原寸紙型

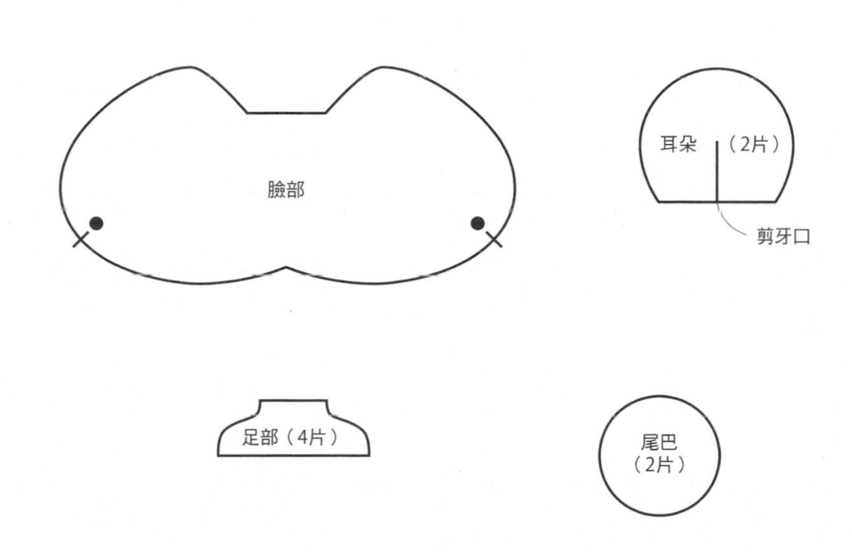

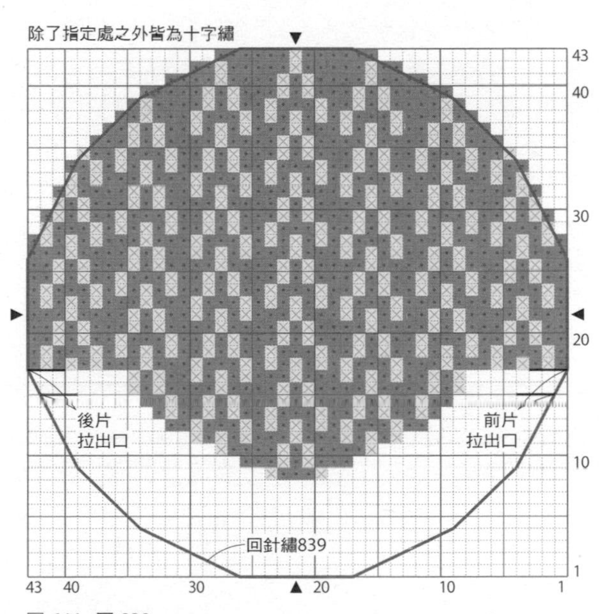

全部使用DMC25號繡線2股
DMC亞麻繡布32ct（12目／1cm）自然色（3782）
※以2×2目為1目
圖案完成尺寸約6.8×6.8cm
※改變拉出口（2目長・不進行回針繡）位置，製作前片・後片2片

26・27 P.16

×××× ××××

刺繡時間

材料

白色亞麻布45×45cm、填充棉適量、OOE花線各色適量

作法重點

<蓋布>刺繡完畢之後，就在四周三摺邊，挑縫於背面側。四周進行毛邊繡。

<針插>摺疊刺繡完成的前片與後片四周縫份，背面相對，挑縫3邊。塞入棉花，剩餘一邊以毛邊繡閉合。

★原寸圖案 ››› 附錄刺繡圖案集 P.85

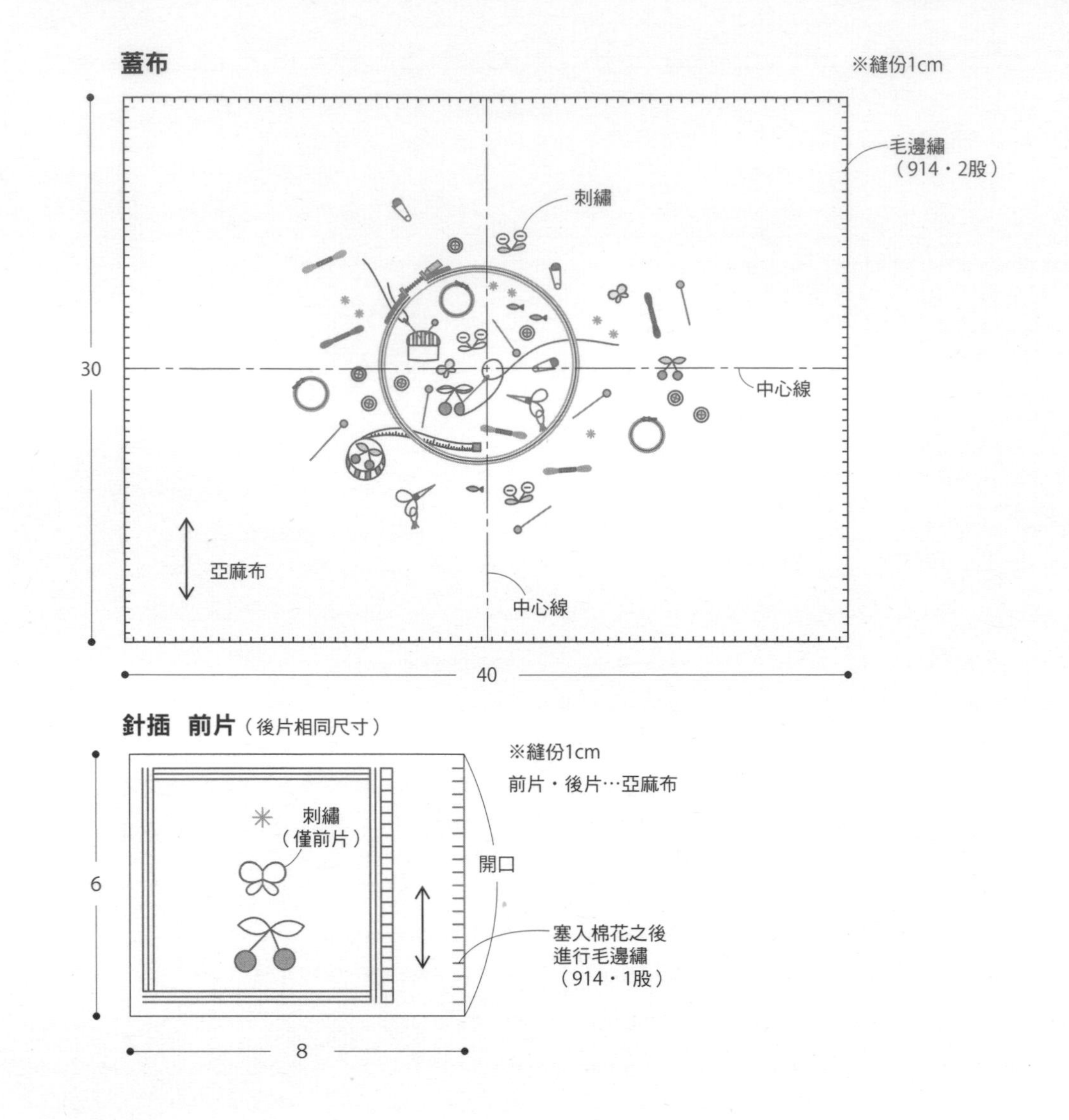

45・46 P.43

×××× ××××

桌旗&杯墊

材料（各1個的用量）

象牙亞麻繡布28ct（11目／1cm）30×90cm、原色棉布30×90cm、寬3.5cm蕾絲60cm、寬2cm蕾絲15cm、Olympus25號繡線192適量

作法重點

<餐桌飾布>將表布及裡布（預先摺疊縫份至完成尺寸）背面相對疊合。將表布縫份摺三褶以包覆裡布，接著進行車縫。在表布縫上蕾絲。

<杯墊>將表布及裡布正面相對疊合，留下返口進行車縫。翻至正面縫合返口，並接縫蕾絲。

★圖案 ››› 作品圖案B面

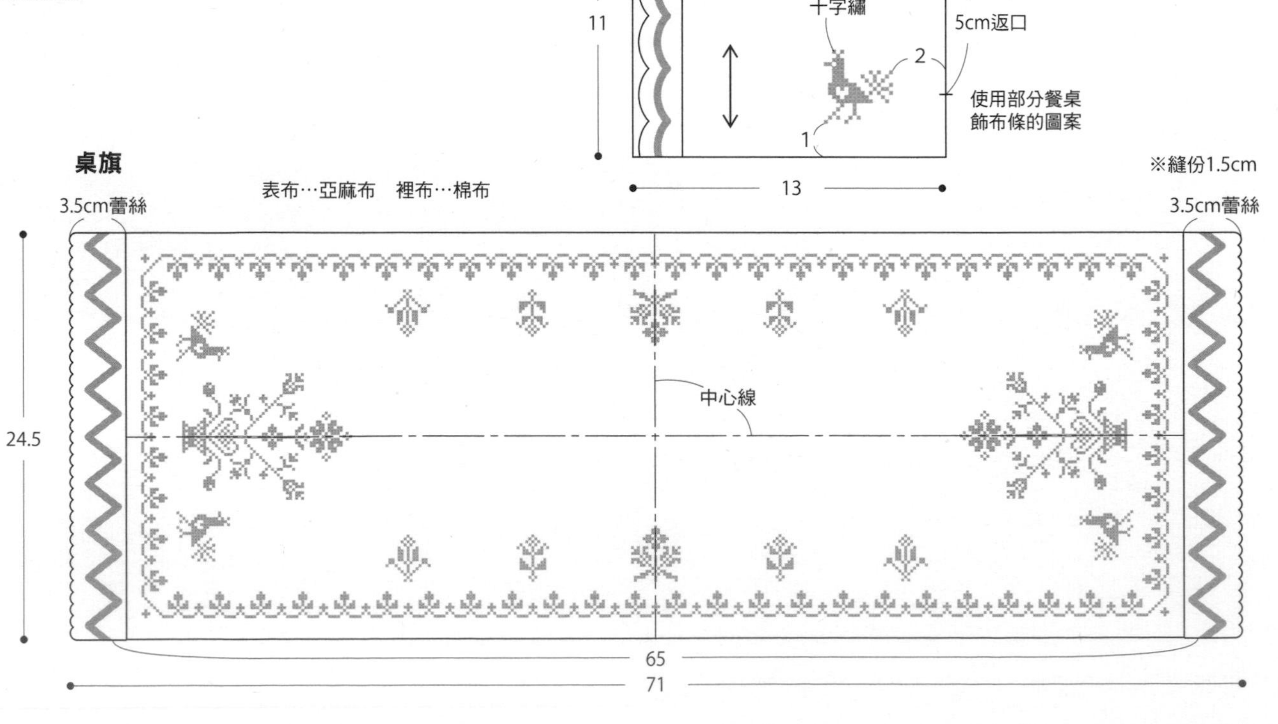

38 P.37

××××

地刺し®口金包

材料

COSMOJAVA Cloth45（細目11ct・45目／10cm）米白色（10） 20×40cm、裡袋用棉布20×40cm、寬9.5×高4cm縫合式吊耳口金1個、直徑0.5cm單圈1個、COSMO25號繡線各色適量

作法

1 在JAVA Cloth布上刺繡，放上紙型裁剪本體前片・後片。
2 將步驟1的2片正面相對疊合，車縫兩開口止點之間。裡袋也以相同方式製作。
3 將本體及裡袋背面相對疊合，開口進行捲針縫。
4 將口金縫合於開口
5 以繡線製作流蘇，再以單圈接合於口金。

★圖案・原寸紙型 >>> >作品圖案A面

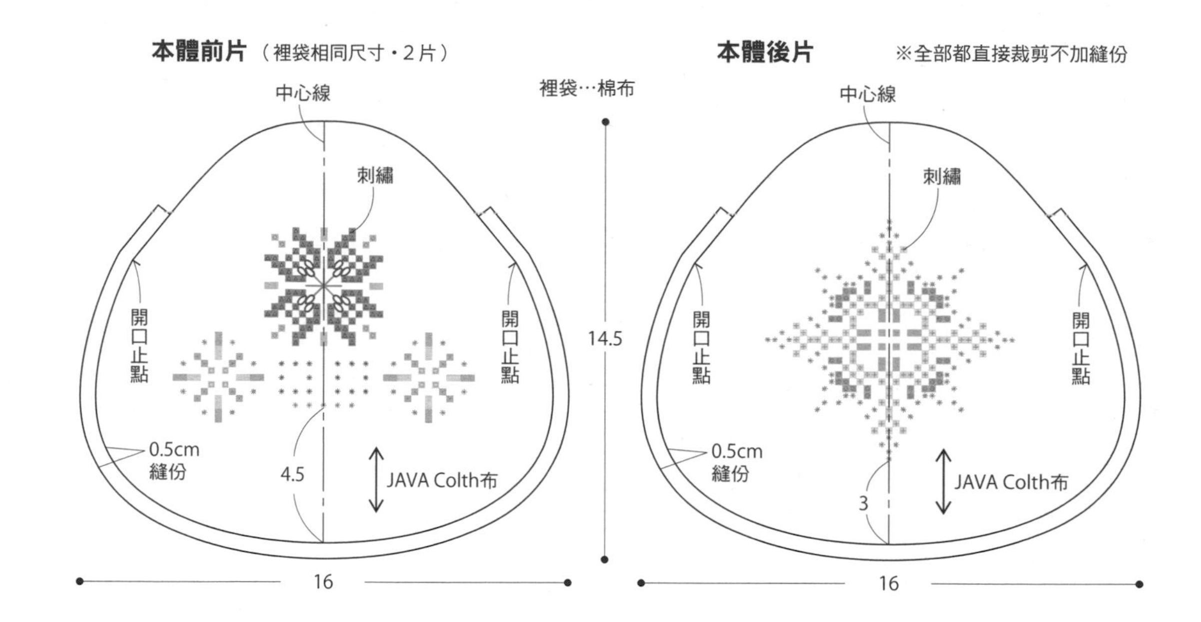

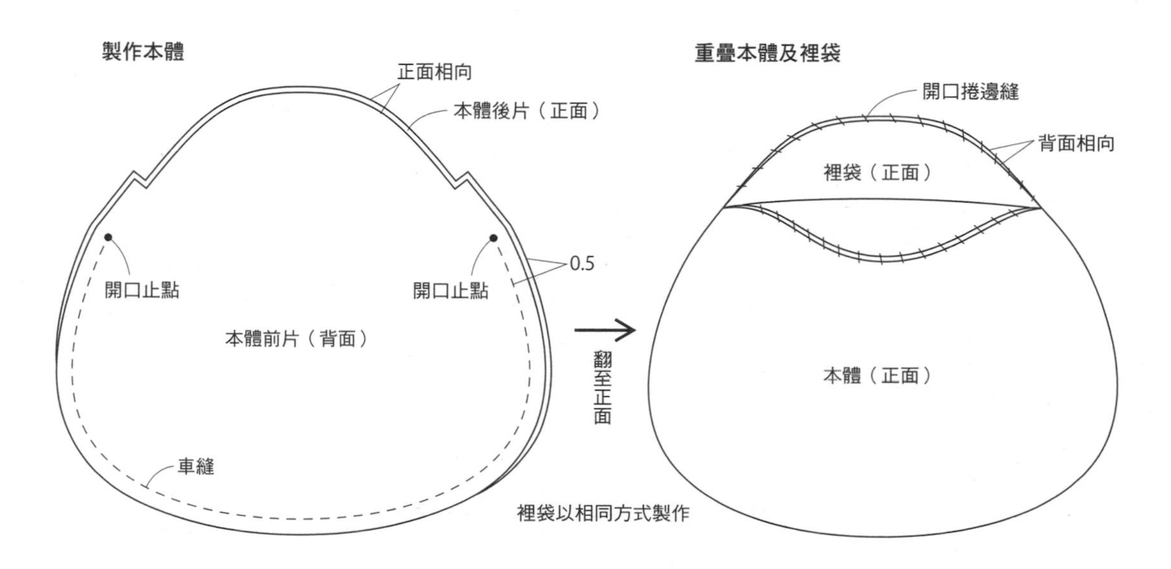

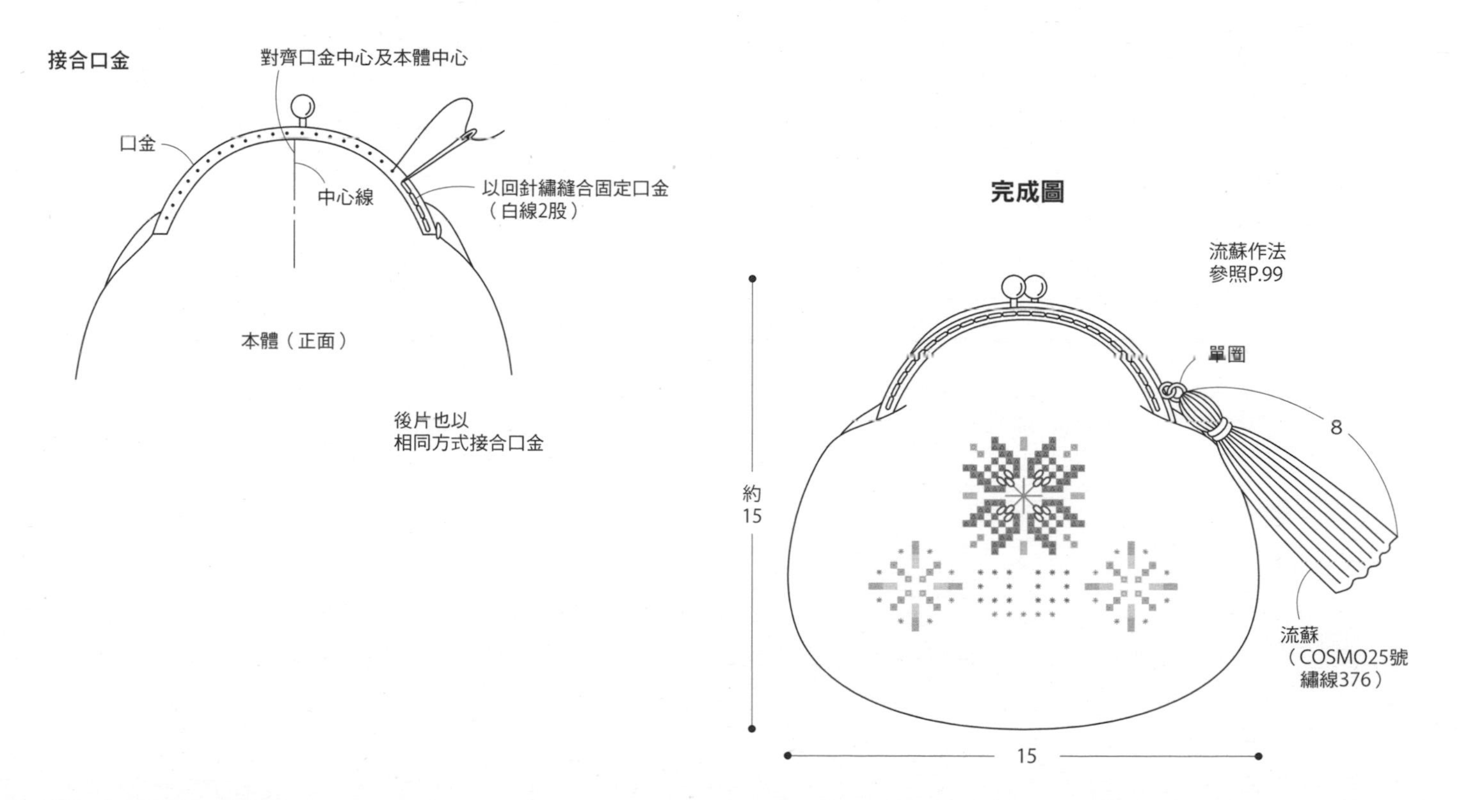

34 P.31

氣球框飾

原寸圖案

全部使用COSMO繡線・1股
除了指定處之外皆為Seasons 5 號線・長短針繡
輪廓與繩子為nishiki（金蔥線）20・輪廓繡

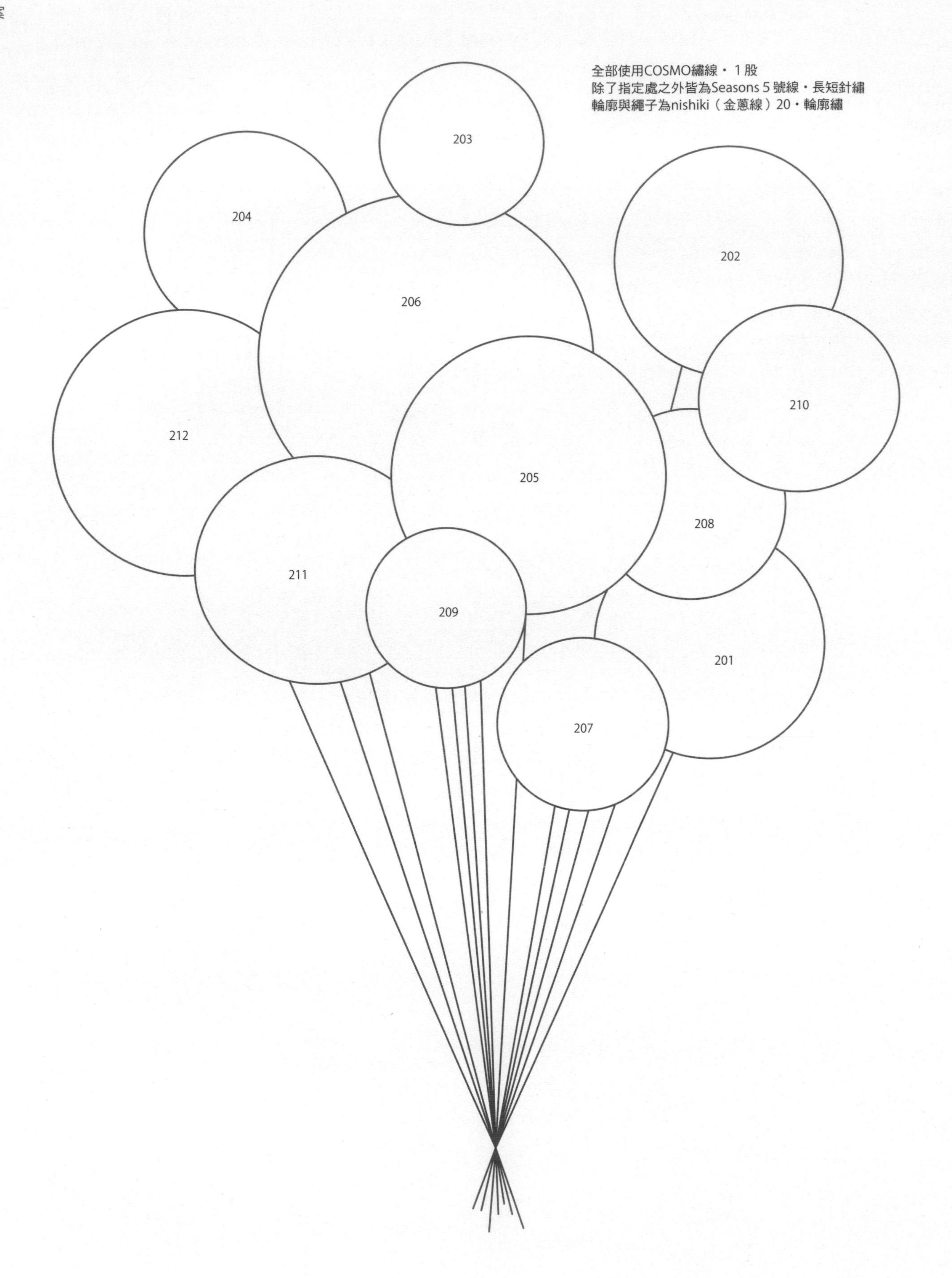

35 P.31

羽毛框飾

原寸圖案

全部使用COSMO Seasons 5號繡線・以1股繡緞面繡

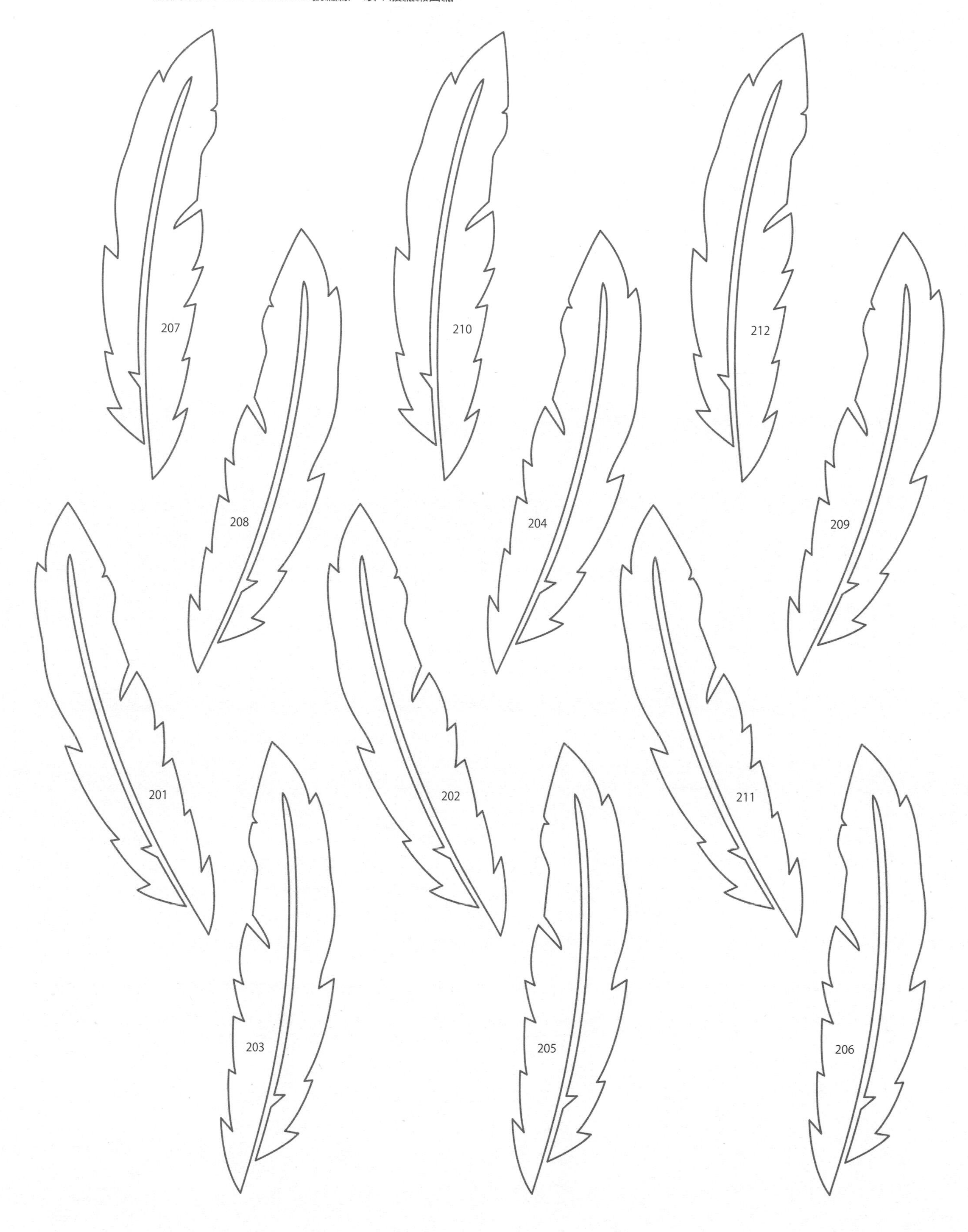

39・40 P.38・P.39

裝飾墊

No.39材料

Graziano亞麻布「LINO1515」（15目／1cm）白色30×30cm、AnchorRitorto Fiorentino繡線8號・12號各色適量

No.40材料

Graziano亞麻布「LINO1515」（15目／1cm）向日葵30 X 30cm、AnchorRitorto Fiorentino繡線8號・12號各色適量

作法

參照圖片

★圖案 ››› 作品圖案A面

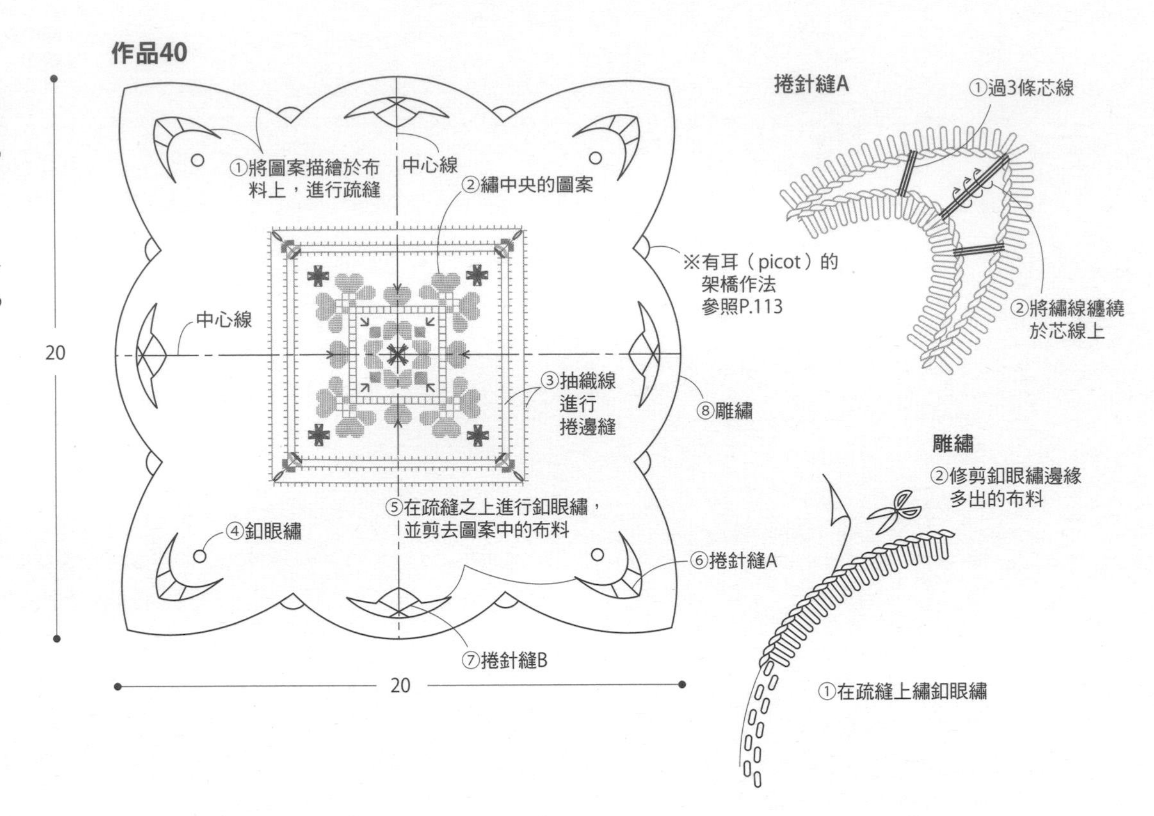

捲針縫B

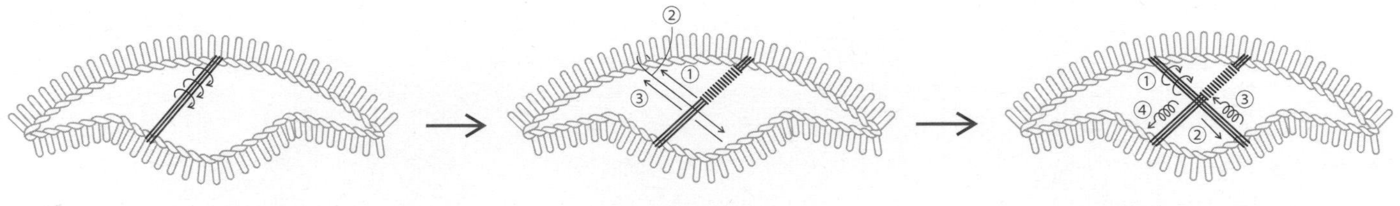

過3條芯線，繞線至中央為止

過芯線使其與一開始3條交叉

①一邊捲線於芯線，一邊回到中央
②在右下方再過一條芯線
③一邊捲線於芯線，一邊回到中央
④捲線於左下芯線，於釦眼繡背面收線

繡法

Punto Quadro
（四角繡）

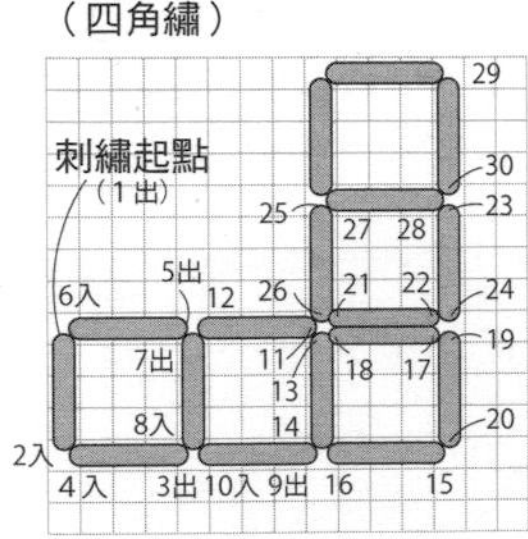

Punto Reale
（緞面繡）

21 22
19 20
17 18
15 16
13 14
11 12
9 10
7 8
5 6
3 4
1出 2入

釦眼繡

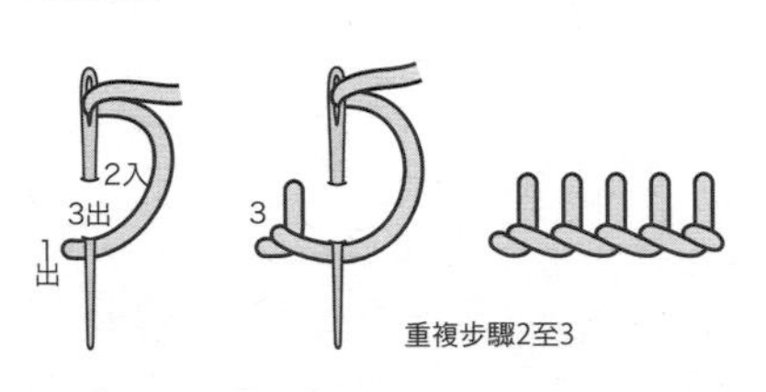

PuntoCordoncino

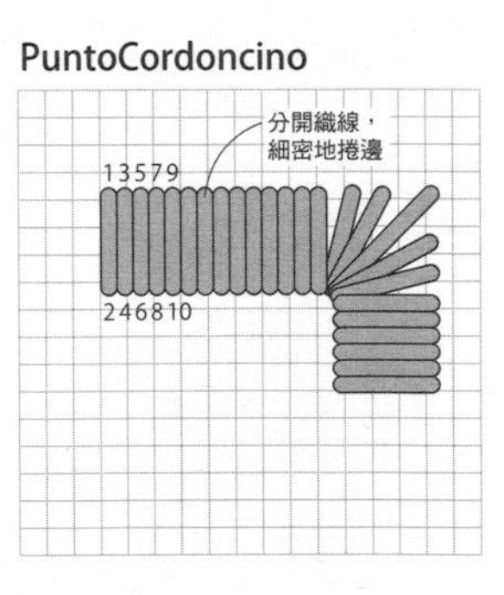

邊繡Punto a Giorno
（捲線兩次的單側邊繡）

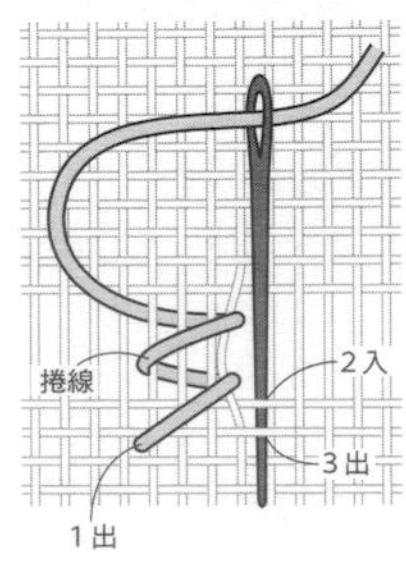

柱狀捲邊縫

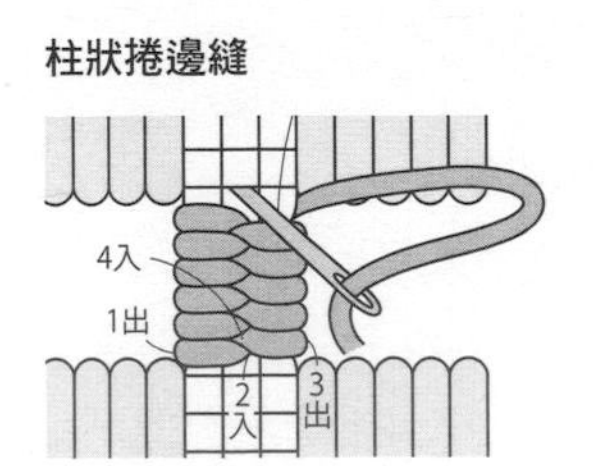

Punto Vapore
（捲線繡）

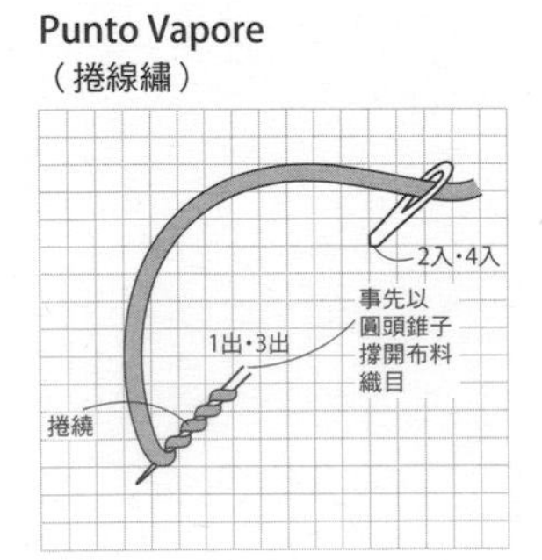

在四角繡上進行連捲繡

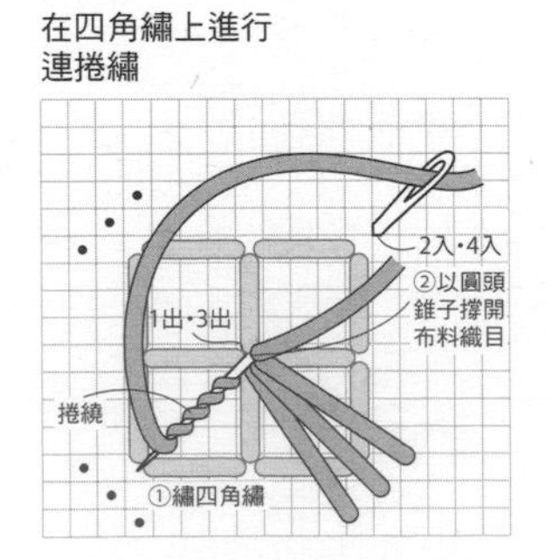

環形釦眼繡

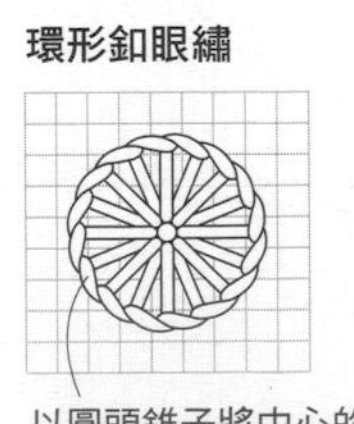

以圓頭錐子將中心的布料織目撐開，緊密地繡上環形釦眼繡

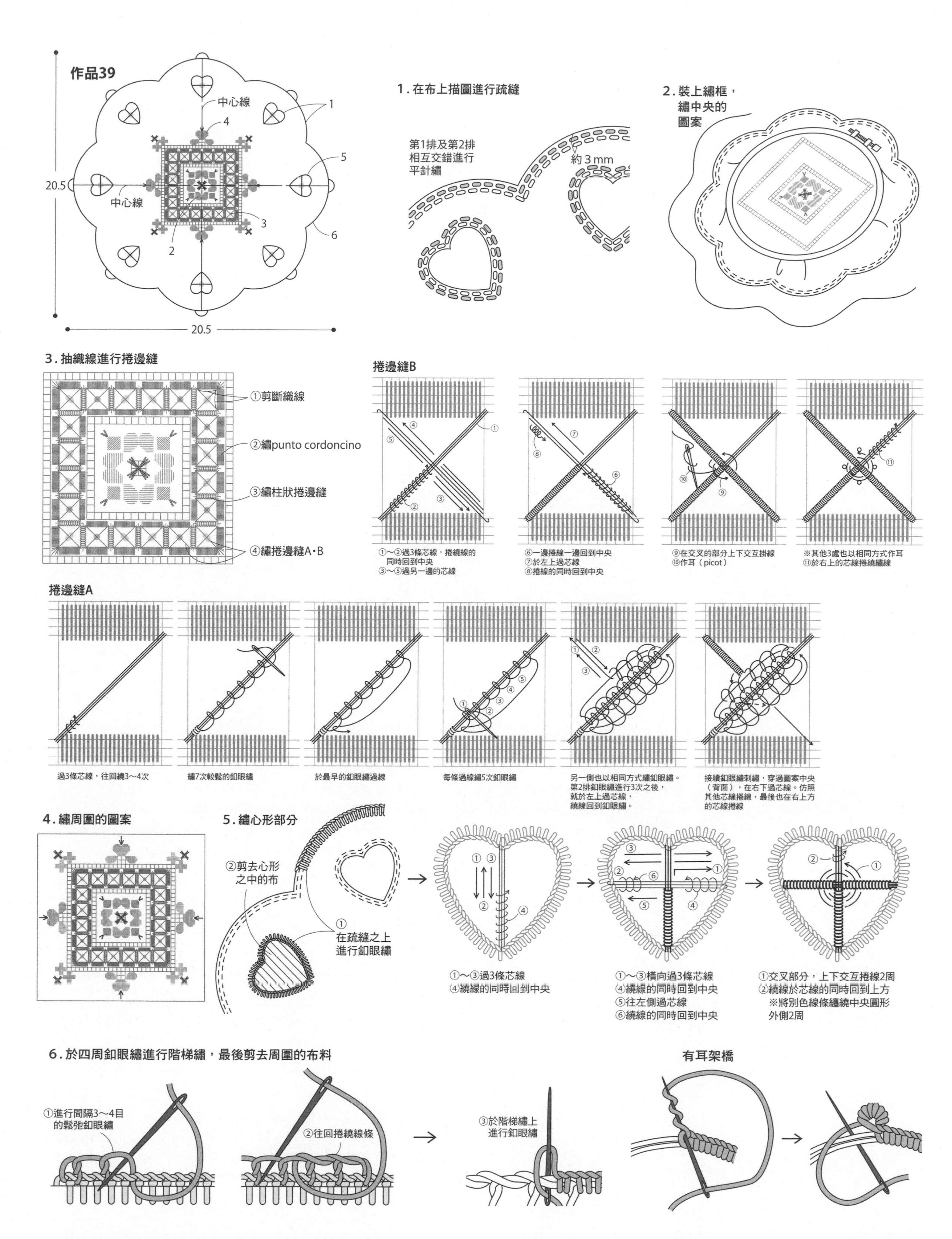
作品39
中心線
1
4
5
20.5
中心線
3
6
2
20.5
1. 在布上描圖進行疏縫
第1排及第2排
相互交錯進行
平針繡
約3 mm
2. 裝上繡框，
繡中央的
圖案
3. 抽織線進行捲邊縫
①剪斷織線
②繡punto cordoncino
③繡柱狀捲邊縫
④繡捲邊縫A・B
捲邊縫B
①～②過3條芯線，捲繞線的同時回到中央
③～⑤過另一邊的芯線
⑥一邊捲線一邊回到中央
⑦於左上過芯線
⑧捲線的同時回到中央
⑨在交叉的部分上下交互掛線
⑩作耳（picot）
※其他3處也以相同方式作耳
⑪於右上的芯線捲繞繡線
捲邊縫A
過3條芯線，往回繞3～4次
繡7次較鬆的釦眼繡
於最早的釦眼繡過線
每條過線繡5次釦眼繡
另一側也以相同方式繡釦眼繡。第2排釦眼繡進行3次之後，就於左上過芯線，繞線回到釦眼繡。
接續釦眼繡刺繡，穿過圖案中央（背面），在右下過芯線。仿照其他芯線捲線，最後也在右上方的芯線捲線
4. 繡周圍的圖案
5. 繡心形部分
②剪去心形之中的布
①在疏縫之上進行釦眼繡
①～③過3條芯線
④繞線的同時回到中央
①～③橫向過3條芯線
④繞線的同時回到中央
⑤往左側過芯線
⑥繞線的同時回到中央
①交叉部分，上下交互捲線2周
②繞線於芯線的同時回到上方
※將別色線條纏繞中央圓形外側2周
6. 於四周釦眼繡進行階梯繡，最後剪去周圍的布料
①進行間隔3～4目的鬆弛釦眼繡
②往回捲繞線條
③於階梯繡上進行釦眼繡
有耳架橋

43・44 P.42

抱枕&
窗簾束帶

材料（抱枕・窗簾綁帶2條的用量）

象牙色亞麻布28ct（11目／1cm）35×80cm、紫色亞麻布35×100cm、接著襯40×80cm、直徑0.3cm丸大珠60個、枕芯（30×30cm）1個、DMC25號繡線各色適量

作法

<抱枕>在前片亞麻布上進行十字繡，並於背面黏貼接著襯。準備後片2片，重疊5cm。將前片與後片正面相向車縫四周，並翻回正面。在周圍縫上珠子，放入枕心。

<窗簾綁帶>在本體亞麻布上進行十字繡，在背面黏貼接著襯。正面相對疊合後片（背面貼上沒有加縫份的接著襯），車縫上下方，接著翻回正面。製作吊繩並夾入兩頭，車縫四周。

★圖案 ››› 作品圖案B面

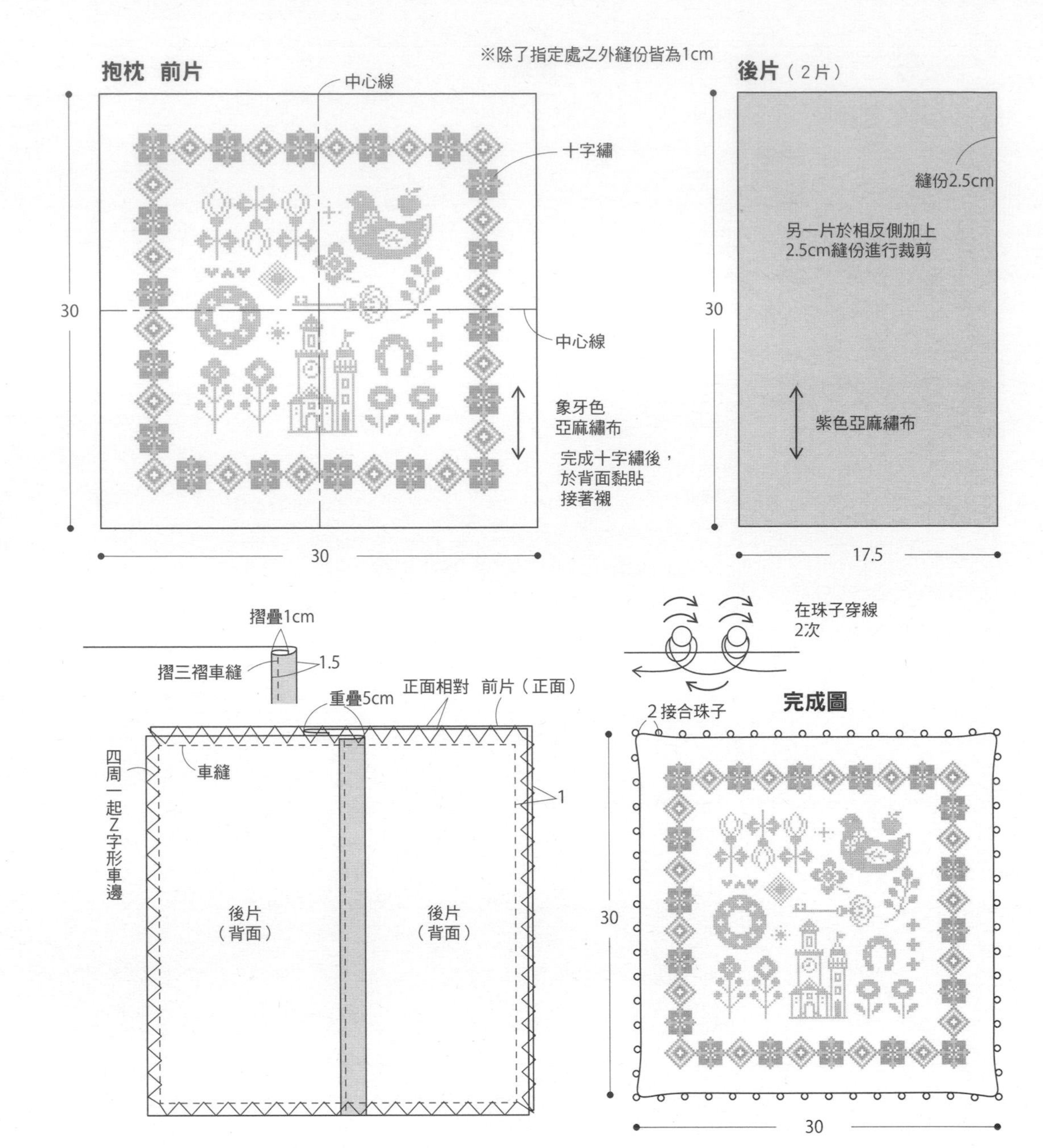

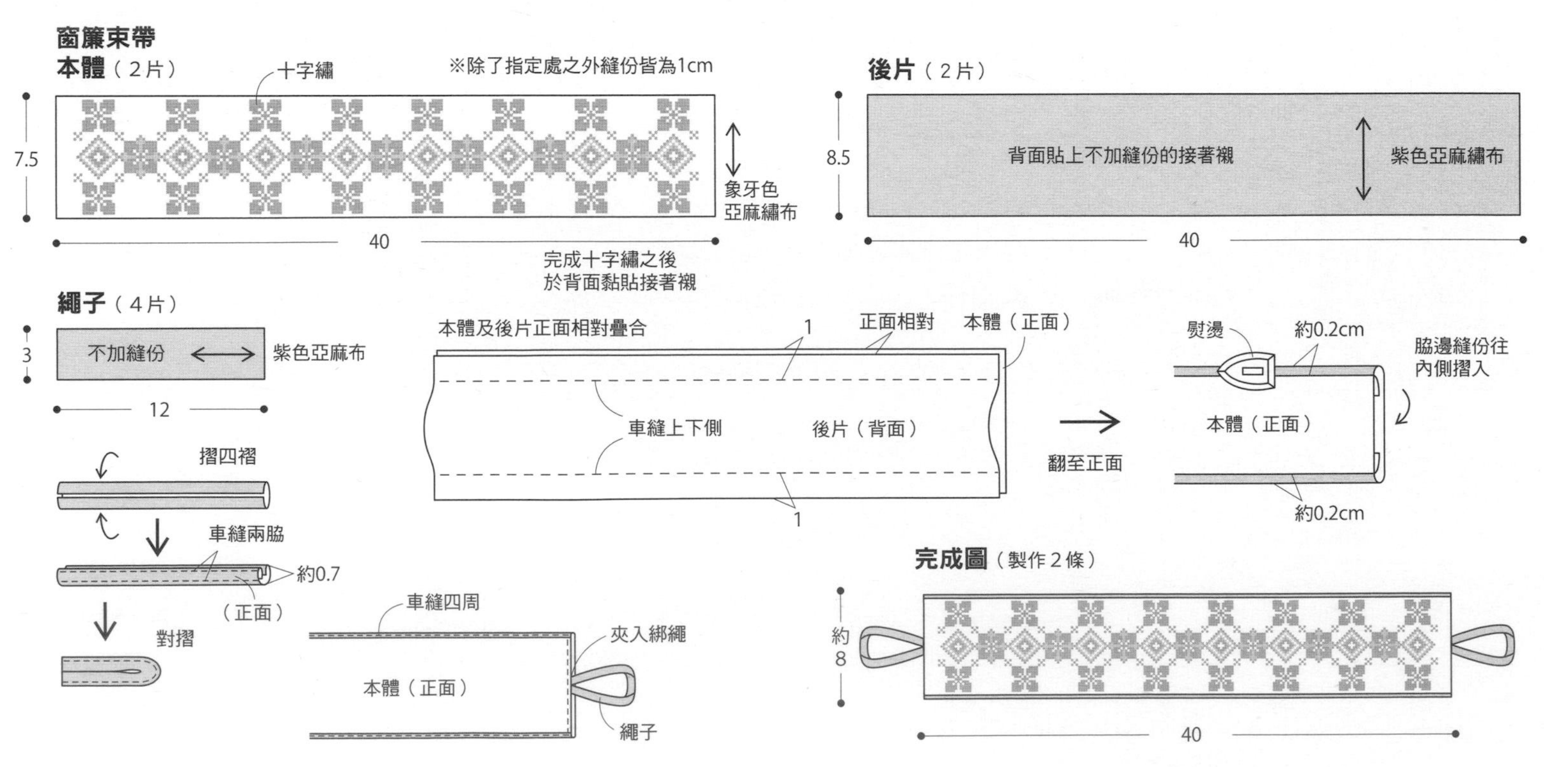

47・48・49 P.44

××××　××××　××××

晨間餐桌組
（餐墊・蓋布・果醬套）

材料

藍色亞麻布…餐墊30×45cm・蓋布30×60cm・果醬套20×20cm、DMC25號繡線各色適量

作法重點

<餐墊>考量到要安裝繡框進行刺繡，準備較大的布料，並在左側留下空白描繪圖案。完成刺繡之後，處理四周縫份。

<蓋布>考量到要安裝繡框以及進行雕繡，準備較大的布料，在中央描圖。雕繡的作法參照P.112。刺繡及雕繡完成後，處理上下側縫份。

<果醬套>整體尺寸請依照瓶蓋尺寸調整。

★原寸圖案 ››› 作品圖案A面

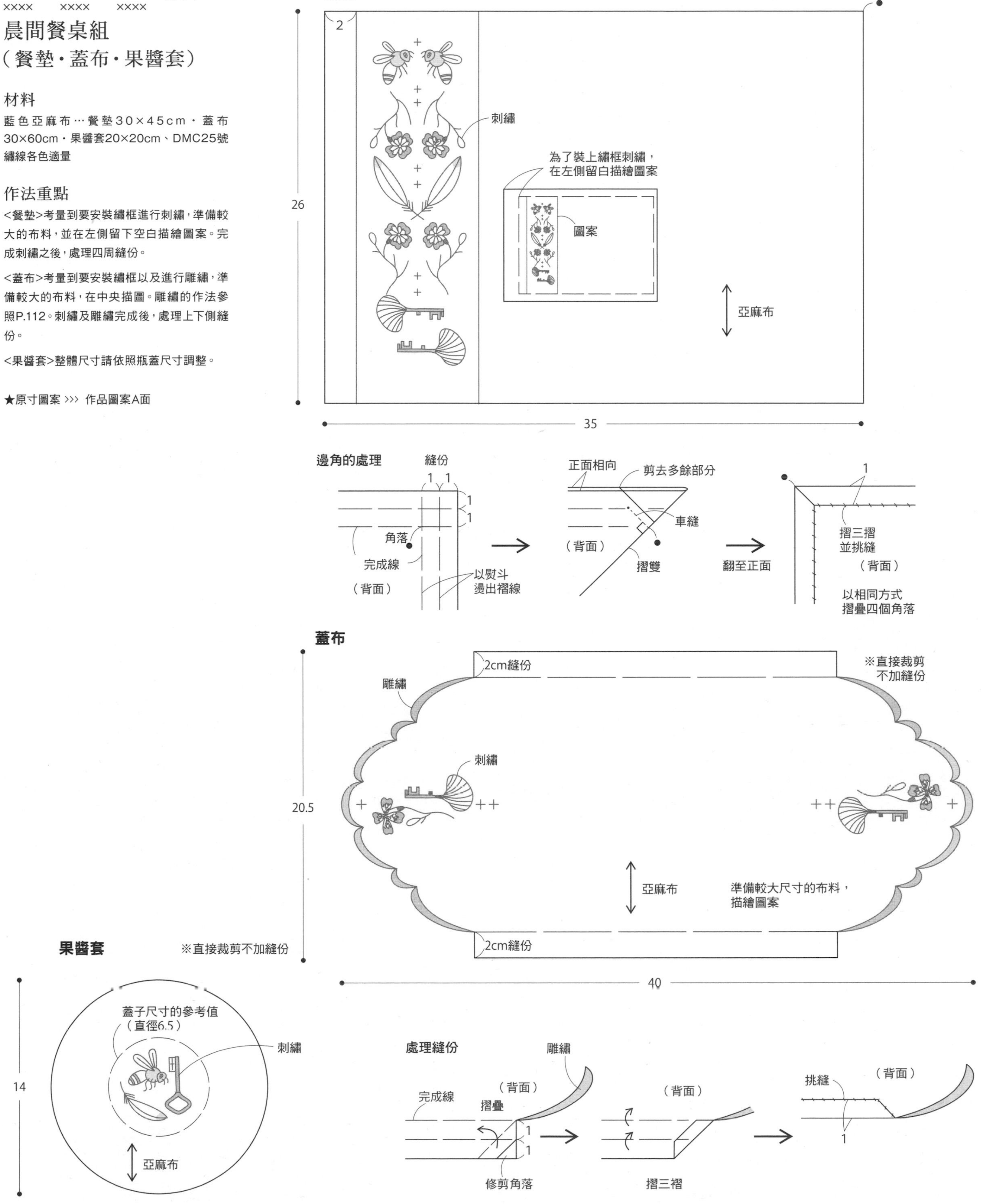

54 P.55
××××

Schwalm
白線繡&黑線繡
針插

材料

<白線繡・1個的用量> DMC亞麻繡布28ct（11目／1cm）米色（739）10×20cm、卡其色棉布10×10cm、填充棉適量、DMC8號繡線ECRU・402（或是a Broder16號ECRU）各適量

<黑線繡・1個的用量>DMC亞麻布28ct（11目／1cm）米色（739）或米白色（3865）10×20cm、填充棉適量、DMC繡線25號820或3787、8號BLANC或ECRU各適量

作法重點

Schwalm白線繡是在繡好的前片背面，疊上卡其色棉質底布疏縫。黑線繡則是將亞麻布的織線2×2目為1目進行刺繡。前片為了符合圖案，以回針繡進行。作法參照P.117

白線繡　前片（後片相同尺寸）　※縫份0.8cm

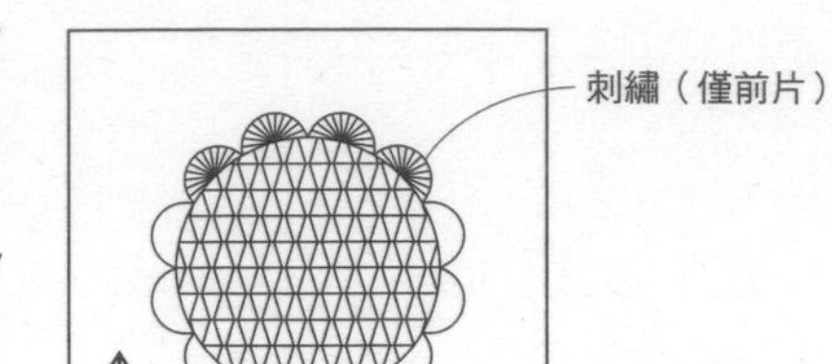

在完繡的前片背面疊上卡其色棉布進行疏縫

完成圖

打結
以8號繡線ECRU（75cm ×7股）製作約35cm的捻繩，並接合於四周
約7.5
約7.5

原寸圖案

①完成珊瑚繡之後，在內側邊緣進行鎖鍊繡（與珊瑚繡呈反向，繡四周）
②扇貝形釦眼繡
中心線
③抽緯線進行交叉縫

交叉縫
（波浪繡）

留3股緯線
抽1股緯線（在鎖鍊繡邊緣剪斷）

抽一條圖案中心線的緯線後，分別朝上下重複「留3股，抽1股」的動作

繡線皆為
DMC繡線・1股
8號402或
a Broder16號ECRU
布料…DMC亞麻布
28ct（11目／1cm）
米色（739）

黑線繡

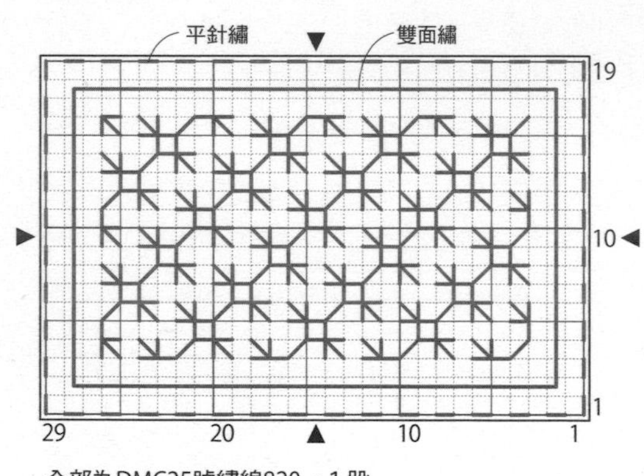

全部為DMC25號繡線820・1股
DMC亞麻繡布28ct（11目／1cm）米白色（3865）
※以2×2目為1目
圖案完成尺寸　約3.5×5.3cm

運針方式

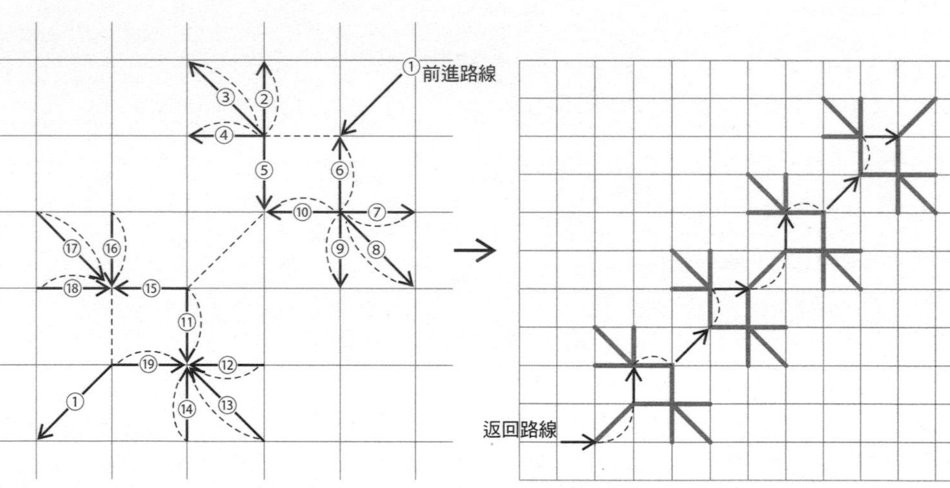

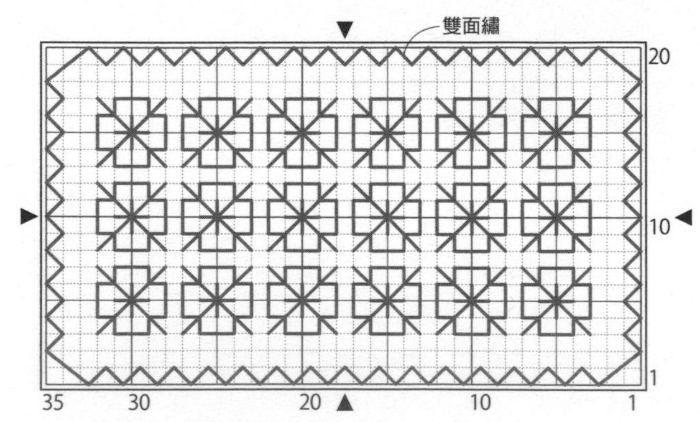

全部使用DMC25號繡線3787・1股
DMC亞麻繡布28ct（11目／1cm）米色（739）
※以2×2目為1目
圖案完成尺寸　約3.6×6.4cm

運針方式

前進路線的刺繡起點

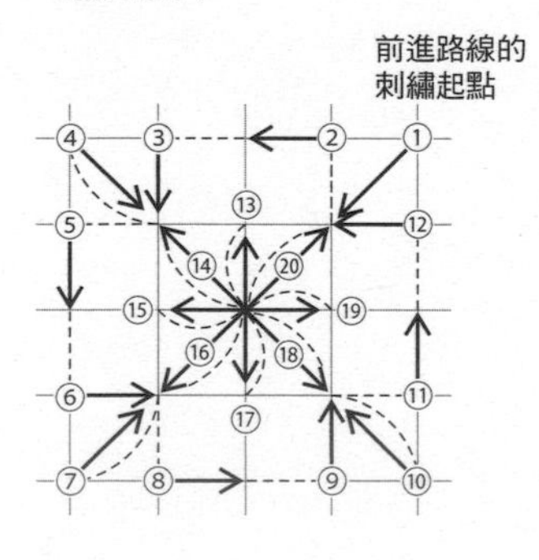

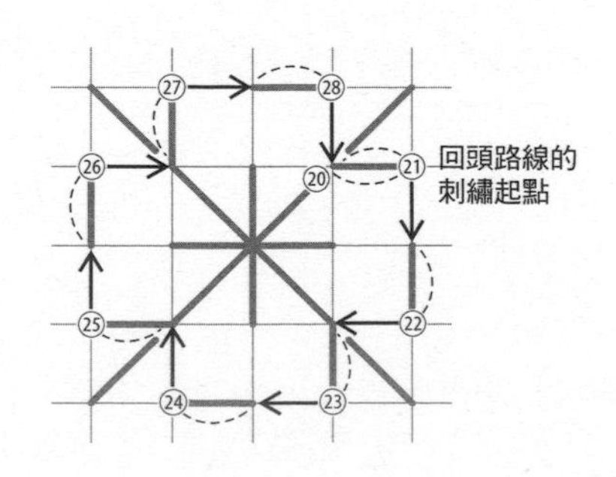

55 P.55

××××

戒指型針插

材料（1個的用量）

DMC亞麻繡布28ct（11目／1cm）米色（739）或米白色（3865）適量、填充棉適量、小圓珠・寬0.3cm亞麻布等依照喜好各適量、直徑1.6cm圓盤戒台1個、DMC25號繡線・Diamant（金蔥線）各色適量

作法

1. 在亞麻布上進行十字繡及回針繡，製作前片。後片則仿照前片四周僅繡回針繡。
2. 步驟1的縫份在回針繡邊緣往背面摺。
3. 前片與後片背面相對。在製作過程中一邊塞入棉花一邊依序挑線於回針繡的針目，進行捲針縫。
4. 縫上珠子及打結的緞帶，以白膠黏貼在圓盤戒台上。

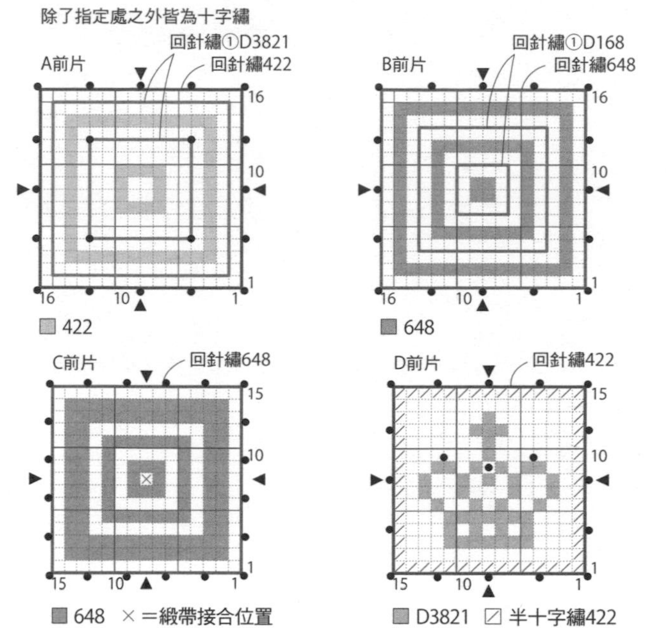

全部使用DMC繡線　除了指定處之外皆為25號・2股線D=Diamant（金蔥線）
DMC亞麻布28ct（11目／1cm）　A・D=米色（739）
B・C=米白色（3865）　※以2×2目為1目
圖案完成尺寸　A・B=約2.9×2.9cm　C・D=約2.7×2.7cm
後片…A・是16×16目、C・D是15×15目的回針繡（與前片同色・2股）
●＝珠子接縫位置

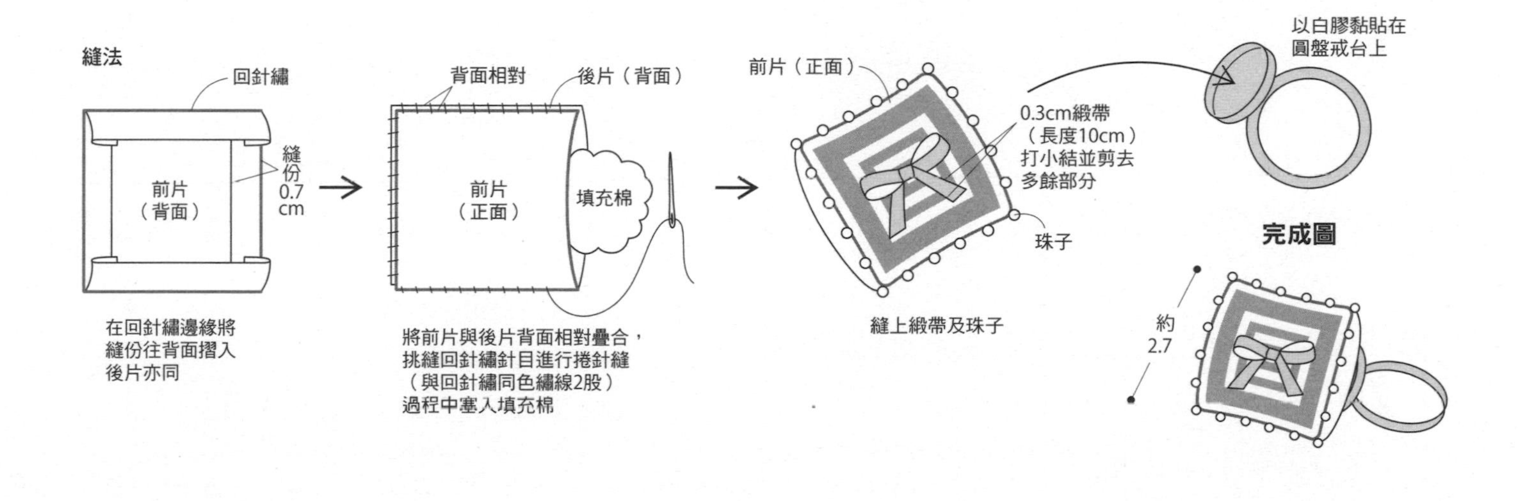

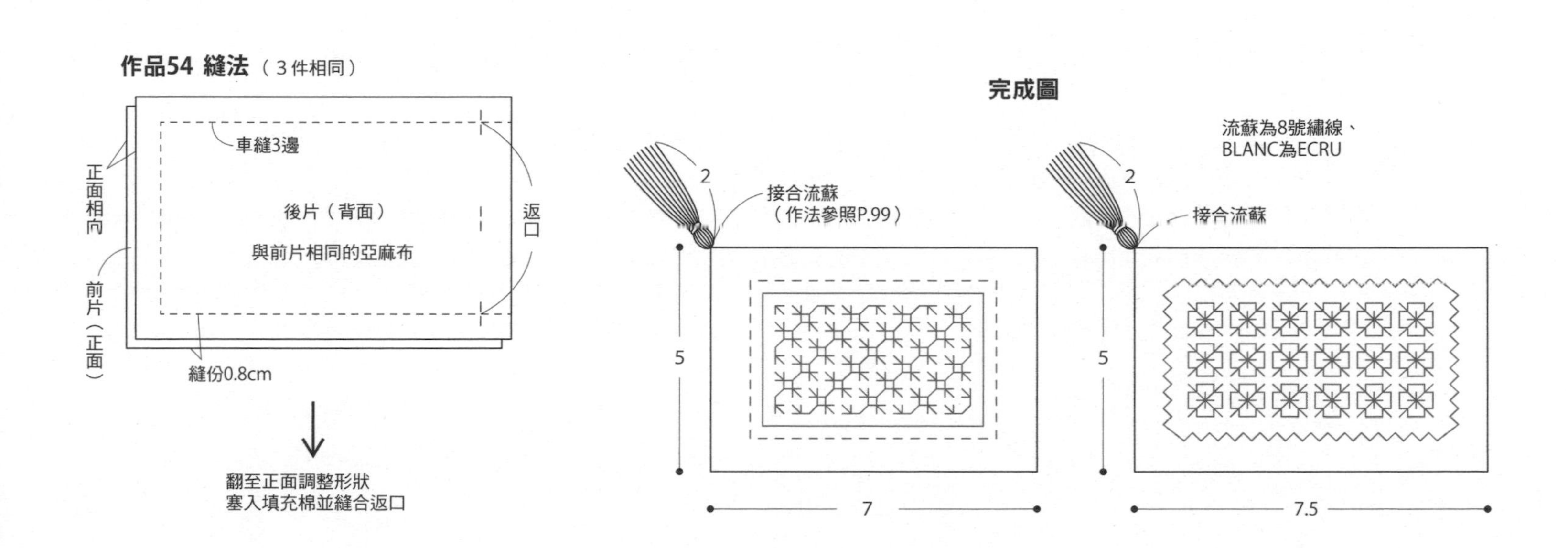

56・57 P.56

皺褶繡迷你手袋

材料（1個的用量）

格紋棉布（或印花布）70×70cm、COSMO hidamari各色適量

作法

參照圖片。皺褶繡是在距離袋口1cm處，放上作記號用的紙型，對齊本體中心線，參照P.57～P.59作記號進行抽褶。作品57作法亦同。

★皺褶繡標記用原寸紙型 >>> 作品圖案B面

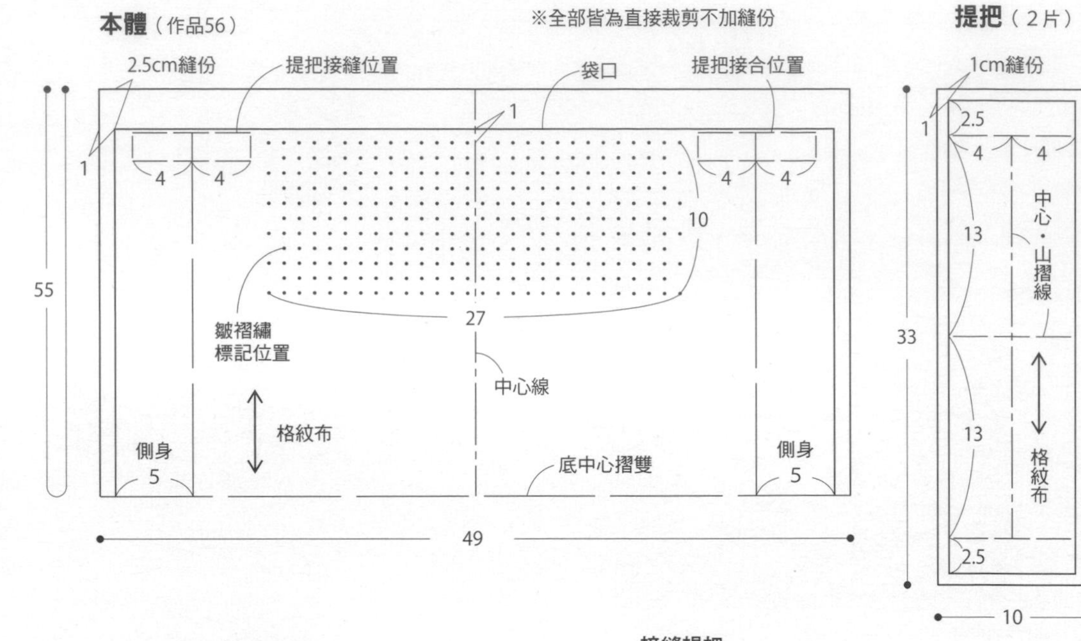

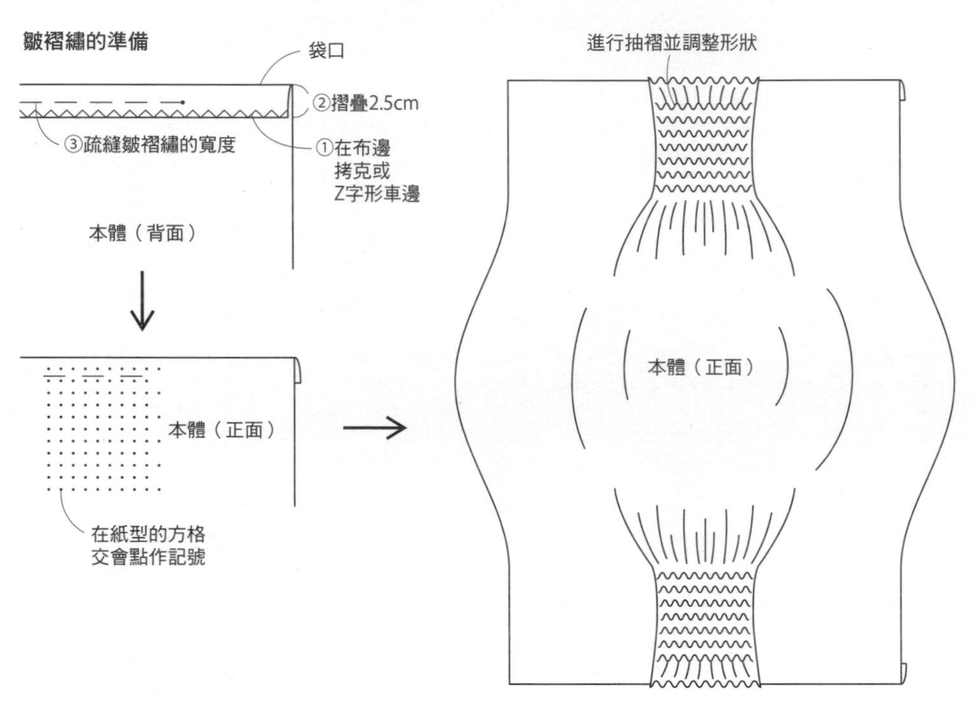

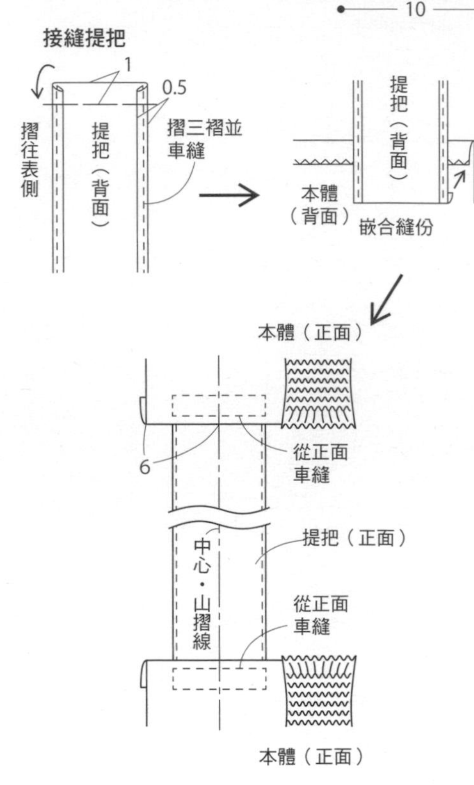

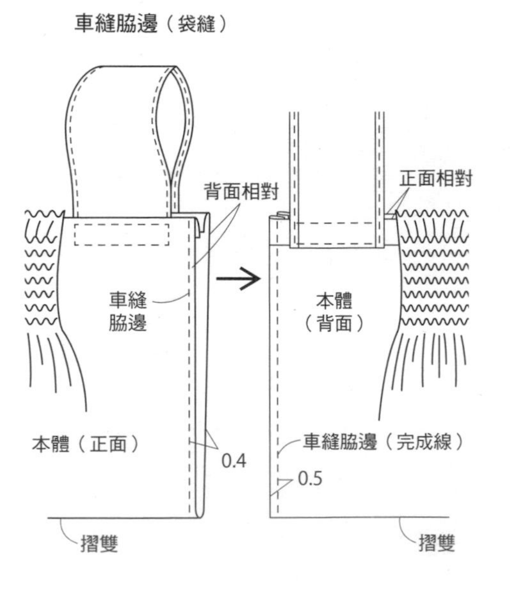

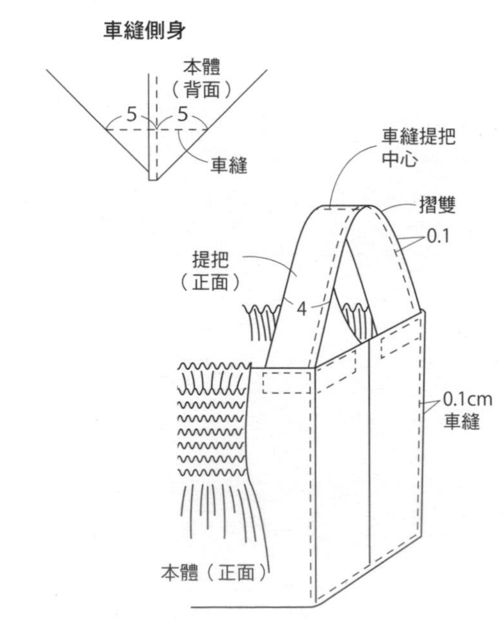

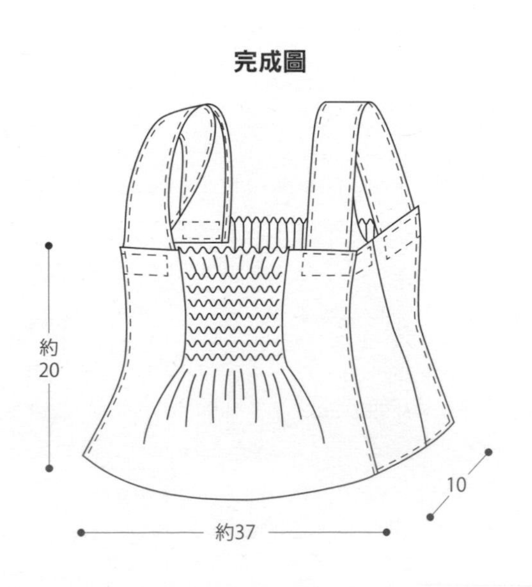

Stitch 刺繡誌

好評發售中！

Stitch刺繡誌 17

刺繡人的植感好生活

手作縫紉小物特集

日本VOGUE社◎授權

定價450元

Stitch刺繡誌 01

花の刺繡好點子：

80+春日暖心刺繡×可愛日系嚴選VS北歐雜貨風定番手作

日本VOGUE社◎授權

定價380元

Stitch刺繡誌 02

一級棒の刺繡禮物：

祝福系字母刺繡×和風派小巾刺繡VS環遊北歐手作

日本VOGUE社◎授權

定價380元

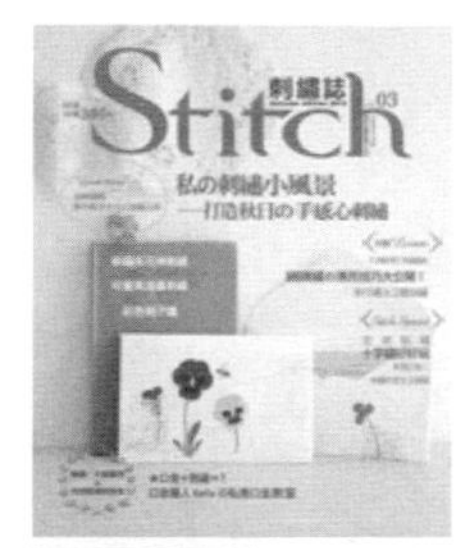

Stitch刺繡誌 03

私の刺繡小風景

打造秋日の手感心刺繡

幸福系花柄刺繡×可愛風插畫刺繡VS彩色刺子繡

日本VOGUE社◎授權

定價380元

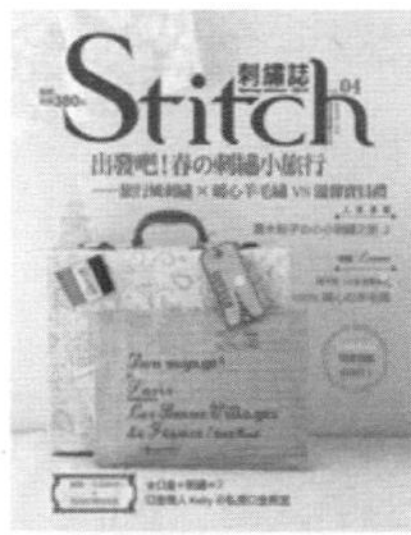

Stitch刺繡誌 04

出發吧！

春の刺繡小旅行——

旅行風刺繡×暖心羊毛繡VS溫馨寶貝禮

日本VOGUE社◎授權

定價380元

Stitch刺繡誌 05

手作人の刺繡熱：

記憶裡盛開的花朵青春－可愛感花朵刺繡×日雜系和風刺繡VS優雅流緞帶繡

日本VOGUE社◎授權

定價380元

Stitch刺繡誌 06

繫上好運の春日手作禮

刺繡人の祝福提案特輯－

幸運系紅線刺繡VS實用裝飾花邊繡

日本VOGUE社◎授權

定價380元

Stitch刺繡誌 07

刺繡人×夏日色彩學：

私の手作

COLORFUL DAY ——

彩色故事刺繡×手感瑞典刺繡

日本VOGUE社◎授權

定價380元

Stitch刺繡誌 08

手作好日子！

季節の刺繡贈禮計劃：

連續花紋繡VS極致鏤空繡

日本VOGUE社◎授權

定價380元

Stitch刺繡誌 09

刺繡の手作美：

春夏秋冬の優雅書寫

簡易釘線繡VS綺麗抽紗繡

日本VOGUE社◎授權

定價380元

Stitch刺繡誌 10

彩色の刺繡季節：

手作人最愛の好感居家提案

優雅風戶塚刺繡vs回針繡的應用

日本VOGUE社◎授權

定價380元

Stitch刺繡誌 11

刺繡花札 — 幸福展開！

職人的美日手作

質感古典繡vs可愛小布繡

日本VOGUE社◎授權

定價380元

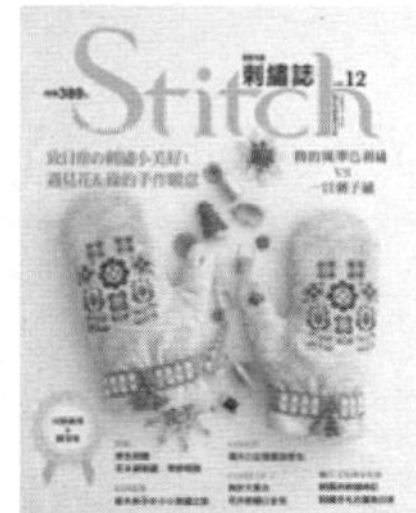

Stitch刺繡誌 12

致日常の刺繡小美好！

遇見花&綠的手作暖意

簡約風單色刺繡VS一目刺子繡

日本VOGUE社◎授權

定價380元

Stitch刺繡誌 13

夢想無限！

刺繡人の手作童話國度

歐風刺繡VS繽紛十字繡

日本VOGUE社◎授權

定價380元

Stitch刺繡誌 14

漫遊春日の刺繡旅行

收藏在縫紉盒裡的回憶手作－裝飾髮辮繡×實用織補繡

日本VOGUE社◎授權

定價380元

Stitch刺繡誌 15

私の刺繡花房

甜美刺子繡VS復刻樣本繡

日本VOGUE社◎授權

定價450元

Stitch刺繡誌 16

手作人の刺繡歲時記

童話系十字繡VS質感流緞面繡

日本VOGUE社◎授權

定價450元

Stitch刺繡誌特輯 01

手作迷繡出來！

一針一線×幸福無限：最想擁有の刺繡誌人氣刺繡圖案Best 75

日本VOGUE社◎授權

定價380元

Stitch刺繡誌特輯 02

完全可愛のSTITCH

人氣繪本圖案100：

世界旅行風×手感插畫系×初心十字繡

日本VOGUE社◎授權

定價450元

Stitch刺繡誌特輯 03

STITCHの刺繡花草日季：

手作迷の私藏

刺繡人氣圖案100+

可愛Baby風小刺繡×春夏好感系布作

日本VOGUE社◎授權

定價450元

Stitch刺繡誌 17

Stitch刺繡誌
刺繡人的植感好生活
手作縫紉小物特集

國家圖書館出版品預行編目 (CIP) 資料

刺繡人的植感好生活：手作縫紉小物特集 / 日本 VOGUE 社授權；彭小玲，周欣芃譯 . -- 初版 . -- 新北市：雅書堂文化，2020.10
面； 公分 . -- (Stitch 刺繡誌；17)
ISBN 978-986-302-552-8(平裝)

1. 刺繡 2. 手工藝

426.2 109012876

授權 日本 VOGUE 社
譯者 周欣芃、彭小玲
發行人 詹慶和
執行編輯 黃璟安
編輯 蔡毓玲．劉蕙寧．陳姿伶
執行美編 周盈汝
美術編輯 陳麗娜．韓欣恬
內頁排版 造極彩色印刷
出版者 雅書堂文化事業有限公司
發行者 雅書堂文化事業有限公司
郵政劃撥帳號 18225950
戶名 雅書堂文化事業有限公司
地址 新北市板橋區板新路 206 號 3 樓
網址 www.elegantbooks.com.tw
電子郵件 elegant.books@msa.hinet.net
電話 (02)8952-4078
傳真 (02)8952-4084

經銷／易可數位行銷股份有限公司
地址／新北市新店區寶橋路 235 巷 6 弄 3 號 5 樓
電話／ (02)8911-0825
傳真／ (02)8911-0801

2020 年 10 月初版一刷　定價／ 450 元

STITCH IDEES VOL.31 (NV80645)

Photographer: Toshikatsu Watanabe, Yukari Shirai, Noriaki Moriya,Ikue Takizawa
Original Japanese edition published in Japan by NIHON VOGUE Corp.
Traditional Chinese translation rights arranged with NIHON VOGUE Corp.through Keio Cultural Enterprise Co., Co.,Ltd.

Staff

日文原書製作團隊
設計 塙美奈 塚田佳奈 石田百合絵　清水真子（ME&MIRACO）
天野美保子
攝影 渡辺淑克　白井由香里　滝沢育絵　森谷則秋
造型 鈴木亜希子　西森萌
原稿整理 鈴木さかえ
繪圖 まつもとゆみこ
編輯協力 梶 謡子　石澤季里
編輯 佐々木純　西津美緒
編輯長 石上友美